高职高专"十二五"规划教材

化学实验技术

赫奕梅　主编　慕金超　副主编

初玉霞　主审

·北京·

本书是根据高等职业教育的特点，以培养高技能人才为目标，结合化工类专业人才培养方案及课程体系的分工，按由浅入深、循序渐进的原则编写的一本教材。

教材内容包括化学实验的基本知识、混合物的分离技术、物质的制备技术、常用物理参数的测定技术、物质的定量分析技术、综合实验以及附录等七个部分。有2个基本操作技能训练、6个混合物分离实验、18个物质的制备实验、8个常见物理参数的测定实验、14个定量分析实验、9个综合实验项目。附录中列出了常用文献参考资料和试剂的配制方法等。本书充分考虑不同层次和不同专业的教学需求，紧密联系生产和生活实际，具有适用面广和实用性强的特点。

本书可作为高等学校化工类及其他相关专业的化学实验教材，也可供相关教师和学生参考。

图书在版编目（CIP）数据

化学实验技术/郝奕梅主编．—北京：化学工业出版社，2014.2（2024.9重印）

高职高专"十二五"规划教材

ISBN 978-7-122-19364-3

Ⅰ．①化…　Ⅱ．①郝…　Ⅲ．①化学实验-高等职业教育-教材　Ⅳ．①O6-3

中国版本图书馆CIP数据核字（2013）第311050号

责任编辑：旷英姿　　　　　　　　　　　文字编辑：孙凤英

责任校对：徐贞珍　　　　　　　　　　　装帧设计：王晓宇

出版发行：化学工业出版社（北京市东城区青年湖南街13号　邮政编码100011）

印　　装：北京七彩京通数码快印有限公司

787mm×1092mm　1/16　印张17½　彩插1　字数432千字　2024年9月北京第1版第3次印刷

购书咨询：010-64518888　　　　　　　　售后服务：010-64518899

网　　址：http：//www.cip.com.cn

定　　价：34.00元

前 言
FOREWORD

　　本教材是依据高职高专化工技术类专业"化学实验技术教学大纲"，为满足化工产品生产岗位的工作需要，培养高技能应用型人才而编写的，适用于高职高专与本科院校化工技术类专业及其他相关专业。

　　根据高职高专化工技术类专业培养模式转变及教学方法改革的需求，深入企业调研并在企业高级工程师的参与下，教材编写团队经过多次座谈，充分考虑对接职业标准和岗位需求，确定了教材的基本框架和内容。以化工产品生产过程为主线，本着"实用为主，够用为度"的原则编写。教材的编写突出了以下特点。

　　(1) 优化组合，建立化学实验教学新体系　本教材突破了传统的化学实验教学体系，将化学实验的基础知识、基本原理和操作技术进行整体优化组合，构建了化学实验教学新体系。编排上本着由易到难、循序渐进、全面提高的原则，既可使学生掌握有关化学实验的基本知识，又便于全面训练和提高学生的基本操作技能，培养学生从事化工产品生产管理和小试的能力。

　　(2) 突出实用性　本教材尽量选编与生产、生活实际联系密切又具有一定代表性的实验项目，以利于激发学生学习兴趣和动手操作的积极性，培养其理论联系实际的良好作风。

　　(3) 实践性　本教材充分考虑高职的教学特点，注重学生实践技能的培养，对涉及的各类技术实践知识都做了较为详尽的阐述，配有操作示意图及相应的实验操作技能考核标准，以便指导学生规范操作。在各类实验技术前都编有"知识目标"和"技能目标"项目，旨在帮助教师和学生明确本部分内容中应该把握的知识点、所要训练的实验技能以及要求达到的教学目标。在每个实验步骤中插入注释，强调实验过程中可能会出现的事故和安全问题，以此提示学生，保证顺利完成实验。

　　(4) 以点带面，体现教材的普遍性　通过一个项目的学习可以达到"举一反三"的目的，既可以深入学习方法的原理，又可以得到实际操作能力的训练，进而可以推广应用。

(5) 采用国标，体现教材科学性与先进性 全书采用现行国家标准规定的术语、符号和法定计量单位；某些物理常数的测定及产品质量分析按国家标准规定的试验方法编写；适当介绍国内外最新实验方法、仪器与技术等，充分体现了 21 世纪新教材的科学性与先进性。

(6) 强化衔接，体现各部分之间内容的递进关系 如第 3 部分进行乙酸正丁酯的制备，第 4 部分则对该物质进行物理参数密度的测定，在项目的设置上充分考虑内容的衔接，能够加强学生对所学知识的理解。

本书由吉林工业职业技术学院赫奕梅、吴迪、高兴，徐州工业职业技术学院慕金超编写。赫奕梅编写化学实验的基本知识、混合物的分离技术及物质的定量分析技术，慕金超编写物质的制备技术，吴迪编写常用物理参数的测定技术，高兴编写综合实验。全书由赫奕梅统稿，吉林工业职业技术学院初玉霞主审。

由于水平有限及时间仓促，书中难免有不足之处。恳切希望得到同仁和读者的批评指正！

编　者
2014 年 1 月

目　录

CONTENTS

1 化学实验的基本知识

知识目标

1. 了解化学实验的意义、目的、内容及学习方法
2. 了解化学实验的一般知识及实验室规则
3. 了解化学实验的安全防护知识
4. 了解化学实验中常用的基本操作技术，初步掌握其操作方法

技能目标

1. 会清洗与干燥玻璃仪器
2. 会使用量筒（杯）和托盘天平
3. 会取用化学试剂
4. 能应用加热、溶解、搅拌、蒸发、沉淀、结晶、过滤等基本操作技术

　　化学实验是在实验室进行的实验操作训练，实验者必须首先了解有关化学实验的一些基本知识和规则，才能保证实验顺利地实施，取得满意的结果。

　　化学实验的基本知识主要包括化学实验技术的意义、目的、内容、学习方法以及化学试剂、安全防护等化学实验的基本常识。

1.1 化学实验技术的意义、内容、目的

1.1.1 化学实验技术的意义

　　化学是以实验为基础的自然科学。化学的理论、原理和定律都是在实践的基础上产生，又依靠理论与实践的结合而发展的。随着知识经济时代的到来，化学学科也正以日新月异的变化向前发展。许多高科技新产品的开发和应用、工业"三废"的处理、生产技术攻关、环境保护、生命与健康领域的科学研究等都依赖于化学实验技术的应用。因此，化学实验技术是高职高专院校化工类及其相关专业学生必备的知识素质之一，是培养 21 世纪高素质的化学、化工类应用型人才，提高其职业岗位技能的重要组成部分。

1.1.2　化学实验技术的内容

化学实验技术的项目训练任务的选择是以与生产、生活密切联系的对象为载体，以物质的制备与检验任务为中心，以化工产品的生产过程为主线，构建化学实验技术课程。主要内容如下。

(1) 化学实验的基本知识　主要包括玻璃仪器的洗涤与干燥，试剂知识，实验安全与事故处理，加热、溶解、蒸发、过滤等基本操作技术。

(2) 混合物的分离技术　主要包括重结晶、沉淀分离、升华、蒸馏、萃取等操作技术。

(3) 物质的制备技术　主要包括制备的原理、反应装置、制备方法、产物的后处理等。

(4) 常用物理参数的测定技术　主要包括熔点、沸点、密度、折射率、电导率等物理参数的测定意义、测定装置及测定方法。

(5) 定量分析技术　主要包括滴定分析法、电位分析法、分光光度法和气相色谱法。

(6) 综合实验　综合利用所学基本理论知识和技术实践知识进行产品的合成、提纯、检验。

1.1.3　化学实验技术的目的

化学实验技术的教学目的是为化工生产岗位培养高端应用型技能人才，为将来从事化工产品生产、管理和从事产品小试工作奠定基础。这就要求学生必须具备一定的化学实验知识和操作技能。具体要求是：

(1) 了解化学实验的基本知识；

(2) 能正确安装和操作实验室常用仪器设备，了解常用仪器的构造、性能和工作原理；

(3) 能正确理解技能训练任务的原理和操作方法；

(4) 学会观察实验现象，正确测量、记录实验数据，正确处理实验数据，能进行合理分析、归纳总结；

(5) 能正确、科学地表达实验结论，规范地完成各类实验报告。

1.1.4　化学实验技术的学习方法

学习化学实验技术要采用正确的学习方法，不能"照方抓药"。通过认真阅读，查阅资料，完成教师布置的作业，实验前有清晰的思路，保证实验的顺利实施；实验过程中，把握技术要领，规范操作，不能粗心大意；实验结束后根据原始记录进行归纳总结、分析讨论，写出完整的实验报告。

(1) 预习实验　根据教学计划和教师布置的学习任务提前做好实验前的准备工作，也就是预习。要清楚做什么，运用的基本原理是什么，需要哪些材料、设备完成任务，运用什么方法，如何操作等问题进行充分的预习。写好预习笔记。

在认真阅读教材和查阅资料的基础上，将实验操作步骤以流程图的形式用简单明了的文字及符号写出来。做到心中有数，避免"照方抓药"。

(2) 实验过程中　实验时，严格按预定步骤进行操作，不能随意更改程序和试剂。实验中认真观察，做好记录，如颜色、状态、反应时间、测量数据等。对于实验中出现的异常现象特别要详细、及时地记录，以便分析原因，总结讨论。特别说明的是实验记录是原始资料，不能随便涂改，要现场及时记录。

（3）实验结束后　实验结束后，根据预习笔记的原始记录，进行分析总结，独立撰写实验报告。

⚠ 预习笔记的写法示例

题目　技能训练×-×　硝酸钾的制备和提纯

【目的要求】
（1）熟悉硝酸钾的制备原理及方法；
（2）熟练掌握溶解、加热、蒸发、结晶和过滤等操作技术；
（3）进一步掌握利用重结晶提纯固体物质的方法。

【实验原理】（主要反应方程式）

$$NaNO_3 + KCl \xrightarrow{\quad\quad} NaCl + KNO_3$$

【实验用品】　减压过滤装置、量筒、热过滤漏斗、滤纸、托盘天平、蒸发皿、烧杯 KCl（工业品）、NaNO₃（工业品）。

【主要实验装置图】　（在预习笔记本上画出热过滤装置、减压过滤装置草图即可）

【操作步骤流程图】

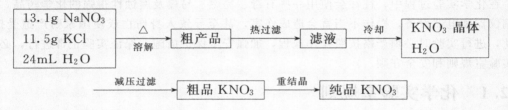

✔ 实验报告写法示例

题目　技能训练×-×　硝酸钾的制备和提纯

日期　　　　　　　　室温　　　　　　　　姓名

实验成绩　　　　　　　　　　　　　　　指导教师

1. 目的要求

2. 实验原理（制备反应式）

3. 主要试剂规格及用量

4. 实验装置图（画出规范的装置图）

5. 操作步骤流程图

（前5项与预习笔记的书写格式基本相同）

6. 实验结果

制得的硝酸钾为白色针状晶体，实际产品量为8.5g。

设理论产量为χ（g），根据反应方程式

$$NaNO_3 + KCl \rightleftharpoons NaCl + KNO_3$$

$$85g/mol \qquad\qquad\qquad 101g/mol$$

$$13.1g \qquad\qquad\qquad\qquad \chi$$

$$\frac{85g/mol}{13.1g} = \frac{101g/mol}{\chi}$$

$$\chi = \frac{101 \times 13.1}{85}g = 15.6g$$

$$实验产率 = \frac{实际产品质量}{理论质量} = \frac{8.5g}{15.6g} \times 100\% = 54.5\%$$

7. 问题与讨论

导致实验产率较低的因素可能是冷却时间不够，结晶未完全析出；硝酸钾溶解度较高，可能有部分留在母液中；热过滤时，滤纸上有残留；操作过程中粗心大意，考虑不周等。

1.2 化学实验基本要求

在化学实验过程中，往往会使用一些有毒、易燃、易爆及腐蚀性很强的化学药品，使用玻璃仪器和电器设备，操作不当就会造成伤害，甚至导致人身伤亡或使国家财产遭受损失。因此，进行实验时必须严格按照操作规程，加强安全保护措施，保证实验正常进行，必须遵守实验室规则和安全守则。

1.2.1 化学实验室规则

（1）实验前必须对实验内容认真预习，重视实验中需要注意的事项。

（2）严禁穿短裤、拖鞋或凉鞋进入实验室，严禁带食品，书包、衣物等必须放在指定地点，不得影响实验。

（3）按要求进行分组，到达指定实验台。保持肃静，不得大声喧哗。经实验教师同意后方可进行实验。

（4）实验过程中，严格按操作规程进行实验，不得随意更改。操作耐心、细致，认真观察，如实记录。

（5）取用完试剂后，立即将盖盖严，放回原处。实验台面始终保持清洁卫生。

（6）爱护实验设施，实验物品轻拿轻放。如有仪器破损及时填写报损单，经指导教师同意后向仪器库领取。实验室的任何物品不得擅自带出实验室。

（7）节约用水、电及其他实验耗材。实验废弃物不能直接倒入水槽，以免堵塞。要按要求分类回收。

（8）实验结束后，整理实验台，将仪器、药品按原有顺序归位，经指导教师检查合格后方可离开。

（9）值日生做好清洁卫生工作，关闭电源、气源和水源。

1.2.2 化学实验室安全守则

（1）通过查阅相关资料熟悉实验中涉及的易燃、易爆、有毒或腐蚀性试剂的理化性质，按规定进行取用，采取必要的防护措施，如戴橡胶手套、防护眼镜、防毒面具或穿防护衣服等。

（2）实验开始前应检查仪器是否有破损，装置安装是否稳妥，经指导教师检查合格后方可进行实验。

（3）实验进行时，不可擅自离开操作台，要密切观察反应情况和装置有无漏气、破裂等异常现象。遇到问题保持沉着冷静，思考解决问题的方法，不能慌乱。不清楚如何解决要及时报告指导教师。

（4）严禁在实验室吃东西或者吸烟，实验结束后要洗手。

（5）熟悉灭火器、沙箱和急救药箱的放置位置和使用方法，以便采取应急措施。

1.3 化学实验技术考核

（1）考核组成比例分配　课程考试成绩包括：理论成绩、实验成绩、平时成绩。理论成绩重点考核基础知识、实验原理和基本操作技术；实验成绩主要考核学生实践技能，分析问题和解决问题的能力，实验结果的准确性等；平时成绩主要从学生出勤、纪律、课堂表现等方面进行考核。

（2）考核评分标准　见表1-1。

表 1-1　考核评分标准

项目名称	内容	分数比例/%
平时	纪律、课堂提问、课堂表现	10
实验操作	装置的安装、事故处理、实验结果	40
作业	预习笔记、课堂笔记、实验报告	20
理论知识	化学实验的基本理论和基本操作技术	30

1.4 化学实验的准备工作

1.4.1 玻璃仪器的洗涤与干燥

化学实验中要使用各种玻璃仪器，实验前必须对玻璃仪器进行洗涤，以免影响实验结果的准确性。有些情况下反应需要在无水条件下进行操作，因此要对玻璃仪器进行干燥处理。

1.4.1.1 常用仪器

化学实验常用玻璃仪器及其他器材的名称、图示和主要用途见表1-2。

1.4.1.2 玻璃仪器的洗涤

洗涤玻璃仪器的方法很多，可根据污物的性质和仪器的性能来选择。

没有准确刻度的仪器如烧瓶、烧杯、试管等，用水和毛刷刷洗，除去仪器上的污垢。根据仪器的大小和形状选用合适的毛刷，洗涤过程中要注意毛刷的铁丝，不要损伤仪器。若仪器上附着油污，可用去污粉（或洗涤剂）进行洗涮，仍不能洗净的，可用热的碱液洗涤。对某些附着物也可用稀硝酸洗涤，然后用清水连续冲洗，最后用去离子水润洗三次。具有准确刻度的分析仪器如滴定管、容量瓶、吸管、比色管等可用铬酸洗液浸泡，然后用水冲洗。切忌用刷子和去污粉洗涤，以免划伤刻度线，影响测量。

表 1-2　常用玻璃仪器和器材

名称与图示	主要用途	备注	名称与图示	主要用途	备注
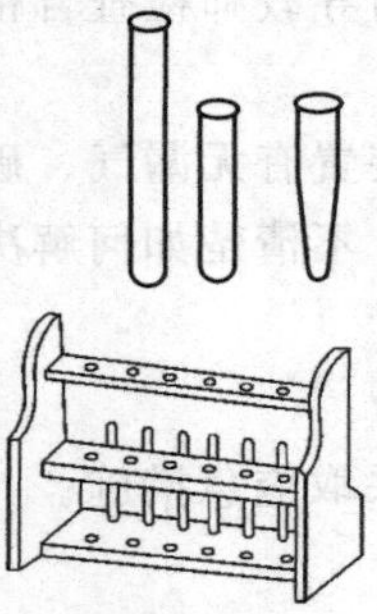 试管与试管架	用作少量试剂的反应容器或收集少量气体 试管架用于承放试管	可直接加热	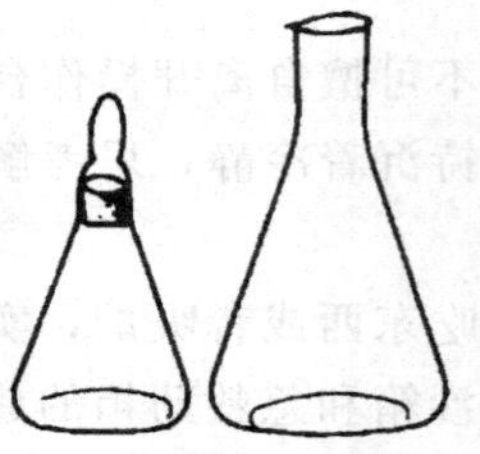 锥形瓶	用于贮存液体、混合溶液及少量溶液的加热,在滴定分析中用作滴定反应容器	可放在石棉网或电炉上直接加热,但不能用于减压蒸馏
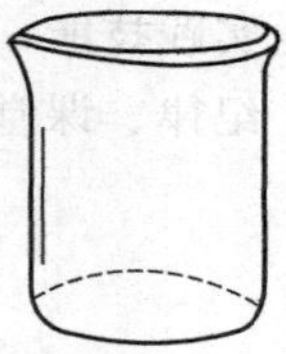 烧杯	用于溶解固体、配制溶液、加热或浓缩溶液等	可放在石棉网或电炉上直接加热	 碘量瓶	用途与锥形瓶相同。因带有磨口塞,封闭较好,可用于防止液体挥发和固体升华的实验	与锥形瓶相同
 表面皿	用来盖在烧杯或蒸发皿上,防止液体溅出或落入灰尘。也可用作称取固体试剂的容器	不能用火直接加热	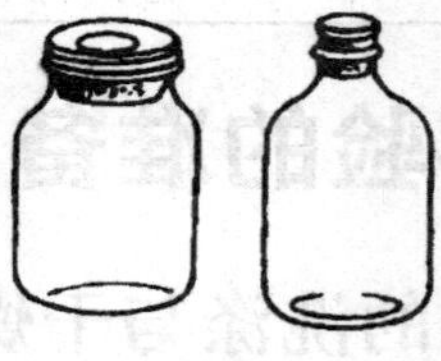 试剂瓶	可分为广口、细口、棕色和无色等几种 广口瓶用于盛放固体试剂。细口瓶用于盛放液体试剂。棕色瓶用于盛放见光易分解的试剂	a. 不能加热 b. 试剂瓶上标签必须保持完好,倾倒试剂时标签要对着手心
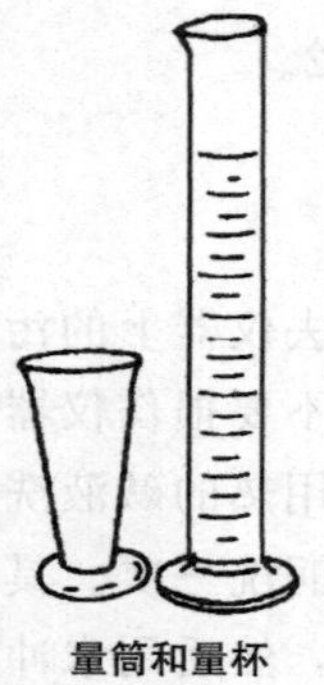 量筒和量杯	量取液体	不能加热,不能作反应容器	 滴瓶 　　滴管	滴瓶用于盛放少量液体试剂 滴管用于取用少量液体试剂	滴管专用。不能倒置,应保证液体不进入胶帽

名称与图示	主要用途	备注	名称与图示	主要用途	备注
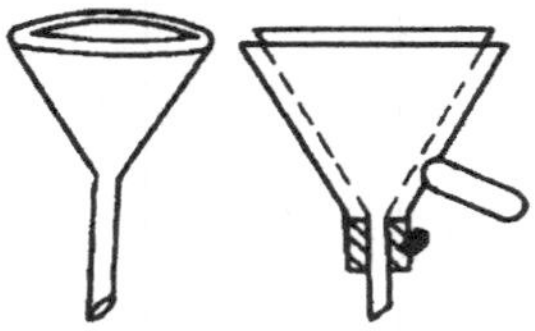 漏斗	a. 用于普通过滤或将液体倾入小口容器中 b. 用于保温过滤	a. 不能用火直接加热 b. 可用小火加热支管处	 称量瓶	在定量分析中用于盛放被称量的试剂或试样	a. 不能加热 b. 塞子不能互换 c. 不用时洗净,在磨口处垫上纸条
 比色管	用于盛装溶液进行比色分析	a. 比色时必须选用质量和规格相同的一套比色管 b. 不能用毛刷擦洗,不能加热	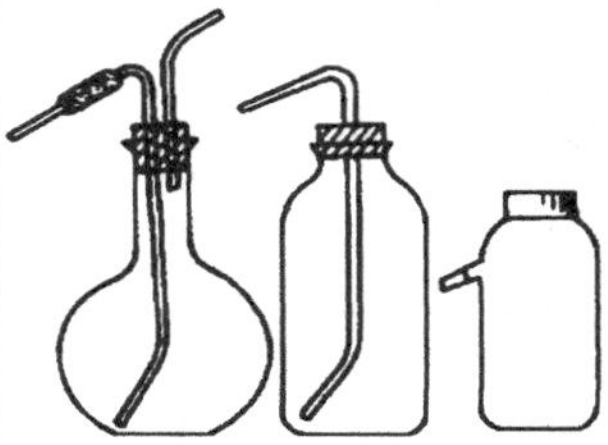 洗瓶	有玻璃瓶和塑料瓶两种。盛装蒸馏水,用于洗涤沉淀或冲洗容器内壁	
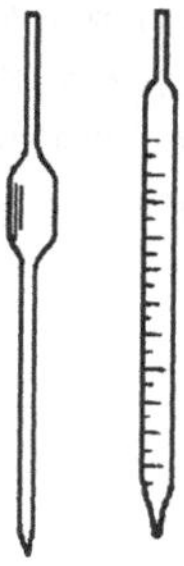 吸量管	用于准确量取一定体积的液体	不能加热	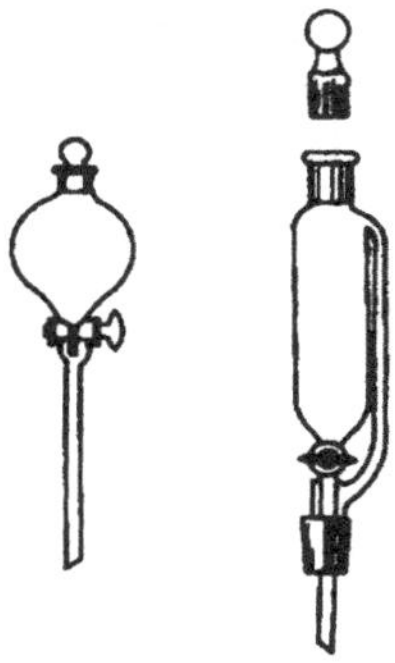 a 滴液漏斗 b	a. 用于滴加液体 b. 恒压滴液漏斗,当反应体系内有压力时,仍可顺利滴加液体	不能直接用火加热。活塞不能互换
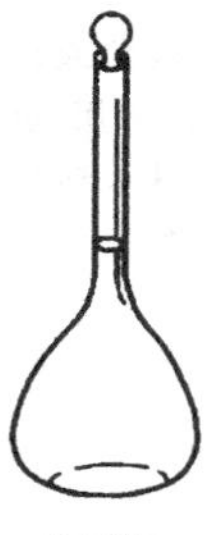 容量瓶	用于配制准确浓度的溶液	瓶塞配套使用,不能互换	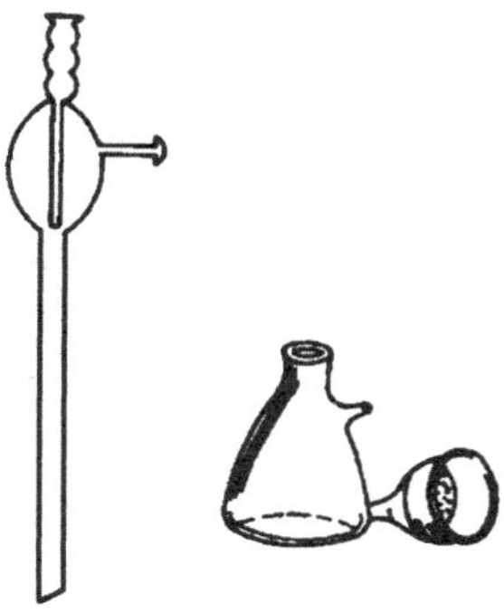 水泵　吸滤瓶　布氏漏斗	用于减压过滤	不能直接用火加热

名称与图示	主要用途	备注	名称与图示	主要用途	备注
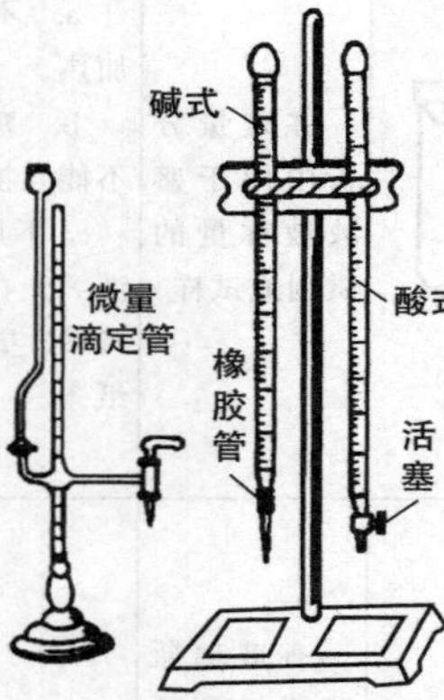 碱式 微量滴定管 橡胶管 酸式 活塞 滴定管	用于滴定分析中准确测量溶液的体积	酸式滴定管的活塞不能互换,不能盛放碱溶液	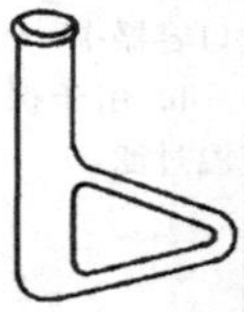 熔点测定管	用于测定熔点	
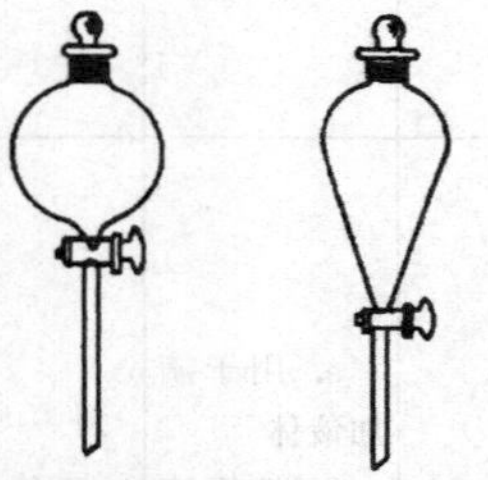 圆形分液漏斗 梨形分液漏斗 分液漏斗	用于液体的洗涤、萃取和分离。有时也可用于滴加液体	不能直接用火加热。活塞不能互换	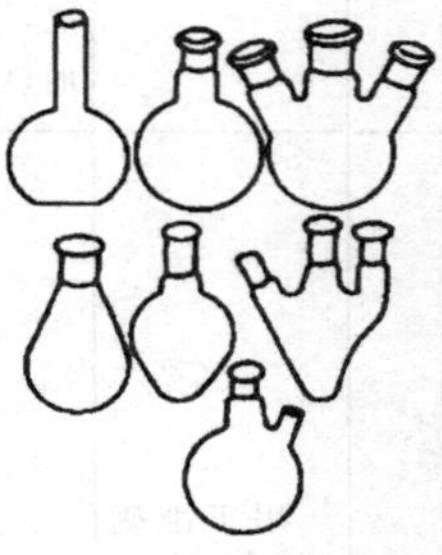 烧瓶	在常温或加热条件下作反应容器。多口的可装配温度计、冷凝管和搅拌器等	平底的不耐压。不能用于减压蒸馏
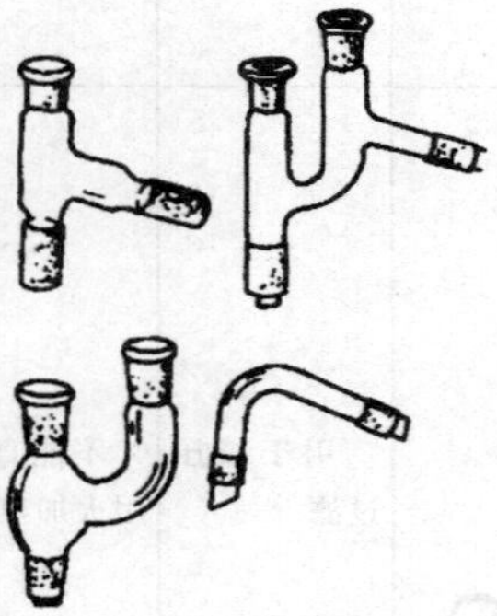 蒸馏头	与烧瓶组装后用于蒸馏	双口的为克氏蒸馏头。可作减压蒸馏用	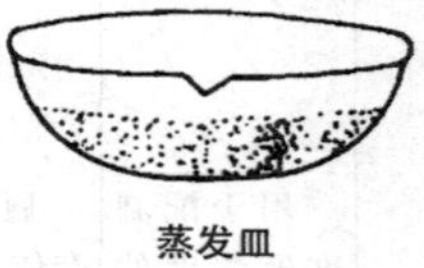 蒸发皿	蒸发或浓缩溶液用,也可用于灼烧固体	能耐高温,但不宜骤冷

名称与图示	主要用途	备注	名称与图示	主要用途	备注
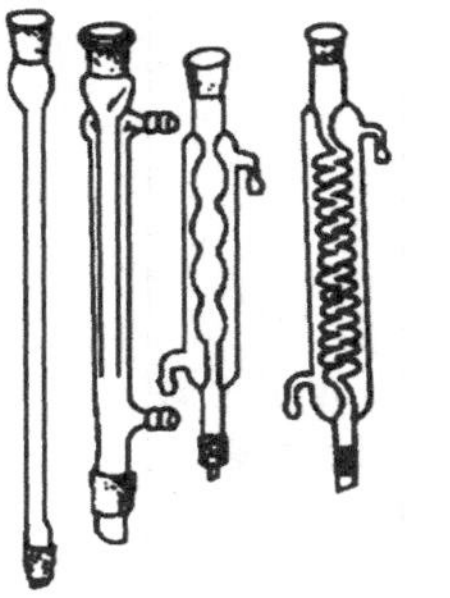 (a) (b) (c) (d) 冷凝管 　　　分馏柱 (a) 空气冷凝管; (b) 直形冷凝管 (c) 球形冷凝管; (d) 蛇形冷凝管	冷凝管用于蒸馏、回流装置中 分馏柱用于分馏装置中	普通蒸馏常用直形冷凝管,回流常用球形冷凝管,沸点高于140℃时常用空气冷凝管,沸点很低时可用蛇形冷凝管	 研钵	用于混合、研磨固体物质	常为玻璃或瓷质,不能加热
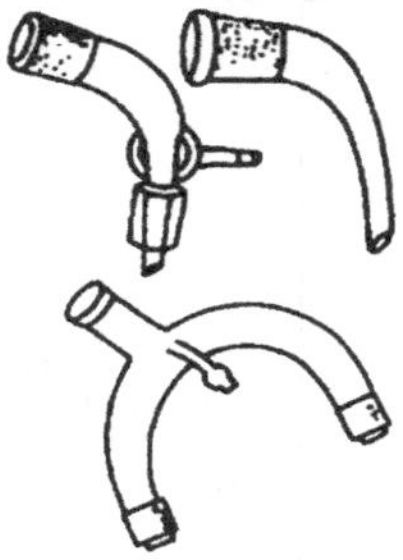 接液管	用于蒸馏中承接冷凝液。带支管的用于减压蒸馏中		 水浴锅	用于盛装浴液	可加热
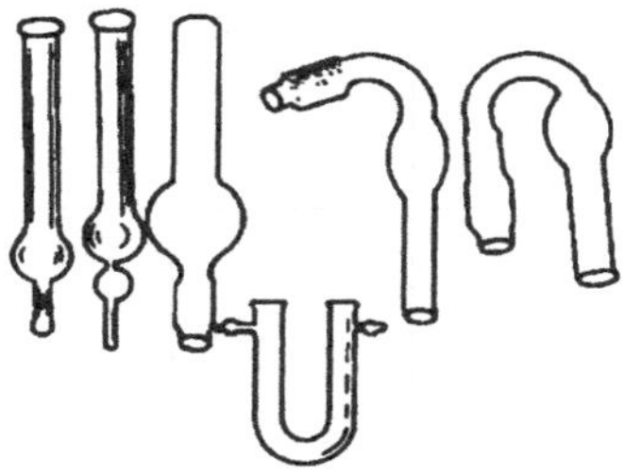 干燥管	盛放干燥剂,用于无水反应装置中		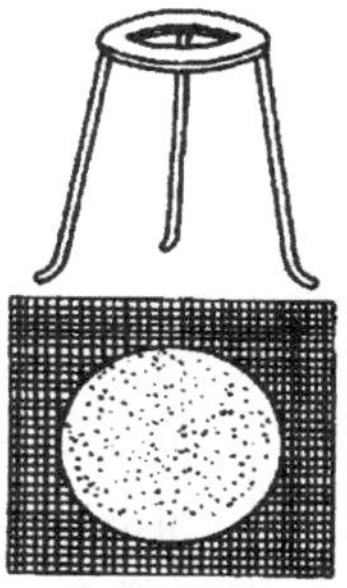 三角架与石棉网	常配合使用,承放受热容器并使其受热均匀	
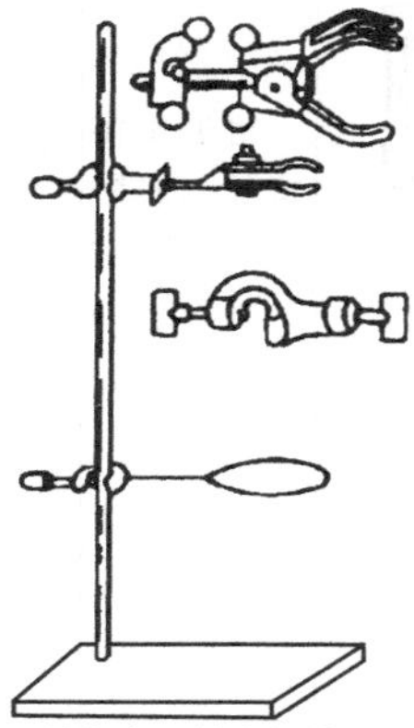 铁架台、铁夹与铁圈	用于固定仪器。铁圈还可承放容器和漏斗		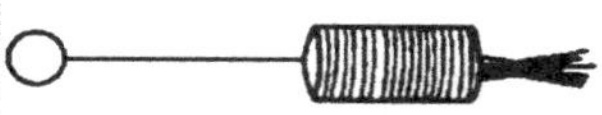 毛刷	用于洗刷玻璃仪器	顶部毛脱落后便不能使用

名称与图示	主要用途	备注	名称与图示	主要用途	备注
 钻孔器	用于塞子钻孔		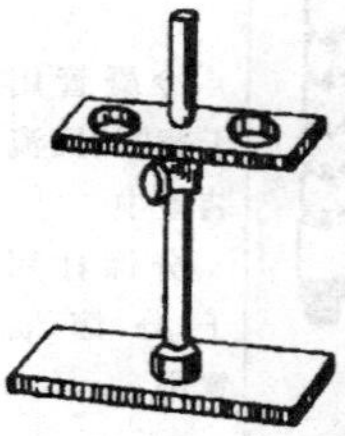 漏斗架	用于过滤时承放漏斗	
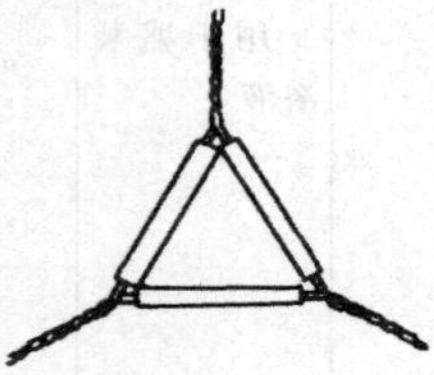 泥三角	用于承放直接加热的坩埚或蒸发皿		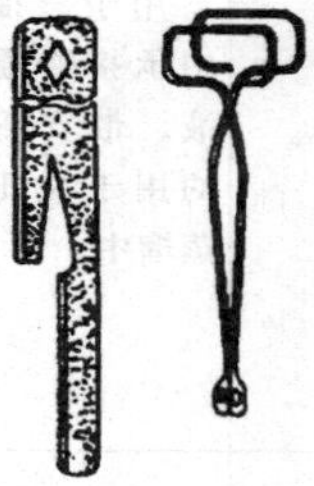 试管夹	用于夹持试管	使用时,不能将拇指按在管夹的活动部位
 坩埚	用于熔融或灼烧固体	耐高温,可直接用火加热,但不宜骤冷	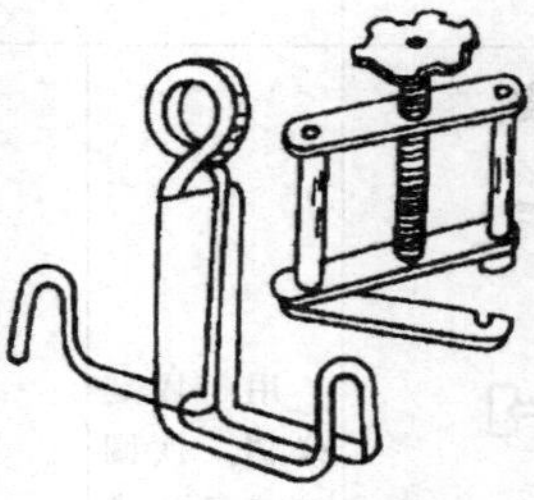 弹簧(螺旋)夹	用于夹在胶管上控制流体通路	
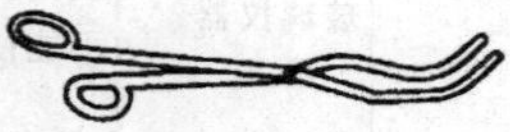 坩埚钳	用于夹持受热的坩埚或蒸发皿	用前需加热			

洗净的玻璃仪器，水可沿玻璃仪器的器壁流下，器壁上有一层薄薄的水膜，水不成股流下，壁上不挂水珠。洗净后的仪器不能用手、抹布或纸张擦拭内壁，以免再度污染。

玻璃仪器的洗涤应根据实验的要求、污物的性质及沾污程度，有针对性地选择不同的洗涤方法进行清洗。

1.4.1.3 玻璃仪器的干燥

对于绝对无水操作，需要将玻璃仪器进行干燥预处理。化学实验室一般都配备红外烤箱、电热（鼓风）干燥箱和气流干燥器等，可用于无水操作时对仪器进行干燥。对于一些不能加热的厚壁或有精密刻度的仪器有时需要快速干燥，可将洗干净的仪器用无水乙醇或95％的乙醇荡洗一次，再用电吹风吹干。在实际工作中遇到急用的仪器，也可用此法快速干燥。

1.4.2 化学试剂的配制

1.4.2.1 化学试剂的规格

化学试剂是科学研究和分析测试必备的物质材料，也是新技术发展不可缺少的功能材料和基础材料。它具有品种多、质量规格高、应用范围广、用量小等特点。根据国家标准，GB 15346—94《化学试剂包装及标志》的规定，一般化学试剂按其纯度及杂质含量分为四级，其规格和适用范围见表1-3。

表 1-3 化学试剂的规格及适用范围

试剂级别	名称	英文名称	符号	标签颜色	适用范围
一级品	优级纯	guaranteed reagent	G. R.	绿色	纯度很高,适用于精密分析及科学研究工作
二级品	分析纯	analytical reagent	A. R.	红色	纯度仅次于一级品,主要用于一般分析测试、科学研究及教学实验工作
三级品	化学纯	chemical pure	C. P.	蓝色	纯度较二级品差,适用于教学或精度要求不高的分析测试工作和无机、有机化学实验
四级品	实验试剂	laboratorial reagent	L. R.	棕色或黄色	纯度较低,只能用于一般的化学实验及教学工作

此外，还有一些高纯度的专用试剂，如光谱试剂、色谱试剂、基准试剂等。

化学试剂的纯度越高，其价格越贵。使用时，应根据实验的需求，本着节约的原则来选择不同规格的试剂。既不能盲目追求高纯度而造成不必要的浪费，也不可随意降低规格而影响实验结果的准确性。

1.4.2.2 化学试剂的配制

在化学实验室或工厂制备检验某物质，要按要求准备好药品。有的是直接取用原浓度试剂，有的试剂需要将固体或液体试剂进行溶解或稀释配制成所需要的浓度。这类溶液的浓度不需十分准确，配制时试剂的质量可用托盘天平称量，体积可用量筒或量杯量取。

（1）比例浓度溶液的配制　比例浓度分为体积比浓度和质量比浓度两种。

① 体积比浓度　主要用于溶质 B 和溶剂 A 都是液体时的场合，用 $(V_B + V_A)$ 表示，V_B 为溶质 B 的体积，V_A 为溶剂 A 的体积。例如（1＋2）的 H_2SO_4 指的是 1 个体积的浓硫酸和 2 个体积的水的混合溶液。

② 质量比浓度　主要用于溶质 B 和溶剂 A 都是固体的场合，用（$m_B + m_A$）表示，m_B 为溶质 B 的质量，m_A 为溶剂 A 的质量。例如配制（1＋100）的钙试剂-NaCl 指示剂，即称取 1g 钙试剂和 100g NaCl 于研钵中研细、混匀即可。

（2）质量分数溶液的配制　混合物中 B 物质的质量 m_B 与混合物的质量 m 之比称为物质 B 的质量分数，常用％表示，符号为 w_B。在溶液中是溶质 B 质量 m_B 与溶液质量 m 之比，即 100g 溶液中含有溶质的质量。

$$w_B = \frac{溶质的质量}{溶液的质量} \times 100\% \tag{1-1}$$

如市售的 98％硫酸，表示在 100g 硫酸溶液中 H_2SO_4 为 98g，H_2O 为 2g。质量分数也可以表示为小数，如上述硫酸的质量分数可表示为 0.98。利用式（1-1）还可以计算用固体物质和液体试剂配制溶液。

【例 1-1】　配制质量分数为 20％的 KI 溶液 100g，应称取 KI 多少克？加水多少克？如何配制？

解　已知 $m = 100g, w(KI) = 20\%$

则
$$m(KI) = 100g \times 20\% = 20g$$
$$溶剂水的质量 = 100g - 20g = 80g$$

配制方法：在托盘天平上称取 KI 20g 于烧杯中，用量筒加入 80mL 蒸馏水，搅拌至溶解，即得质量分数为 20％的 KI 溶液。将溶液转移到棕色试剂瓶（KI 见光易分解）中，贴上标签。溶剂水的密度近似为 1g/mL，可直接量取 80mL。如果溶剂的密度不是 1g/mL，需进行换算。

【例 1-2】　欲配制质量分数为 20％的硝酸（$\rho_2 = 1.115g/mL$）溶液 500mL，需质量分数为 67％的浓硝酸（$\rho_1 = 1.40g/mL$）多少毫升？加水多少毫升？如何配制？

解　根据题意

$$V_1 = \frac{V_2 \rho_2 w_2}{\rho_1 w_1} = \frac{500mL \times 1.115g/mL \times 20\%}{1.40g/mL \times 67\%} = 118.9mL$$

需加入水的体积为　　　$V_2 - V_1 = 500mL - 119mL = 381mL$

配制方法：用量筒量取 381mL 蒸馏水置于烧杯中，再用量筒量取 67％的硝酸 119mL，在搅拌下，将硝酸缓缓倒入烧杯中与水混合均匀，转入棕色试剂瓶中，贴上标签。

（3）体积分数溶液的配制　体积分数是指溶质 B 体积 V_B 与溶液体积 V 之比。可以用百分数（％）、千分数（‰）表示，也可以用小数表示。体积分数多用在液体有机试剂或气体分析中。气体用体积分数表示比用质量分数表示方便得多。

$$\varphi_B = \frac{V_B}{V} \times 100\% \tag{1-2}$$

【例 1-3】　用无水乙醇配制 500mL 体积分数为 70％的乙醇液，应如何配制？

解　所需乙醇体积为

$$500mL \times 70\% = 350mL$$

配制方法：用量筒量取 350mL 无水乙醇于 500mL 试剂瓶中，用蒸馏水稀释至 500mL，贴上标签。

（4）质量浓度溶液的配制　质量浓度 ρ_B 或 ρ（B）是组分 B 的质量与混合物的体积之比。在溶液中是指单位体积溶液中所含溶质的质量，常用单位是 g/L、mg/mL 和 μg/mL。在水质分析工作中，通常使用 mg/L 来表示含量。这里，因为杂质含量很小，所以试样体积相当于溶剂体积。而在配制指示剂溶液时，常使用 g/L 来表示其浓度的。在分光光度测定中，经常使用 mg/mL 和 μg/mL 来表示其浓度。

【例 1-4】　配制质量浓度为 0.1g/L 的 Cu^{2+} 溶液 1 L 应取 $CuSO_4 \cdot 5H_2O$ 多少克？如何配制？$CuSO_4 \cdot 5H_2O$ 和 Cu 的摩尔质量 M 分别为 249.68g/mol 和 63.54g/mol。

解　设称取 $CuSO_4 \cdot 5H_2O$ 的质量为 m，则

$$0.1g/L \times 1L = m \times \frac{63.54g/mol}{249.68g/mol}$$

$$m = \frac{0.1 \times 1 \times 249.68}{63.54}g = 0.4g$$

配制方法：称取 0.4g $CuSO_4 \cdot 5H_2O$ 置于烧杯中，用少量水溶解，转移至 1000mL 试剂瓶中，用水稀释至 1000mL，摇匀，贴上标签。

（5）物质的量浓度溶液的配制　物质的量浓度 c 是指单位体积溶液所含物质 B 的物质的量（n_B）。用符号 c_B 表示，即

$$c_B = \frac{n_B}{V} \tag{1-3}$$

式中　c_B——物质 B 的物质的量浓度，mol/L；

　　　n_B——物质 B 的物质的量，mol；

　　　V——溶液的体积，L。

必须指出，摩尔是一系统的物质的量，该系统所包含的基本单元数与 0.012kg ^{12}C 的原子数目相等。在使用摩尔时基本单元应予指明，它可以是原子、分子、离子、电子及其他粒子，或是这些粒子的特定组合。

物质的量与质量和摩尔质量的关系：

$$n_B = \frac{m_B}{M_B} \tag{1-4}$$

式中　m_B——物质 B 的质量，g；

　　　n_B——物质 B 的物质的量，mol；

　　　M_B——B 物质的摩尔质量，g/mol。

值得指出的是，物质的量浓度 c_B、物质的量 n_B、摩尔质量 M_B 与基本单元有关，所以在使用时必须指出基本单元。

例如，$M(H_2SO_4) = 98.08g/mol$，$M\left(\frac{1}{2}H_2SO_4\right) = \frac{98.08g/mol}{2} = 49.04g/mol$

上述中 98g 硫酸，不同的基本单元，其物质的量计算如下：

$$n(H_2SO_4) = \frac{m(H_2SO_4)}{M(H_2SO_4)} = \frac{98g}{98g/mol} = 1mol$$

$$n\left(\frac{1}{2}H_2SO_4\right)=\frac{m(H_2SO_4)}{M\left(\frac{1}{2}H_2SO_4\right)}=\frac{98g}{49g/mol}=2mol$$

如果将其配成 1L 溶液，其浓度分别为：

$$c(H_2SO_4)=1mol/L$$

$$c\left(\frac{1}{2}H_2SO_4\right)=2mol/L$$

从上述结果可以看出基本单元不同，物质的量浓度 c_B、物质的量 n_B、摩尔质量 M_B 计算值大小也不同。

① 用固体配制一定浓度的溶液　根据计算公式

$$m_B=c_BV\times\frac{M_B}{1000} \tag{1-5}$$

式中　m_B——固体溶质 B 的质量，g；

$\qquad c_B$——欲配制溶液物质 B 的物质的量浓度，mol/L；

$\qquad V$——欲配制溶液的体积，mL；

$\qquad M_B$——溶质 B 的摩尔质量，g/mol。

【例 1-5】　欲配制 0.2mol/L 的 NaOH 500mL，应如何配制？

解　根据式（1-5）$m_B=c_BV\times\frac{M_B}{1000}$，已知 $M(NaOH)=40.00g/mol$

所以，$\qquad\qquad m(NaOH)=0.2\times500\times\frac{40}{1000}g=4g$

配制方法：称取 4g NaOH 溶于水中，然后用水稀释至 500mL，混匀转移入试剂瓶，贴上标签。

② 用液体溶质配制一定浓度的溶液　根据稀释前后物质的量不变，即，

$$c_{浓}V_{浓}=c_{稀}V_{稀} \tag{1-6}$$

$$V_{浓}=\frac{c_{稀}V_{稀}}{c_{浓}} \tag{1-7}$$

【例 1-6】　欲配制 0.5mol/L H_2SO_4 溶液 1000mL，应如何配制？（市售浓 H_2SO_4，$\rho_1=1.84g/mol$，$w_1=96\%$）

$$c(H_2SO_4)=\frac{1000\rho_1w_1}{M(H_2SO_4)}=\frac{1000\times1.84\times96\%}{98.00}mol/L=18.02mol/L$$

根据式（1-7）求出应取浓硫酸的体积 $V_{浓}$，

$$V_{浓}=\frac{c_{稀}V_{稀}}{c_{浓}}=\frac{0.5\times1000}{18.02}mL\approx28mL$$

配制方法：量取 28mL 浓 H_2SO_4，在不断搅拌下缓缓倒入 900mL 水中，冷却后，用水稀释至 1000mL，混匀，然后转移入试剂瓶中，贴上标签即可。（绝对不能将水倒入浓 H_2SO_4 中进行稀释，以免溶液溅出，导致灼伤事故）。

为了便于工作、学习需要，附录 10 给出了一些常见酸碱、缓冲溶液及特殊试剂的配制方法，仅供参考。

1.4.3　化学试剂的保管

有些化学试剂易燃、易爆、有毒，有些还具有强腐蚀性，保管不当会造成浪费，甚至引发意外事故。根据试剂的理化性质需要分类隔离存放。

（1）普通试剂　普通试剂按无机、有机分类存放于阴凉通风、温度低于30℃的柜内即可。

（2）易燃性试剂　易燃性气体，如氢气、甲烷、乙烯、乙炔、煤气和液化石油气等，应贮存于专用的钢瓶内，置于专门库房中阴凉通风处，温度不超过30℃。不得与其他易发生火花的器物混放。

易燃性液体或固体，如乙醚、丙酮、汽油、苯、乙醇、甘油、赤磷、黄磷及三硫化磷、五硫化磷等，应单独存放于危险药品柜中，加贴易燃品标志，远离热源及易发生火花的器物。其保存温度以低于25℃为宜，闪点在25℃以下的物质，则应在-4～4℃的温度条件下存放。

（3）易爆性试剂　有些化学试剂本身是炸药或容易发生爆炸，如苦味酸、三硝基甲苯、硝化纤维、乙炔银及氯酸钾等；有些化学试剂遇水猛烈反应，发生燃烧爆炸，如钠、钾、电石、氢化锂及硼化物等；还有些化学试剂在受热、冲击、摩擦或与氧化剂接触时易发生燃烧爆炸，如红磷、镁粉、锌粉、铝粉、萘、樟脑及硫化磷等，这些试剂宜用防爆架放置，隔绝水汽、易燃物和氧化剂，并加以特殊标记。贮存温度最好在20℃以下。

（4）剧毒性试剂　有些化学试剂毒性较大，可通过皮肤、呼吸道和消化道侵入体内，破坏人体正常生理机能，导致中毒甚至死亡，如氰化物、三氧化二砷（砒霜）、氯化汞、苯、铬酸盐及硫酸二甲酯等。这些剧毒试剂应设专柜，加贴剧毒标志，由专人妥善保管。取用时要严格做好记录，不得超量领取。

（5）腐蚀性强的试剂　有些化学试剂对人体皮肤、黏膜、眼睛及呼吸器官等具有强烈的刺激作用或腐蚀性，有的还严重腐蚀金属，如发烟硫酸、浓硫酸、浓盐酸、硝酸、醋酐、冰醋酸、苛性碱、溴、苯酚、氨水、硫化钠及三氯化磷等。这些试剂需选用抗腐蚀材料做存放架，架的高度以保证存取试剂方便安全为宜。保管温度应在30℃以下，于阴凉通风处并与其他试剂隔离放置。

有些试剂容易侵蚀玻璃，如氢氟酸、含氟酸盐及氢氧化钠等。这些试剂应保存在塑料瓶内。

（6）氧化性强的试剂　氯酸钾、硝酸盐、高锰酸盐、重铬酸盐和过氧化物等试剂都具有较强的氧化性，当受热、撞击或混入还原性物质时，就可能引起爆炸。这类试剂绝不能与还原性或可燃性物质混放，应于阴凉、通风、干燥、室温不超过30℃的条件下贮存，其包装也不宜过大。

（7）吸水性强的试剂　有些试剂容易吸收空气中的水分发生潮解或生成结晶水合物，如氢氧化钠、氯化钙、无水碳酸钠及无水硫酸镁等。盛放这些试剂的瓶口应严格密封，贮存于通风干燥处。

（8）易氧化、分解的试剂　有些试剂与空气接触容易发生氧化，如苯甲醛、氯化亚锡、硫酸亚铁等；有些试剂见光容易发生分解，如硝酸银、碘化钾、高锰酸钾等，这些试剂应于棕色瓶中密封贮存，放置在阴暗避光处。

（9）易聚合的试剂　某些高分子化合物的单体，如苯乙烯、丙烯腈及乙烯基乙炔等，在常温下久置容易发生聚合。这类试剂需在低于10℃的温度条件下保存。

（10）具有放射性的试剂　某些含有放射性元素的化学试剂，如铀酰、硝酸钍、氧化钍及^{60}Co等，具有放射性，能对人体造成伤害。这类试剂宜盛装在磨口玻璃瓶内，再放入塑料或铅制容器中保存，并需远离易燃、易爆物质。

（11）较为贵重的试剂　某些价格昂贵的特纯试剂、稀有元素及其化合物，如钯黑、锗、四氯化钛、铂及其化合物等，应采用小包装，单独存放，妥善保管。各种指示剂则应设专柜按用途分类存放。

练　习

1. 计算下列溶液的物质的量浓度：

（1）6.00g NaOH 配制成 0.200L 溶液；

（2）0.315g $H_2C_2O_4 \cdot 2H_2O$ 配制成 50.0mL 溶液；

（3）21.0g CaO 配制成 2.00L 溶液；

（4）49.0 mg H_2SO_4 配制成 10.0mL 溶液；

（5）2.48g $CuSO_4 \cdot 5H_2O$ 配制成 500mL 溶液

2. 下列物质参加酸碱反应（假定这些物质完全起反应）时，它们的基本单元是其分子的几分之几？

（1）H_2SiF_6；（2）SO_3；（3）H_3AsO_4；（4）$(NH_4)_2SO_4$；（5）$Na_2B_4O_7 \cdot 10H_2O$；（6）$CaCO_3$。

3. 计算下列溶液的物质的量浓度：

（1）4.74g $KMnO_4$ 配制成 3.00L 溶液，求 $c\left(\dfrac{1}{5}KMnO_4\right)$；

（2）14.71g $K_2Cr_2O_7$ 配制成 200.0mL 溶液，求 $c\left(\dfrac{1}{6}K_2Cr_2O_7\right)$；

（3）2.538g I_2 配制成 500.0mL 溶液，求 $c\left(\dfrac{1}{2}I_2\right)$；

（4）744.6mg $Na_2S_2O_3 \cdot 5H_2O$ 配制成 30.00mL 溶液，求 $c(Na_2S_2O_3)$。

4. 如何配制下列溶液：

（1）100mL 含 NaCl 为 0.095g/mL 的水溶液；

（2）1000mL 含 I_2 为 0.01g/mL 的乙醇溶液；

（3）500g $w=10\%$ 的葡萄糖水溶液；

（4）200g $w=5.0\%$ 的 NH_4CN 水溶液；

（5）200mL $\varphi_水=30\%$ 的乙醇水溶液。

5. 配制下列各溶液需多少克溶质？

（1）1.00 L 0.2000mol/L 的 $Ba(OH)_2$；

（2）50.0mL 0.2500mol/L 的 KI；

（3）250mL 0.5000mol/L 的 $Cu(NO_3)_2$；

（4）100mL 0.0485mol/L 的 $(NH_4)_2SO_4$；

（5）500mL 0.500mol/L 的 Na_2SO_4（用 $Na_2SO_4 \cdot 10H_2O$ 配制）。

6. 计算下列溶液的物质的量浓度：

（1）HCl 溶液，密度为 1.06g/mL，$w(HCl)=12.0\%$，求 $c(HCl)$；

（2）$NH_3 \cdot H_2O$ 溶液，密度为 $0.954g/mL$，$w(NH_3 \cdot H_2O) = 11.6\%$，求 $c(NH_3 \cdot H_2O)$；

（3）H_2SO_4 溶液，密度为 $1.30g/mL$，$w(H_2SO_4) = 11.6\%$，求 $c\left(\frac{1}{2}H_2SO_4\right)$。

7. $12.5mL$ 溶液冲稀到 $500mL$，测其物质的量浓度是 $0.125mol/L$，问原溶液的物质的量浓度是多少？

8. 欲配制 $1000mL$ $0.1mol/L$ HCl 溶液，应取浓盐酸（$12mol/L$ HCl）多少毫升？

 ## 技能训练 1-1　准备实验

【目的要求】

（1）了解无机化学实验的基本操作；

（2）认领实验仪器、练习常用玻璃仪器的洗涤；

（3）学习化学试剂的取用和称量；

（4）学会溶液的配制方法。

【实验用品】

（1）仪器　常用仪器一套、托盘天平。

（2）试剂　浓盐酸、氢氧化钠固体、胆矾。

【实验步骤】

（1）认领仪器，熟悉仪器名称规格，并按要求整齐地摆在实验台上。

（2）玻璃仪器的洗涤，用试管刷刷洗试管、烧杯、锥形瓶。

（3）加热操作

① 观察酒精灯的构造，并实验火焰各部位的温度；

② 加热试管中的液体；

③ 加热试管中的固体；

④ 加热烧杯中的液体。

（4）试剂的取用和称量

① 用吸管吸取水，试确定 $1mL$ 相当于几滴？1滴管相当于几毫升？

② 选择合适的量筒，量取 $5mL$、$15mL$ 水分别倾入试管或沿玻璃棒倾入 $100mL$ 烧杯中。

（5）4% 氢氧化钠溶液的配制

① 计算配制 $50g$ 质量分数为 4% NaOH 溶液所需固体 NaOH 的质量和水的质量。

② 用托盘天平称取所需的 NaOH，倒入烧杯中。

③ 用量筒量取所需的蒸馏水倒入同一烧杯中，搅拌使其溶解。搅拌时要均匀转动，不要接触烧杯。

④ 将冷却至室温的 NaOH 溶液倒入试剂瓶中，贴上标签备用。

（6）配制 $500mL$ $0.1mol/L$ HCl 溶液　计算配制 $500mL$ $0.1mol/L$ HCl 溶液所需浓盐酸的体积。用量筒量取所需浓盐酸的体积，倒入盛有 $20\sim30mL$ 蒸馏水的烧杯中，搅拌。然后继续稀释至 $500mL$ 搅拌均匀。将溶液倒入试剂瓶中，贴上标签备用。

【实验操作提示】

（1）酒精灯的使用　酒精灯的使用见图1-1。

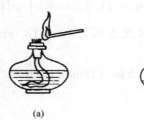

（a）　　　　　　　　（b）　　　　　　　　（c）

图1-1　酒精灯的使用

（a）用火柴点燃酒精灯；

（b）借助小漏斗添加酒精，不能少于灯壶容积的1/3，不能超过2/3；

（c）加热完毕，用灯帽盖灭后反复上提重新盖灭，避免产生负压难以打开

（2）加热试管中的液体、固体　加热试管中的液体、固体如图1-2所示。

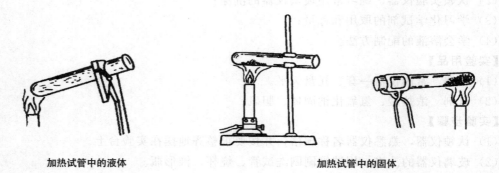

加热试管中的液体　　　　　　　　　　　　　　　加热试管中的固体

图1-2　试管中液体、固体的加热

①用试管夹夹持住试管中上部，管口稍微倾斜向上，先在火焰上方往复移动试管，使其均匀预热后，再放入火焰中加热。

②固体试剂应放入试管底部并铺匀，块状或粒状固体一般应先研细后再加入试管中。加热时，用铁夹夹持试管的中上部，将试管口稍微倾斜向下（也可将其固定在铁架台上），先用灯焰对整个试管预热，然后从盛有固体试剂的前部缓慢向后移动加热。

（3）托盘天平的使用

①调节零点　使用前，先将游码拨到标尺的"0"刻度处，检查天平的指针是否停止在分度盘的中间位置。否则可通过调节托盘下面的平衡螺母，使指针停在分度盘中央（或在分度盘左右摆动的距离相等），此时即为天平的零点。

②称量物品　称量物品时，左盘放物品，右盘放砝码。称量化学药品时，应先称出容器（如表面皿或烧杯）或称量纸的质量，再加入药品。用镊子夹取砝码，按由大到小的原则夹取砝码，最后用游码调节，直到指针停在分度盘中央位置（或左右摆动距离相等）时为止。这时天平处于平衡状态。记下砝码质量和游码在标尺上的数值，两者相加即为所称量物品的质量。称量完毕，将砝码放回盒中，游码退到标尺的"0"刻度处，取下被称物品，将秤盘放在一侧，以免天平摆动。

称量时，应注意避免出现以下错误操作（见图1-3）：

(a) 称热的物品

(b) 盘上直接放药品

(c) 用手拿砝码

(d) 将药品撒落盘上

图1-3　称量错误示意图

（4）标签注明事项　贴在试剂瓶上的标签大小应与瓶子的大小相适应，贴在瓶子的中上部。标签上写明试剂的名称、浓度、配制者、配制日期等，如图1-4所示。

配制者：某某
体积比浓度：(1+1)H_2SO_4
配制日期：2013-1-21

图1-4　标签填写方法

准备实验技能考核评价表见表1-4。

表1-4　准备实验技能考核评价表

项目		操作标准	分值	扣分	得分
仪器的洗涤 （6分）	铬酸洗液 （3.5分）	毛刷的使用和执法	0.5		
		器皿去水	1		
		器皿转动	0.5		
		洗液的回收	1		
		洗液瓶及时盖严	1		
		用蒸馏水冲洗	1		
		洗净后不用手或纸擦内壁	1		
试剂的配制及 取用(18.5分)	配制 （4.5分）	水或试剂沿玻璃棒(或内壁)加入	1		
		搅棒不触及容器壁(或底部)	1		
		固体样品溶完	1.5		
		搅拌均匀	1		
	量筒量取 （6分）	瓶塞仰放	0.5		
		试剂瓶标签对手	1		
		试剂不流到接收器或试剂瓶外壁	1.5		
		瓶口紧靠承接器的边缘(或搅棒)	1		
		取多的试剂不倒回原瓶	1		
		取完后盖瓶塞	1		

项 目		操作标准	分值	扣分	得分
试剂的配制及取用(18.5分)	滴瓶取用(6分)	滴管不在液面下排空气	1		
		滴管不伸入盛接器中	0.5		
		滴管不碰到盛接器内壁	1		
		滴管不倒置(或放桌上)	1		
		不插错滴管	1.5		
		不用自己的滴管到瓶中吸取溶液	1		
	固体(2分)	药匙擦净、擦干	1		
		取后盖瓶(不盖错瓶)	1		
加热操作(8.5分)	试管(2.5分)	器皿外壁擦干	0.5		
		在火焰中的高度合适	1		
		试管夹夹试管的中上部	1		
	加热液体(3.5分)	管口稍微向上倾斜	0.5		
		加热液体的中部	1		
		上下移动	1		
		管口不可对人	1		
	加热固体(2.5分)	样品放置均匀	1		
		管口向下倾斜	1		
		预热试管的中下部	0.5		
托盘天平(7.5分)		清扫	1		
		调平衡(零点)	1		
		砝码用镊子夹取;物体左、砝码右	1		
		药品有承接器	1		
		停点与零点偏差小于1小格	0.5		
		不称热的物体	0.5		
		不用滤纸承接药品	1		
		腐蚀性、氧化性、易潮解的药品用玻璃器皿盛放	1		
		使用完毕双盘放在一个盘架上	0.5		
合计总分			40.5		

? 思 考 题

(1) 如何使用酒精灯?

(2) 加热试管中的固体和液体时，应注意什么?

(3) 称量氢氧化钠为什么不能用滤纸或在秤盘上直接称量?

(4) 玻璃仪器洗涤干净的标志是什么?

技能训练 1-2　锌钡白的制备

【目的要求】

（1）了解解离平衡、氧化还原反应等理论知识；

（2）掌握锌钡白的制备方法；

（3）了解除去杂质金属离子的方法；

（4）熟练过滤、蒸发、结晶等基本操作。

【实验原理】

锌钡白是 ZnS 和 $BaSO_4$ 的等物质的量混合物，是白色晶状固体，又名立德粉，常用作白色颜料或填料。

锌钡白可由 BaS 与 $ZnSO_4$ 反应而制得：

$$BaS + ZnSO_4 = BaSO_4 \downarrow + ZnS \downarrow$$

$ZnSO_4$ 可由 H_2SO_4 与含 ZnO 矿砂直接反应制得，也可由工业 H_2SO_4 与金属锌反应制得。

$$ZnO + H_2SO_4 = ZnSO_4 + H_2O$$

$$Zn + H_2SO_4 = ZnSO_4 + H_2 \uparrow$$

制得锌钡白的 $ZnSO_4$ 必须纯净。由上述方法制得的 $ZnSO_4$ 常含有 Ni^{2+}、Cd^{2+}、Fe^{3+}、Mn^{2+} 等离子。这些离子在合成锌钡白前必须除去。Ni^{2+}、Cd^{2+} 可与较活泼的金属 Zn 发生置换反应，从溶液中除去。Fe^{2+}、Mn^{2+} 在弱酸性溶液中可被 $KMnO_4$ 氧化，其产物逐渐水解为 $Fe(OH)_3$、MnO_2 沉淀。

$$2KMnO_4 + 3MnSO_4 + 2H_2O = 5MnO_2 \downarrow + 2H_2SO_4 + K_2SO_4$$

$$2KMnO_4 + 6FeSO_4 + 14H_2O = 2MnO_2 \downarrow + 6Fe(OH)_3 \downarrow + K_2SO_4 + 5H_2SO_4$$

为促进反应完全，可加少许 ZnO；BaS 溶液由热水浸泡 BaS 块制得；将精制的 $ZnSO_4$ 和 BaS 反应就得到锌钡白。

【实验用品】

（1）仪器　过滤和抽滤设备、研钵、离心机、烧杯（500mL、250mL）、试管、玻璃棒。

（2）试剂　H_2SO_4（2mol/L）、工业浓 H_2SO_4、HNO_3（浓）、$KMnO_4$（0.01mol/L）、KI（10％）、KSCN（饱和）、H_2O_2（3％）、ZnO（矿粉、试剂）、锌粉（工业）、BaS（固）、$NaBiO_3$（固）、甲醛、β-萘喹啉（2.5％）、二乙酰二肟、酚酞试液。

（3）其他　pH 试纸。

【实验步骤】

（1）制取 $ZnSO_4$ 溶液　在 500mL 烧杯中加入 200mL 自来水和 4mL 工业浓 H_2SO_4，加热至 350K（约 77℃），在搅拌条件下慢慢加入 7.5g ZnO 矿粉，用酒精灯小火加热 10min，溶液的 pH 值应大于 5，若 pH 值小于 5，可再加入少许 ZnO 矿粉调节。溶液冷却后，过滤，得到澄清滤液。

（2）滤液中杂质的鉴定

① Ni^{2+} 的鉴定　取 1mL 滤液，加入一小匙 ZnO（试剂），摇匀后再加入 6 滴二乙酰二

肽，充分振荡，离心沉降、若白色 ZnO 表面出现红色，表示有 Ni^{2+} 存在。

② Cd^{2+} 的鉴定 取 1mL 滤液，加 2 滴 10% KI 溶液，摇匀，再加入 2 滴 2.5% β-萘喹啉试液，摇匀，若出现乳白色混浊或黄色沉淀，表示有 Cd^{2+} 存在。

③ 铁离子（Fe^{2+}、Fe^{3+}）的鉴定 取 1mL 滤液，加入 2 滴 2mol/L H_2SO_4，再加入 5 滴 3% H_2O_2，摇匀后加入 5 滴饱和 KSCN 溶液，若显红色，表示有铁离子存在。

④ Mn^{2+} 的鉴定 取 1mL 滤液，加入 6 滴浓 HNO_3 和少许固体 $NaBiO_3$。加热，沉降后若出现紫红色，表示有 Mn^{2+} 存在。

（3）精制 $ZnSO_4$ 根据上面鉴定的结果，滤液中如含有 Ni^{2+} 和 Cd^{2+} 应首先除去 Ni^{2+} 和 Cd^{2+}。其方法如下：将上面滤液移入烧杯中，加热至 350K（约 77℃），加 1g 锌粉（工业），搅拌，反应 20min，冷却，过滤。检查滤液中的 Ni^{2+} 和 Cd^{2+}（方法同前），若未除尽，应再加锌粉重复操作。若还含有铁离子、Mn^{2+}，在除尽 Ni^{2+} 和 Cd^{2+} 后，应按下述方法除去铁离子和 Mn^{2+}。

在除尽 Ni^{2+} 和 Cd^{2+} 的溶液中，加入少许 ZnO(试剂)，加热搅拌，慢慢滴加 0.01mol/L $KMnO_4$ 溶液至溶液显微红色（取少量溶液滤入小试管中，观察滤液是否显微红色）。用小火加热，微沸片刻，使生成的沉淀颗粒长大以利于分离。过滤，检查滤液中的 Fe^{3+} 和 Mn^{2+} 是否除尽。若未除尽，应重复操作。

（4）BaS 的浸取 称取 13g 研细的 BaS，用 100mL 蒸馏水在 363K（90℃）下浸泡 20min，并搅拌促进其溶解，抽滤，即得 BaS 溶液。

（5）合成锌钡白 在 250mL 烧杯中，先加入少量 BaS 溶液，然后交替加入 $ZnSO_4$ 和 BaS 溶液，且不断搅拌，至两种溶液加完为止。此时，溶液应呈微碱性。控制方法是在滤纸上滴几滴酚酞，然后用玻璃棒沾取试液滴在浸有酚酞的滤纸上，以恰好显微红色为宜。最后进行抽滤、压干、称重。

？思　考　题

(1) 为什么合成锌钡白的溶液要保持碱性？

(2) 实验中两次加入 ZnO 的目的是什么？为什么第一次加矿粉，第二次加试剂？

(3) 为什么要除去 $ZnSO_4$ 溶液中的 Ni^{2+}、Cd^{2+}、Fe^{3+}、Mn^{2+} 等离子？是怎样除去的？

2

混合物的分离技术

 知识目标

1. 了解利用沉淀分离、重结晶、升华、萃取、蒸馏、分馏等方法分离提纯物质的基本原理
2. 初步掌握分离提纯技术的一般过程和操作方法

 技能目标

1. 能应用沉淀分离、重结晶、升华、萃取、蒸馏、分馏等基本操作技术
2. 会使用分液漏斗和脂肪提取器
3. 能安装与操作普通蒸馏、简单分馏、水蒸气蒸馏和减压蒸馏等仪器装置

　　化学反应的产物，尤其是有机化学反应的产物往往是不纯的，在产物中，除了目的产物外，通常还有副产物、未反应的原料及催化剂等。为了获得纯产品，必须针对反应产物的物理化学性质采用不同的分离操作。常用的操作有重结晶、过滤、离心分离、蒸馏、水蒸气蒸馏、减压蒸馏、分馏、干燥、升华、萃取、色层分离等。

2.1　结晶与重结晶

2.1.1　结晶

　　结晶是指溶液达到过饱和后，从溶液中析出晶体的过程。通常将经过蒸发浓缩的溶液冷却放置一定时间后，晶体就会自然析出。对于溶解度随温度变化较大的物质，可减小蒸发量，甚至不经蒸发，而酌情采用冰-水浴或冰-盐浴进行冷却，以促使结晶析出完全。在结晶过程中，一般需要适当加以搅拌，以避免结成大块。

　　从溶液中析出晶体的纯度与晶体颗粒的大小有关。小颗粒生成速度较快，晶体内不易裹入母液或其他杂质，有利于纯度的提高。大颗粒生长速度较慢，晶体内容易带入杂质，影响纯度。但是，颗粒过细或参差不齐的晶体容易形成稠厚的糊状物，不便过滤和洗涤，也会影响纯度。

　　晶体颗粒的形成与结晶条件有关。当溶液浓度较大、溶质溶解度较小、冷却速度较快或结晶过程中剧烈搅拌时，较易析出细小的晶体；反之，则容易得到较大的晶体。适当控制结晶条件，就能得到颗粒均匀、大小适中的较为理想的晶体。

进行结晶操作时，如果溶液已经达到过饱和状态，却不出现结晶，可用玻璃棒摩擦容器内壁，或者投入少许同种物质的晶体作为"晶种"，以诱导的方式促使晶体析出。

2.1.2　重结晶

固体物质的溶解度一般随着温度的升高而增大。将固体物质溶解在热的溶剂中，制成饱和溶液，再将溶液冷却、重新析出结晶的过程叫做重结晶。通过重结晶可将在同种溶剂中具有不同溶解度的物质分离开来，这是提纯固体物质的重要方法，适用于提纯杂质含量在5%以下的固体物质。

2.1.2.1　溶剂的选择

正确选择溶剂是重结晶的关键。可根据"相似相容"原理，极性物质选择极性溶剂，非极性物质选择非极性溶剂。同时，选择的溶剂还必须具备下列条件：

① 不能与被提纯物质发生化学反应；

② 溶剂对被提纯物质的溶解度随温度变化差异显著（温度较高时，被提纯物质在溶剂中的溶解度很大，而温度较低时，溶解度很小）；

③ 杂质在溶剂中的溶解度很小或很大（前者当被提纯物溶解时，可将其过滤除去；后者当被提纯物析出结晶时，杂质仍留在母液中）；

④ 溶剂的沸点较低，容易挥发，以便与被提纯物质分离。

选择的溶剂除符合上述条件外，还应该具有价格便宜、毒性较小、回收容易和操作安全等优点。

重结晶所用的溶剂，一般可从实验资料中直接查找。也可以通过试验的方法来确定。

取几支试管，分别装入0.1g待重结晶的样品，再分别滴加1mL不同的溶剂，小心加热至沸腾（注意溶剂的可燃性，严防着火！），观察溶解情况。如果加热后完全溶解，冷却后析出的结晶量最多，则这种溶剂可认为是最适用的。如果加热后不能完全溶解，当补加热溶剂至3mL时，仍不能使样品全部溶解，或样品在1mL冷溶剂中便能迅速溶解，以及样品在1mL热溶剂中能溶解，但冷却后无结晶析出或结晶很少，则可认为这些溶剂不适用。

实验室中常用的重结晶溶剂见表2-1。

表2-1　常用的重结晶溶剂

溶剂	沸点/℃	凝固点/℃	密度/(g/cm³)	与水互溶性	易燃性
水	100	0	1.0	+	0
甲醇	64.7	<0	0.79	+	+
95%乙醇	78.1	<0	0.81	+	+
乙酸	118	16.1	1.05	+	+
丙酮	56.5	<0	0.79	+	+++
乙醚	34.6	<0	0.71	−	++++
石油醚	35~65	<0	0.63	−	++++
苯	80.1	5	0.88	−	++++

溶剂	沸点/℃	凝固点/℃	密度/(g/cm³)	与水互溶性	易燃性
二氯甲烷	41	<0	1.34	—	0
四氯化碳	76.6	<0	1.59	—	0
氯仿	61.2	<0	1.48	—	0

注："＋"溶或易燃；"－"不溶。

当使用单一溶剂效果不理想时，还可以使用混合溶剂。混合溶剂一般由两种能互溶的溶剂组成。其中一种易溶解被提纯物，而另一种则较难溶解被提纯物。常用的混合溶剂有乙醇-水、乙酸-水、丙酮-水、乙醚-丙酮、乙醚-苯、石油醚-苯、石油醚-丙酮等。使用方法是：先将少量被提纯物溶于沸腾的易溶解溶剂中，趁热滴入难溶的溶剂至溶液变混浊，再加热使之变澄清，或再逐滴加入易溶溶剂至溶液澄清，静置冷却，使结晶析出，观察结晶形态。如结晶晶形不好，或呈油状物，则重新调整两种溶剂的比例或更换另一种溶剂。也可以将选择的混合溶剂事先按比例配制好，其操作与使用某一单独溶剂的方法相同。

2.1.2.2 重结晶操作

重结晶的操作程序一般可表示如下：

（1）热溶解　在适当的容器中，用选好的溶剂将被提纯的物质溶解，制成接近饱和的热溶液。如果选用的是易挥发或易燃的有机溶剂，则热溶解应在回流装置中进行；若以水为溶剂，采用烧杯或锥形瓶等作为容器即可。

（2）脱色　若溶液中含有色杂质，可待溶液稍冷后，加入适量活性炭，在搅拌下煮沸5～10min，利用活性炭的吸附作用将有色杂质除去。活性炭的用量一般为样品量的1％～5％，不宜过多，否则会吸附样品，造成损失。

（3）热过滤　将经过脱色的溶液趁热在保温漏斗中过滤，除去活性炭及其他不溶性杂质。

保温过滤装置由酒精灯、热过滤漏斗、烧杯、铁架台组成，如图2-1所示。

热过滤时，为充分利用滤纸的有效面积，加快过滤速度，常使用扇形滤纸，其折叠方法如图2-2所示。

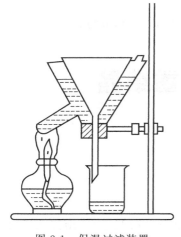

图2-1　保温过滤装置

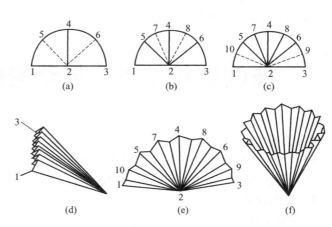

图2-2　扇形滤纸的折叠

先将圆形滤纸对折成半圆形，再对折成 1/4 圆形，展开后得折痕 1-2、2-3 和 2-4[见图 2-2(a)]。再以 1 对 4 折出 5、3 对 4 折出 6、1 对 6 折出 7、3 对 5 折出 8[见图 2-2(b)]；以 3 对 6 折出 9、1 对 5 折出 10[见图 2-2(c)]；然后在每两个折痕间向相反方向对折一次，展开后呈双层扇面形[见图 2-2(d)，图 2-2(e)]，拉开双层，在 1 和 3 处各向内折叠一个小折面[见图 2-2(f)]，即可放入漏斗中使用。

注意：折叠时，折纹不要压至滤纸的中心处，以免多次压折造成磨损，过滤时容易破裂透滤。

在热过滤操作时，可分多次将溶液倒入漏斗中，每次不宜倒入过多（溶液在漏斗中停留时间长易析出结晶），也不宜过少（溶液量少散热快，易析出结晶）。未倒入的溶液应注意随时加热保持较高温度，以便顺利过滤。

若样品溶解后，溶液澄清透明，无任何不溶性杂质和有色杂质，则可省去脱色和热过滤这两步操作。

（4）结晶　将热过滤后所得滤液静置到室温或接近室温，然后在冰-水或冰-盐水浴中充分冷却，使结晶析出完全。如果溶液冷却后，不出现结晶，可投入少量纯净的同种物质作为晶种，促使溶液结晶，或用玻璃棒摩擦器壁引发结晶形成；如果溶液冷却后析出油状物，可剧烈搅拌，使油状物分散并呈结晶析出。

（5）抽滤　用减压过滤装置将结晶与母液分离开。再用冷的同一溶剂洗涤结晶两次，最后用洁净的玻璃钉或玻璃瓶盖将其压紧并抽干。

（6）干燥　挤压抽干后的结晶习惯上称为滤饼。将滤饼小心转移到洁净的表面皿上，经自然晾干或在 100℃ 以下烘干即得纯品，称量后保存。

2.1.2.3　操作注意事项

（1）溶解样品时，若溶剂为低沸点易燃物质，应选择适当热浴并装配回流装置，严禁明火加热；若溶剂有毒性应在通风橱内进行。

（2）脱色时，切不可向正在加热的溶液中投入活性炭，以免引起暴沸。

（3）热过滤后所得滤液要自然冷却，不能骤冷和振摇，否则所得结晶过于细小，容易吸附较多杂质。但结晶也不宜过大（超过 2mm 以上），这样往往在结晶中包裹溶液或杂质，既不容易干燥，也保证不了产品纯度。当发现有生成大结晶的趋势时，可稍微振摇一下，使晶体均匀规则、大小适度。

（4）使用有机溶剂进行重结晶后，应采用适当方法回收溶剂，以利节约。

技能训练 2-1　苯甲酸的重结晶

【目的要求】

（1）了解利用重结晶提纯固体物质的原理和方法；

（2）掌握溶解、加热、保温过滤和减压过滤等基本操作。

【实验原理】

苯甲酸俗称安息香酸，为白色晶体（粗苯甲酸因含杂质而呈微黄色），熔点为 122℃。本实验利用它在水中的溶解度随温度变化差异较大的特点（如 18℃ 时为 0.27g，100℃ 时为

5.7g），将粗苯甲酸溶于沸水中并加活性炭脱色，不溶性杂质与活性炭在热过滤时除去，可溶性杂质在溶液冷却后，苯甲酸析出结晶时留在母液中，从而达到提纯目的。

【实验用品】

（1）仪器　烧杯（200mL）、表面皿、锥形瓶（250mL）、保温漏斗、减压过滤装置、托盘天平。

（2）试剂　苯甲酸（粗品）、活性炭。

【实验步骤】

（1）热溶解　在托盘天平上称取 2g 苯甲酸粗品，放入 250mL 锥形瓶中，加入 60mL 蒸馏水。在石棉网上加热至沸腾，并不断搅拌使苯甲酸完全溶解。如不能全溶可补加适量水[1]。

（2）脱色　将锥形瓶取离热源，加入 5mL 冷水[2]，再加入 0.1g 活性炭，稍加搅拌后，继续煮沸 5 min。

（3）热过滤　将保温漏斗固定在铁架台上，夹套中充注热水，并在侧管处用酒精灯加热。将折叠好的扇形滤纸放入漏斗中，当夹套中的水接近沸腾（发出响声）时，迅速将混合液倾入漏斗中趁热过滤。滤液用洁净的烧杯接收。待所有溶液过滤完毕后，用少量热水洗涤锥形瓶和滤纸。洗涤液并入滤液中。

（4）结晶　所得滤液在室温下静置、冷却 10 min 后，再于冰-水浴中冷却 15 min，以使结晶完全。

（5）抽滤　待结晶析出完全后，减压过滤，用玻璃塞挤压晶体，尽量将母液抽干。暂时停止抽气，用 10mL 冷水分两次洗涤晶体，并重新压紧抽干。

（6）干燥　将晶体转移至表面皿上，摊开呈薄层，自然晾干或于 100℃ 以下烘干。

（7）称量　干燥后，称量质量并计算收率。产品留作测熔点用（见技能训练 4-1）。

注释

[1]　若未溶解的是不溶性杂质，可不必补加水。

[2]　此时加入冷水，可降低溶液温度，便于加入活性炭。又可补充煮沸时蒸发的溶剂，防止热过滤时结晶在滤纸上析出。

实验指南

（1）注意：不可向正在加热的溶液中加活性炭，以防引起暴沸！

（2）热过滤时，不要将溶液一次全倒入漏斗中，可分几次加入。此时，锥形瓶中剩下的溶液应继续加热，以防降温后析出结晶。

（3）热过滤的准备工作应事先做好。向保温漏斗的夹套中注水时，应用干布垫手扶持，小心操作，以防烫伤。

思 考 题

(1) 苯甲酸的重结晶为什么用水做溶剂？

(2) 重结晶时，为什么要加入稍过量的溶剂？

(3) 热过滤时，若保温漏斗夹套中的水温不够高，会有什么后果？

(4) 减压过滤时，若不停止抽气进行洗涤可以吗？为什么？

2.2 沉淀分离

根据溶解度的不同，控制溶液条件使溶液中的化合物或离子分离的方法统称为沉淀分离法。此方法的主要依据是溶度积原理。

当物质中所含有的杂质离子易水解沉淀时，可通过调节溶液 pH，促使杂质沉淀，经分离后达到提纯的目的，亦可通过氧化还原反应改变杂质离子价态，使杂质离子水解更完全。

2.2.1 沉淀分离法种类

根据沉淀剂的不同，沉淀分离也可以分成用无机沉淀剂的分离法、用有机沉淀剂的分离法和共沉淀分离富集法。沉淀分离法和共沉淀分离法的区别主要是：沉淀分离法主要适用于常量组分的分离（>1%）；而共沉淀分离法主要适用于痕量组分的分离（<0.01%）。常用的沉淀剂有无机沉淀剂：氢氧化物、硫化物（见表 2-2）；有机沉淀剂：草酸、铜试剂、铜铁试剂等（见表 2-3）。

表 2-2 无机沉淀剂

沉淀剂	沉淀介质	适用性与沉淀的离子	备　注
稀 HCl	稀 HNO_3	Ag^+、Pb^{2+}（溶解度较大）、Hg^{2+}、Ti(Ⅳ)	
稀 H_2SO_4	稀 HNO_3	Ca^{2+}、Sr^{2+}、Ba^{2+}、Pb^{2+}、Ra^{2+}	
HF 或 NH_4F	弱酸介质	Ca^{2+}、Sr^{2+}、Th(Ⅳ)、稀土	
HPO_4 或 NaH_2PO_4 或 Na_2HPO_2 或 Na_3PO_4	酸性介质 氨性介质	Zr(Ⅳ)、Hf(Ⅳ)、Th(Ⅳ)、Bi^{3+}、Al^{3+}、Fe^{3+}、Cr^{3+}、Cu^{2+} 等过渡金属及碱金属离子	

表 2-3 有机沉淀剂

沉淀剂	沉淀介质	适用性与沉淀的离子	备　注
草酸	pH=1～2.5	Th(Ⅳ),稀土金属离子	
pH=4～5 + EDTA	Ca^{2+}、Sr^{2+}、Ba^{2+}		
铜试剂(二乙基胺二硫代甲酸钠,简称 DDTC)	pH=5～6	Ag^+、Pb^{2+}、Cu^{2+}、Cd^{2+}、Bi^{3+}、Fe^{3+}、Co^{2+}、Ni^{2+}、Zn^{2+}、Sn(Ⅳ)、Sb(Ⅲ)、Tl(Ⅲ)	除重金属较方便,并且没有臭味,与碱土、稀土、Al^{3+} 分离
pH=5～6 + EDTA 铜铁试剂(N-亚硝基苯胲铵盐)	Ag^{2+}、Pb^{2+}、Cu^{2+}、Cd^{2+}、Bi^{3+}、Sb(Ⅲ)、Tl(Ⅲ) 3mol/L H_2SO_4	Cu^{2+}、Fe^{3+}、Ti(Ⅳ)、Nb(Ⅳ)、Ta(Ⅳ)、Ce^{4+}、Sn(Ⅳ)、Zr(Ⅳ)、V(Ⅴ)	

2.2.2 几种主要的沉淀剂

（1）NaOH 溶液　可使两性的氢氧化物溶解而与其他氢氧化物沉淀分离。

（2）氨水加铵盐　氨水加铵盐组成的 pH 值为 8～10，使高价离子沉淀而与一、二价的金属离子分离；另一方面 Ag^+、Cu^{2+}、Co^{2+}、Ni^{2+} 等离子因形成氨配离子而留于溶液中。

（3）ZnO 悬浊液　ZnO 为难溶碱，用水调成悬浊液，可在氢氧化物沉淀分离中用作沉淀剂。

（4）有机碱　六亚甲基四胺、吡啶、苯胺、苯肼等有机碱，与其共轭酸组成缓冲溶液，可控制溶液的 pH，使某些金属离子生成氢氧化物沉淀，达到沉淀分离的目的。

2.2.3　沉淀分离操作

2.2.3.1　过滤

过滤是固-液分离最常用的方法。过滤时，沉淀留在过滤器上，而溶液通过过滤器进入接收器中，过滤出的溶液称为滤液。过滤方法有以下几种。

（1）常压过滤　常压过滤（图 2-3）最为简便，也是最常用的固-液分离方法，尤其沉淀为微细的结晶时，用此过滤较好。

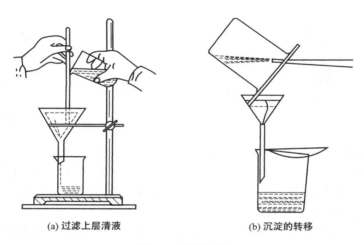

(a) 过滤上层清液　　　　(b) 沉淀的转移

图 2-3　常压过滤

安装常压过滤装置注意"三靠"：漏斗颈口长的一边应紧靠烧杯壁；玻璃棒接近滤纸三层的一边；烧杯嘴紧靠玻璃棒中下部。

过滤时先倾入上层清液，待漏斗中液面达到距滤纸边缘 5mm 处，应暂时停止倾注，以免少量沉淀因毛细作用越过滤纸上缘，造成损失。停止倾注溶液时，将烧杯嘴沿玻璃棒向上提，并逐渐扶正烧杯，以避免烧杯嘴上的液滴流到烧杯外壁，再将玻璃棒放回烧杯中，但不得放在烧杯嘴处。

用洗瓶沿烧杯壁旋转着吹入一定量洗涤液，再用玻璃棒将沉淀搅起充分洗涤后静置，待沉淀沉降后，按前面的方法过滤上层清液，如此重复 4～5 次。

最后，向烧杯中加入少量洗涤液并将沉淀搅起，立即将此混合液转移至滤纸上。残留在烧杯内的少量沉淀可按此法转移：左手持烧杯，用食指按住横架在烧杯口上的玻璃棒，玻璃棒下端应比烧杯嘴长出 2～3cm，并靠近滤纸的三层一边，右手拿洗瓶吹洗烧杯内壁，直至洗净烧杯。沉淀全部转移到滤纸上后，再用洗瓶从滤纸边缘开始向下螺旋形移动吹入洗涤液，将沉淀冲洗到滤纸底部，反复几次，将沉淀洗涤干净。

（2）减压过滤　减压过滤又叫抽滤、吸滤或真空过滤。减压过滤可加快过滤速度，并把沉淀滤得比较干燥。但胶状沉淀在过滤速度很快时会透过滤纸，不能用减压过滤。颗粒很细的沉淀会因减压抽吸而在滤纸上形成一层密实的沉淀，使溶液不易透过，反而达不到加速的目的，也不宜用此法。

2.2.3.2 离心分离

当分离试管中少量的溶液与沉淀物时，常采用离心分离法。这种方法操作简单而迅速，实验室常用的电动离心机是由高速旋转的小电动机带动一组金属套管作高速圆周运动。装在金属管内离心试管中的沉淀物受到离心力的作用向离心试管底部集中，上层便得到澄清了的溶液。这样离心试管中的溶液与沉淀就分离开了。

当沉淀量很少时，可使用离心机（见图 2-4）进行分离。使用时，把盛有混合物的离心试管放入离心机的套管内。然后慢慢启动离心机并逐渐加速。由于离心作用，沉淀紧密地聚集于离心试管的底部，上层则是澄清的溶液。可用滴管小心地吸出上层清液（见图 2-5），也可用倾泻法将其倾出。

图 2-4　电动离心机

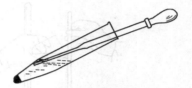

图 2-5　用滴管吸取上层清液

使用电动离心机时，应注意以下几点。

① 为防止旋转过程中碰破离心管，离心机的套管底部应铺垫适量棉花或海绵。

② 离心试管应对称放置，若只有一支盛有欲分离物的试管时，可在与其对称的位置上放一支盛有等体积水的离心试管，以使离心机保持平衡。

③ 离心机启动时要先慢后快，不可直接调至高速。用完后，关闭电源开关，使其自然停止转动，决不能强制停止，以防造成事故。

技能训练 2-2　粗食盐的提纯

【目的要求】

（1）了解粗食盐提纯的原理和方法；

（2）初步掌握加热、溶解、搅拌、沉淀、过滤、蒸发、结晶和干燥等基本操作技术。

【实验原理】

粗食盐中主要含有钙、镁、铁、钾的硫酸盐和氯化物等可溶性杂质以及泥沙等不溶性杂质。将粗食盐溶解于水中，不溶性杂质经过滤便可除去。根据可溶性杂质的性质，在溶液中加入适当的化学试剂，使其转变成难溶性物质，即可分离除去。具体方法如下。

（1）加入 $BaCl_2$ 溶液，使 SO_4^{2-} 生成难溶的 $BaSO_4$ 沉淀，经过滤分离除去。

$$Ba^{2+} + SO_4^{2-} =\!\!=\!\!= BaSO_4 \downarrow （白）$$

（2）加入 NaOH 和 Na_2CO_3 溶液，使 Mg^{2+}、Fe^{3+}、Ca^{2+} 和稍过量的 Ba^{2+} 等生成沉淀，再经过滤除去。

$$Mg^{2+}+2OH^-=\!\!=\!\!=Mg(OH)_2\downarrow（白）$$
$$Fe^{3+}+3OH^-=\!\!=\!\!=Fe(OH)_3\downarrow（红棕）$$
$$Ca^{2+}+CO_3^{2-}=\!\!=\!\!=CaCO_3\downarrow（白）$$
$$Ba^{2+}+CO_3^{2-}=\!\!=\!\!=BaCO_3\downarrow（白）$$

（3）加入盐酸中和过量的 NaOH 和 Na_2CO_3。

$$OH^-+H^+=\!\!=\!\!=H_2O$$
$$CO_3^{2-}+2H^+=\!\!=\!\!=H_2O+CO_2\uparrow$$

稍过量的盐酸在加热浓缩时，氯化氢即挥发除去；少量可溶性杂质 KCl，由于含量较低，溶解度较大，在 NaCl 结晶时，难于析出，仍留在母液中。

【实验用品】

（1）仪器　托盘天平、酒精灯、布氏漏斗、吸滤瓶、石棉网、三脚架、减压水泵、玻璃棒、烧杯（200mL）、蒸发皿（100mL）、玻璃漏斗。

（2）试剂　NaOH（2mol/L）、$BaCl_2$（1mol/L）、Na_2CO_3（1mol/L）、$(NH_4)_2CO_3$（0.5mol/L）、KSCN（0.5mol/L）、HCl（6mol/L）、粗食盐、镁试剂。

（3）其他　pH 试纸、滤纸。

【实验步骤】

（1）溶解粗食盐　在托盘天平上称取 10g 粗食盐，置于 200mL 烧杯中，加入 50mL 自来水，在石棉网上用酒精灯加热并不断搅拌，使粗食盐全部溶解。

（2）除去 SO_4^{2-} 和不溶性杂质　在搅拌下向上述溶液中滴加 $BaCl_2$ 溶液，直到溶液中的 SO_4^{2-} 全部生成沉淀为止[1]。再继续加热 10 min[2]，取下烧杯静置片刻，用普通玻璃漏斗过滤，滤液收集在另一干净的烧杯中。用少量水洗涤沉淀，洗涤液并入滤液中。弃去滤渣，保留滤液。

（3）除去 Ca^{2+}、Mg^{2+}、Ba^{2+}、Fe^{3+} 等杂质离子　在搅拌下向上述滤液中加入 1mL NaOH 溶液和 3mL Na_2CO_3 溶液，加热煮沸 10min。取下烧杯静置，用 pH 试纸检验溶液是否呈碱性（pH＝9～10，若 pH 在 9 以下，则应在上层清液中滴加 Na_2CO_3 溶液至不再产生混浊为止）。用普通玻璃漏斗过滤，弃去滤渣，保留滤液。

（4）中和过量的 NaOH 和 Na_2CO_3　向盛有滤液的烧杯中逐滴加入少量 6mol/L HCl 溶液并不断搅拌，同时测试溶液 pH，直至溶液呈微酸性（pH＝5～6）为止。

（5）蒸发结晶　将溶液移入洁净的蒸发皿中，在石棉网上用酒精灯加热，蒸发浓缩至稀粥状稠液为止（不可蒸干！）[3]。自然冷却使结晶析出完全。

（6）减压过滤　安装减压过滤装置，将冷却后的结晶及母液转移至布氏漏斗中，减压过滤。

（7）干燥、称量　将抽干后的结晶移至洁净干燥的蒸发皿中，在石棉网上用小火缓慢烘干便得精制食盐。冷却至室温后称量质量并按下式计算收率。

$$收率=\frac{精制食盐的质量}{粗食盐的质量}\times100\%$$

（8）检验产品纯度　在托盘天平上称取 1g 粗食盐和 1g 精制食盐，分别用 5mL 蒸馏水溶解后，再各自分装在 4 支试管中，然后按下列方法检验并比较其纯度。

① SO_4^{2-} 的检验　分别向盛有精盐和粗盐溶液的试管中各加入几滴 $BaCl_2$ 溶液，振荡后静置，观察并记录实验现象。精盐溶液中应无沉淀产生。

② Ca^{2+} 的检验　分别向盛有精盐和粗盐溶液的试管中各加入 2 滴 $(NH_4)_2CO_3$ 溶液，振荡后静置，观察并记录实验现象。精盐溶液中应无沉淀产生。

③ Mg^{2+} 的检验　先分别向盛有精盐和粗盐溶液的试管中加入 2 滴 NaOH 溶液，使其呈碱性。再各加入 2 滴镁试剂，如果溶液变成蓝色，说明有 Mg^{2+} 存在[4]。精盐溶液应无颜色变化。

④ Fe^{3+} 的检验　先分别向盛有精盐和粗盐溶液的试管中加入 2 滴 HCl 溶液，使其呈酸性。再各加入 1 滴 KSCN 溶液，若变成红色，说明有 Fe^{3+} 存在[5]。精盐溶液应无颜色变化。

注释

[1] 将溶液静置，待沉淀下沉后，沿杯壁向上层清液中滴加 1 滴沉淀剂，观察滴落处是否出现混浊。检验 SO_4^{2-} 是否沉淀完全。

[2] 此时继续加热的目的是使 $BaSO_4$ 颗粒长大，从而便于过滤和洗涤。

[3] 蒸发浓缩时不能将液体蒸干，因为此时 KCl 仍留在母液中，可在减压过滤时将其除去。

[4] 溶液中若存在 Mg^{2+}，加入 NaOH 溶液时则生成 $Mg(OH)_2$，$Mg(OH)_2$ 被镁试剂吸附便呈现蓝色。

[5] 溶液中若存在 Fe^{3+}，便可在酸性介质中与 KSCN 生成血红色配合物，使溶液呈现红色。

实验指南 🧪

（1）可利用溶液静置或冷却时准备过滤装置、折叠滤纸等，以便节省实验时间。

（2）两次普通过滤都不必使溶液冷却，只要稍加静置使沉淀沉降完全即可。但减压过滤前必须使混合物充分冷却，以便结晶析出完全。

（3）向漏斗中转移溶液时，必须借助玻璃棒，不可直接倾倒，以免将溶液倒入滤纸和漏斗的夹层中造成透滤或洒在漏斗外面造成损失。

（4）在热源上取、放蒸发皿时，必须使用坩埚钳，切不可直接用手去拿，以防造成烫伤！

❓ 思　考　题

（1）本实验中是根据哪些原理精制食盐的？

（2）粗食盐中的不溶性杂质是何时除去的？

（3）影响精盐收率的因素有哪些？

（4）可否采用 $Ba(NO_3)_2$ 代替 $BaCl_2$、K_2CO_3 代替 Na_2CO_3 作沉淀剂来除去粗食盐中的 SO_4^{2-} 和 Ca^{2+}，为什么？

2.3 升华

有些固体物质具有较高的蒸气压。当对其进行加热时，可不经过液态直接变为气态，蒸气冷却后又直接凝结为固态，这个过程称为升华。

升华是提纯固体物质的一种重要方法。利用升华可以除去不挥发性杂质，还可分离不同挥发度的固体混合物。通过升华可以得到纯度较高的产品，但是只有具备下列条件的固体物质，才可以用升华的方法进行精制。

① 欲升华的固体在较低温度下具有较高的蒸气压；

② 固体与杂质的蒸气压差异较大。

可见，用升华法提纯固体物质具有一定局限性。此外，由于操作时间较长，损失也较大，通常仅用来提纯少量的固体物质。

升华可在常压或减压条件下进行。

2.3.1 常压升华

最简单的常压升华装置如图 2-6 所示，由蒸发皿、滤纸和玻璃漏斗组成。进行升华操作时，先将固体干燥并研细，放入蒸发皿中。用一张刺满小孔的滤纸（孔刺朝上）覆盖蒸发皿，滤纸上倒扣一个与蒸发皿口径相当的玻璃漏斗，漏斗颈部塞上一团疏松的棉花，以防蒸气逸出。

用砂浴缓慢加热，将温度控制在固体的熔点以下，使其慢慢升华。蒸气穿过小孔遇冷后凝结为固体，黏附在滤纸及漏斗壁上。

升华结束后用刮刀将产品从滤纸及漏斗壁上刮下，收集在干净的器皿中，即得纯净的产品。

2.3.2 减压升华

对于蒸气压较低或受热易分解的固体物质，一般采用减压升华。减压升华装置如图 2-7 所示，由吸滤管和指形冷凝管组成。将待升华的固体混合物放入吸滤管内，与减压泵连接，指形冷凝管中通入冷却水。进行升华时，打开减压泵和冷却水，缓慢加热。受热升华的蒸气遇冷凝结为固体吸附在指形冷凝管的外表面，收集后即得纯净产品。

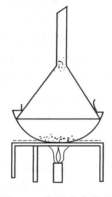

图 2-6 常压升华装置

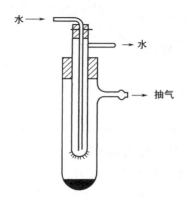

图 2-7 减压升华装置

2.4 萃取技术

利用不同物质在选定溶剂中溶解度的不同进行分离和提纯混合物的操作，叫做萃取。通过萃取可以从混合物中提取出所需要的物质；也可以去除混合物中的少量杂质。通常将后一种情况称为洗涤。

2.4.1 萃取溶剂的选择

用于萃取的溶剂又叫萃取剂。常用的萃取剂为有机溶剂、水、稀酸溶液、稀碱溶液和浓硫酸等。实验中可根据具体需求加以选择。

（1）有机溶剂　苯、乙醇、乙醚和石油醚等有机溶剂可将混合物中的有机产物提取出来，也可除去某些产物中的有机杂质。

（2）水　水可用来提取混合物中的水溶性产物，又可用于洗去有机产物中的水溶性杂质。

（3）稀酸或稀碱溶液　稀酸或稀碱溶液常用于洗涤产物中的碱性或酸性杂质。

（4）浓硫酸　浓硫酸可用于除去产物中的醇、醚等少量有机杂质。

2.4.2 液体物质的萃取（或洗涤）

液体物质的萃取（或洗涤）常在分液漏斗中进行。分液漏斗的使用方法如下。

2.4.2.1 使用前的准备

将分液漏斗洗净后，取下旋塞，用滤纸吸干旋塞及旋塞孔道中的水分，在旋塞微孔的两侧涂上薄薄一层凡士林，然后小心地将其插入孔道并旋转几周，至凡士林分布均匀呈透明为止。在旋塞细端伸出部分的圆槽内，套上一个橡胶圈，以防操作时旋塞脱落。

关好旋塞，在分液漏斗中装上水，观察旋塞两端有无渗漏现象，再开启旋塞，看液体是否能通畅流下，然后盖上顶塞，用手指抵住，倒置漏斗，检查其严密性。在确保分液漏斗顶塞严密、旋塞关闭时严密、开启后畅通的情况下方可使用。使用前须关闭旋塞。

2.4.2.2 萃取（或洗涤）操作

由分液漏斗上口倒入混合溶液与萃取剂，盖好顶塞。为使分液漏斗中的两种液体充分接

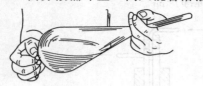

图 2-8　萃取（或洗涤）

触，用右手握住顶塞部位，左手持旋塞部位（旋柄朝上），将漏斗颈端向上倾斜，并沿一个方向振摇（如图 2-8 所示）。振摇几下后，打开旋塞，排出因振摇而产生的气体。若漏斗中盛有挥发性的溶剂或用碳酸钠中和酸液时，更应特别注意排放气体。反复振摇几次后，将分液漏斗放在铁圈中，打开顶塞（或使顶塞的凹槽对准漏斗上口颈部的小孔），使漏斗与大气相通，静置分层。

2.4.2.3 分离操作

当两层液体界面清晰后，便可进行分离操作。先把分液漏斗下端靠在接收器的内壁上，再缓慢旋开旋塞，放出下层液体（如图 2-9 所示）。当液面间的界线接近旋塞处时，暂时关闭旋塞，将分液漏斗轻轻振摇一下，再静置片刻，使下层液聚集得多一些，然后打开旋塞，

仔细放出下层液体。当液面间的界线移至旋塞孔的中心时，关闭旋塞。最后把漏斗中的上层液体从上口倒入另一个容器中。

2.4.2.4 操作注意事项

（1）分液漏斗中装入的液体量不得超过其容积的 1/2，因为液体量过多，进行萃取操作时，不便振摇漏斗，两相液体难以充分接触，影响萃取效果。

（2）在萃取碱性液体或振摇漏斗过于剧烈时，往往会使溶液发生乳化现象；有时两相液体的相对密度相差较小，或因一些轻质絮状沉淀夹杂在混合液中，致使两相界线不明显，造成分离困难。解决以上问题的办法是：

① 较长时间静置，往往可使液体分层清晰；

② 加入少量电解质，以增加水相的密度，利用盐析作用，破坏乳化现象；

③ 若因碱性物质而乳化，可加入少量稀酸来破坏；

④ 滴加数滴乙醇，改变液体表面张力，促使两相分层；

⑤ 当含有絮状沉淀时，可将两相液体进行过滤。

（3）分液漏斗使用完毕，应用水洗净，擦去旋塞和孔道中的凡士林，在顶塞和旋塞处垫上纸条，以防久置黏结。

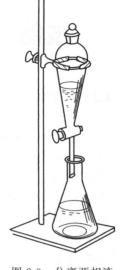

图 2-9　分离两相液

2.4.3　固体物质的萃取

固体物质的萃取可以采用浸取法，即将固体物质浸泡在选好的溶剂中，其中的易溶成分

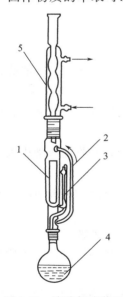

图 2-10　脂肪提取装置
1—滤纸套筒；
2—蒸气上升管；
3—虹吸管；
4—圆底烧瓶；5—冷凝管

被慢慢浸取出来。这种方法可在常温或低温条件下进行，适用于受热容易发生分解或变质物质的分离（如一些中草药有效成分的提取，即采用浸取法）。但这种方法消耗溶剂量大，时间较长，效率较低。在实验室中常采用脂肪提取器萃取固体物质。

脂肪提取器又叫索氏（Soxhlet）提取器，它是利用溶剂回流和虹吸原理，使固体物质不断被新的纯溶剂浸泡，实现连续多次的萃取，因而效率较高。脂肪提取装置如图 2-10 所示，主要由圆底烧瓶、提取器和冷凝管等三部分组成。

使用时，先在圆底烧瓶中装入溶剂。将固体样品研细放入滤纸套筒内，封好上下口，置于提取器中，按图 2-10 安装好装置。检查各连接部位的严密性后，先通入冷却水，再对溶剂进行加热。溶剂受热沸腾时，蒸气通过蒸气上升管进入冷凝管内，被冷凝为液体，滴入提取器中，浸泡固体并萃取出部分物质，当萃取液液面超过虹吸管的最高点时，即虹吸流回烧瓶。这样循环往复，利用溶剂回流和虹吸作用，使固体中可溶物质富集到烧瓶中，然后再用适当方法除去溶剂，便可得到要提取的物质。

技能训练 2-3 从茶叶中提取咖啡因

【目的要求】

（1）了解从茶叶中提取咖啡因的原理和方法；

（2）初步掌握脂肪提取器的安装与操作方法；

（3）初步掌握升华操作。

【实验原理】

茶叶中含有多种生物碱，其中以咖啡因为主，占 2%～5%。此外还含有纤维素、蛋白质、单宁酸和叶绿素等。

咖啡因是白色针状晶体，熔点为 238℃，味苦，能溶于水、乙醇、二氯甲烷等。含结晶水的咖啡因加热到 100℃ 即失去结晶水，并开始升华，120℃ 时升华明显，178℃ 时很快升华。

本实验用 95% 乙醇作溶剂，从茶叶中萃取咖啡因，使其与不溶于乙醇的纤维素和蛋白质等分离，萃取液中除咖啡因外，还含有叶绿素、单宁酸等杂质。蒸去溶剂后，在粗咖啡因中拌入生石灰，使其与单宁酸等酸性物质作用生成钙盐。游离的咖啡因通过升华得到纯化。

【实验用品】

（1）仪器 圆底烧瓶（150mL）、玻璃漏斗、脂肪提取器、砂浴锅、刮刀、烧杯（500mL）、水浴锅、酒精灯、蒸发皿、托盘天平、电炉、温度计（300℃）、石棉网、研钵。

（2）试剂 乙醇（95%）、茶叶、生石灰。

（3）其他 沸石、滤纸。

【实验步骤】

（1）提取 在圆底烧瓶中放入 80mL 95% 乙醇，加 1～2 粒沸石。称取 10g 研细的茶叶末，装入折叠好的滤纸套筒中，折封上口后放入提取器内。按图 2-10 安装脂肪提取装置。

检查装置各连接处的严密性后，接通冷却水，用水浴加热，回流提取，直到虹吸管内液体的颜色变得很淡为止。当冷凝液刚刚虹吸下去时，立即停止加热。

（2）蒸馏 稍冷后，拆除脂肪提取器，改成蒸馏装置，加热蒸馏，回收提取液中大部分乙醇。

（3）中和、除水 趁热将烧瓶中的混合液倒入干燥的蒸发皿中，加入 4g 研细的生石灰粉，搅拌均匀成糊状。

将蒸发皿放在一个大烧杯上，烧杯内盛放约 300mL 水，用蒸汽浴加热蒸发水分。此间应不断搅拌，并压碎块状物。然后再将蒸发皿放在石棉网上，用小火焙炒烘干，直到固体混合物变成疏松的粉末状，水分全部除去为止。

（4）升华 冷却后，擦净蒸发皿边缘上的粉末，盖上一张刺有细密小孔的滤纸，再将干燥的玻璃漏斗（口径须与蒸发皿相当，颈口处塞上棉花）罩在滤纸上。用砂浴缓慢加热升华。控制砂浴温度在 220℃ 左右。当滤纸的小孔上出现较多白色针状晶体时，暂停加热，让其自然冷却至 100℃ 以下。取下漏斗，轻轻揭开滤纸，用刮刀仔细地将附在滤纸及漏斗壁上的咖啡因晶体刮下。

残渣经搅拌后，盖上滤纸和漏斗，继续用较大火加热，使升华完全。

（5）称量　合并两次收集的咖啡因，称量后交给实验指导教师。

实验指南

（1）脂肪提取器的虹吸管部位容易折断，拆、装仪器时应特别小心，注意保护。

（2）滤纸套筒的大小既要紧贴器壁，又能方便取用。套筒内茶叶的高度不得越过虹吸管。套筒的底部要折封严密，以防茶叶漏出堵塞虹吸管。套筒的上部最好折成凹形，以利回流液充分浸润茶叶。

（3）回流提取时，应控制回流速度，以约 20 min 虹吸一次为宜。

（4）蒸馏时，蒸出大部分乙醇即可，不要蒸得太干，否则残液很黏，不易倒出，挂在烧瓶上，造成损失。乙醇易挥发、易燃，应注意防火。

（5）焙炒时，切忌温度过高，以防咖啡因在此时升华。

（6）升华是本实验成败的关键。必须用小火缓慢加热。升温过快，温度过高，会使产品发黄。测量砂浴温度的温度计要放在蒸发皿附近的位置，以便准确反映升华温度。将其插入砂浴中时，要格外小心，防止水银球部位破损。

思 考 题

（1）脂肪提取器的萃取原理是什么？利用脂肪提取器萃取有什么优点？

（2）茶叶中的咖啡因是如何被提取出来的？粗咖啡因为什么呈绿色？

（3）蒸馏回收溶剂时，为什么不能将溶剂全部蒸出？

（4）升华操作时，需注意哪些问题？

2.5　蒸馏与分馏技术

蒸馏和分馏是分离、提纯液态混合物常用的方法。根据混合物的性质不同，可分别采用普通蒸馏、简单分馏、水蒸气蒸馏和减压蒸馏等操作技术。

2.5.1　普通蒸馏

在常温下，将液态物质加热至沸腾，使其变为蒸气，然后再将蒸气冷凝为液体，收集到另一容器中，这两个过程的联合操作叫做普通蒸馏。

显然，通过蒸馏可以将易挥发和难挥发的物质分离开来，也可将沸点不同的物质进行分离。普通蒸馏是在常压下进行的，因此又叫常压蒸馏。较适用于分离沸点差＞30℃的液态混合物。

纯净的液体物质，在蒸馏时温度基本恒定，沸程很小，所以通过常压蒸馏，还可测定液体物质的沸点或检验其纯度。

2.5.1.1　普通蒸馏装置

普通蒸馏装置如图 2-11 所示，主要包括汽化、冷凝和接收三部分。

（1）汽化部分　由圆底烧瓶和蒸馏头、温度计组成。液体在烧瓶内受热汽化后，其蒸气由蒸馏头侧管进入冷凝管中。选择烧瓶规格时，以被蒸馏物的体积不超过其容量的 2/3，不

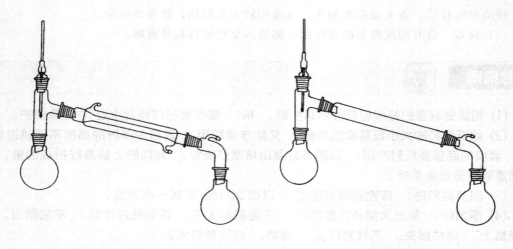

(a) 水冷凝蒸馏装置   (b) 空气冷凝蒸馏装置

图 2-11 普通蒸馏装置

少于 1/3 为宜。

（2）冷凝部分　由冷凝管组成。蒸气进入冷凝管的内管时，被外层套管中的冷水冷凝为液体。当所蒸馏液体的沸点高于 140℃时，应采用空气冷凝管，空气冷凝管是靠管外空气将管内蒸气冷凝为液体的。

（3）接收部分　由接液管和接收器（常用圆底烧瓶或锥形瓶）组成。在冷凝管中被冷凝的液体经由接液管收集到接收器中。如果蒸馏易燃或有毒物质时，应在接液管的支管上接一根橡胶管，并通入下水道内或引出室外，若被蒸馏物质沸点较低，还要将接收器放在冷水浴或冰水浴中冷却（如图 2-12 所示）。

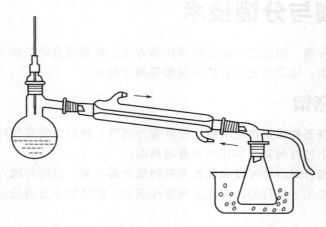

图 2-12　低沸点、易燃、有毒物质的蒸馏

安装普通蒸馏装置时，先根据被蒸馏物质的性质选择合适的热源。再以热源高度为基准，用铁夹将圆底烧瓶固定在铁架台上，然后由下而上，从左往右依次安装蒸馏头、温度计、冷凝管和接收器。

安装温度计时，应注意使温度计水银球的上端与蒸馏头侧管的下沿处于同一水平线上［如图 2-13（a）所示］。这样，蒸馏时温度计水银球能被蒸气完全包围，才可测得准确的温度。

在连接蒸馏头与冷凝管时，要注意调整角度，使冷凝管和蒸馏头侧管的中心线成一条直线[如图2-13(b)所示]。若采用水冷凝管，冷凝水应从下口进入，上口流出，并使上端的出水口朝上，以使冷凝管套管中充满水，保证冷凝效果。若接液管不带支管，切不可与接收器密封，应与外界大气相通，以防系统内部压力过大而引起爆炸。

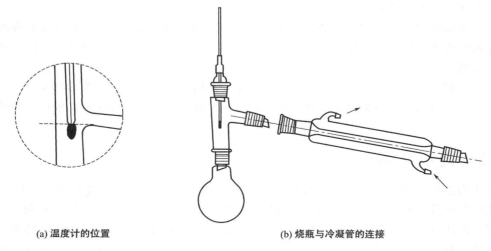

(a) 温度计的位置   (b) 烧瓶与冷凝管的连接

图 2-13　普通蒸馏装置的安装

整套装置要求准确、端正、稳固。装置中各仪器的轴线应在同一平面内，铁架、铁夹及胶管应尽可能安装在仪器背面，以方便操作。

2.5.1.2　普通蒸馏操作

检查装置的稳妥性后，便可按下列程序进行蒸馏操作。

（1）加入物料　将待蒸馏液体通过长颈玻璃漏斗由蒸馏头上口倾入圆底烧瓶中（注意漏斗颈应超过蒸馏头侧管的下沿，以防液体由侧管流入冷凝管中），投入几粒沸石（防止暴沸），再装好温度计。

（2）通冷却水　检查装置的气密性和与大气相通处是否畅通后，打开水龙头，缓慢通入冷却水。

（3）加热蒸馏　开始先用小火加热，逐渐增大加热强度，使液体沸腾。然后调节热源，控制蒸馏速度，以1s馏出1～2滴为宜。此间应使温度计水银球下部始终挂有液珠，以保持气液两相平衡，确保温度计读数的准确。

（4）观察温度、收集馏分　记下第一滴馏出液滴入接收器时的温度。如果所蒸馏的液体中含有低沸点的前馏分，待前馏分蒸完，温度趋于稳定后，应更换接收器，收集所需要的馏分，并记录所需要的馏分开始馏出和最后一滴馏出时的温度，即该馏分的沸程。

（5）停止蒸馏　当维持原来的加热温度，不再有馏出液蒸出时，温度会突然下降，这时应停止蒸馏，即使杂质含量很少，也不能蒸干，以免烧瓶炸裂。

2.5.1.3　操作注意事项

（1）安装普通蒸馏装置时，各仪器之间连接要紧密，但接收部分一定要与大气相通，绝不能造成密闭体系。

（2）多数液体加热时，常发生过热现象，即在液体已经加热到或超过了其沸点温度，仍不沸腾。当继续加热时，液体会突然暴沸，冲出瓶外，甚至造成火灾。为了防止这种情况的发生，需要在加热前加入几粒沸石。沸石表面有许多微孔，能吸附空气，加热时这些空气可以成为液体的汽化中心，避免液体暴沸。若事先忘记加沸石，绝不能在接近沸腾的液体中直接加入，应停止加热，待液体稍冷后再补加。若因故中断蒸馏，则原有的沸石即行失效，因而每次重新蒸馏前，都应补加沸石。

（3）蒸馏过程中，加热温度不能太高，否则会使蒸气过热，温度计水银球上的液珠消失，导致所测沸点偏高；温度也不能过低，以免温度计水银球不能充分被蒸气包围，致使所测沸点偏低。

（4）蒸馏过程中若需续加物料，必须在停止加热后进行，但不要中断冷却水。

（5）结束蒸馏时，应先停止加热，稍冷后再关冷却水。拆卸蒸馏装置的顺序与安装顺序相反。

2.5.2　简单分馏

对于沸点差较小（＜30℃）的液体混合物，采用分馏的方法通常可达到较好的分离效果。实验室中进行的简单分馏是利用分馏柱使液体混合物经多次汽化、冷凝，实现多次蒸馏的过程。液体混合物受热汽化后，其蒸气进入分馏柱，在上升过程中，由于受到柱外空气的冷却作用，蒸气中的高沸点组分被不断冷凝流回，使继续上升的蒸气中低沸点组分的相对含量不断增加。同时冷凝液在回流的过程中，与上升的蒸气相遇，二者进行热量交换，使上升蒸气中的高沸点组分又被冷凝，而低沸点组分则继续上升。这样，在分馏柱内，反复进行着多次汽化、冷凝和回流的循环过程，相当于多次蒸馏。使最终上升到分馏柱顶部的蒸气接近于纯的低沸点组分，而冷凝流回的液体则接近于纯的高沸点组分，从而达到分离的目的。

分馏又叫精馏。工业上采用的分馏设备称为精馏塔。目前，有些精馏塔可将沸点仅相差1～2℃的液体混合物较好地分离开。

2.5.2.1　简单分馏装置

简单分馏装置与普通蒸馏装置基本相同，只是在圆底烧瓶与蒸馏头之间安装一支分馏柱（如图2-14所示）。

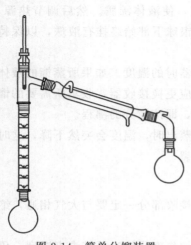

图2-14　简单分馏装置

分馏柱的种类很多，实验室中常用的有填充式分馏柱和刺形分馏柱（又叫韦氏分馏柱）。填充式分馏柱内装有玻璃球、钢丝棉或陶瓷环等，可增加气液接触面积，分馏效果较好；刺形分馏柱结构简单，黏附液体少，但分馏效果较填充式差些。

分馏柱效率与柱的高度、绝热性和填料类型有关。柱身越高分馏效果越好，但操作时间也相应延长，因此选择的高度要适当。

2.5.2.2　简单分馏操作

简单分馏操作的程序与普通蒸馏大致相同。将待分馏液体倾入圆底烧瓶中，加1～2粒沸石。安装并仔细检查整套装置后，先通冷却水，再开始加热，缓慢升温，使蒸气

10～15min 后到达柱顶。调节热源，控制分馏速度，以馏出液每 2～3s 一滴为宜。待低沸点组分蒸完后，温度会骤然下降，此时应更换接收器，继续升温，按要求接收不同温度范围的馏分。

2.5.2.3 操作注意事项

（1）待分馏的液体混合物不得从蒸馏头或分馏柱上口直接倾入。

（2）为尽量减少柱内的热量损失，提高分馏效果，可在分馏柱外包裹石棉绳或玻璃棉等保温材料。

（3）要随时注意调节热源，控制好分馏速度，保持适宜的温度梯度和合适的回流比。回流比是指单位时间内由柱顶冷凝流回柱中液体的数量与馏出液的数量之比。回流比越大，分馏效果越好。但回流比过大，分离速度缓慢，分馏时间延长，因此应控制回流比适当为好。

（4）开始加热时，升温不能太快，否则蒸气上升过多，会出现"液泛"现象（即柱中冷凝的液体被上升的蒸气堵住不能回流，而使分馏难以继续进行）。此时应暂时降温，待柱内液体流回烧瓶后，再继续缓慢升温进行分馏。

 技能训练 2-4　丙酮-水混合物的分离

【目的要求】

（1）了解普通蒸馏和简单分馏的基本原理及意义；

（2）初步掌握蒸馏和分馏装置的安装与操作；

（3）比较采用蒸馏和分馏分离液体混合物的效果。

【实验原理】

丙酮和水都是常用的极性溶剂，彼此互溶。丙酮的沸点为 56℃，水的沸点为 100℃，本实验利用普通蒸馏和简单分馏分别对它们的混合溶液进行分离，比较分离效果。

【实验用品】

（1）仪器　圆底烧瓶（100mL）、刺形分馏柱、直形冷凝管、蒸馏头、接液管、量筒（10mL、25mL）、锥形瓶（100mL）、长颈玻璃漏斗、温度计（100℃）。

（2）试剂　丙酮、蒸馏水。

（3）其他　沸石。

【实验步骤】

（1）蒸馏　按图 2-11（a）所示安装普通蒸馏装置，用量筒作接收器[1]。然后按以下程序进行蒸馏操作。

① 加入物料　量取 25mL 丙酮和 25mL 水，倾入 100mL 圆底烧瓶中，加 3～4 粒沸石，装好温度计。

② 蒸馏、收集馏分　认真检查装置的气密性后，接通冷却水，用水浴缓慢加热使液体平稳沸腾，记录第一滴馏出液滴入接收器时的温度。调节浴温，保证温度计水银球底部始终挂有液珠，并控制蒸馏速度为每秒 1～2 滴。当温度计示值下降，不再有馏分流出时，撤去水浴，直接加热。用量筒收集下列温度范围的各馏分，并记录将数据填入表 2-4 中。

表 2-4　蒸馏实验

温度范围/℃	馏出液体积/mL
56～60	
60～70	
70～80	
80～95	
剩余液	

③ 停止蒸馏　当温度升至 95℃ 时，停止加热。将各馏分及剩余液分别回收到指定的容器中。

（2）分馏　在烧瓶中重新装入 25mL 丙酮和 25mL 水，加 3～4 粒沸石，按图 2-14 所示改装成简单分馏装置。用水浴缓慢加热，使蒸气约 15min 到达柱顶，记录第一滴馏出液滴入接收器时的温度。调节浴温，控制分馏速度为每 2～3s 馏出 1 滴。当温度计示值下降时，撤去水浴，直接加热。用量筒收集下列温度范围的各馏分，并记录于表 2-5 中。

表 2-5　分馏实验

温度范围/℃	馏出液体积/mL
56～60	
60～70	
70～80	
80～95	
剩余液	

当温度升至 95℃[2] 时，停止加热。将各馏分及剩余液分别回收到指定的容器中。

（3）比较分离效果　根据蒸馏与分馏数据比较分离效果，做出结论。

注释

［1］本实验用量筒作接收器，以方便及时准确地测量馏出液的体积。由于丙酮易挥发，接收时应在量筒口处塞上少许棉花。

［2］80～95℃ 馏分只有几滴，需要直接用火小心加热。

实验指南

（1）蒸馏与分馏装置必须与大气相通，绝不能造成密闭体系！

（2）在蒸馏与分馏的操作中，温度计安装的位置正确与否直接影响测量的准确性。只有温度计水银球的上沿与蒸馏头侧管的下沿平齐时，温度计水银球才可被即将通过侧管进入冷凝管的蒸气完全包围，所测得的温度才比较准确。

（3）开始蒸馏（或分馏）时，一定要注意先通水，再加热。而停止蒸馏（或分馏）时，则应先停止加热，稍冷后方可停通冷却水。

（4）切不可向正在加热的液体混合物中补加沸石！

(5) 蒸馏和分馏操作中，都应严格控制馏出速度，以确保分离效果。

❓ 思 考 题

(1) 普通蒸馏与简单分馏在操作上有何不同？

(2) 为什么要控制蒸馏（或分馏）速度，快了会造成什么后果？

(3) 停止蒸馏（或分馏）时，应如何操作？

(4) 分离液体混合物时，普通蒸馏与简单分馏哪一种方法效果更好？为什么？

2.6　水蒸气蒸馏

将水蒸气通入有机物中，或将水与有机物一起加热，使有机物与水共沸而蒸馏出来的操作叫做水蒸气蒸馏。

根据道尔顿分压定律，两种互不相溶的液体混合物的蒸气压，等于两种液体单独存在时的蒸气压之和。当混合物的蒸气压等于大气压力时，就开始沸腾。显然，这一沸腾温度要比两种液体单独存在时的沸腾温度低。因此，在不溶于水的有机物中，通入水蒸气，进行水蒸气蒸馏，可在低于100℃的温度下，将物质蒸馏出来。

水蒸气蒸馏是分离和提纯具有一定挥发性的有机化合物的重要方法之一。可用于在常压下蒸馏，有机物会发生氧化或分解的情况；混合物中含有焦油状物质，用通常的蒸馏或萃取等方法难以分离的情况；液体产物被混合物中较大量的固体所吸附或要求除去挥发性杂质的情况。

利用水蒸气蒸馏进行分离提纯的有机化合物必须是不溶于水，也不与水发生化学反应，在100℃左右具有一定蒸气压的物质。

2.6.1　水蒸气蒸馏装置

水蒸气蒸馏装置如图2-15所示，主要包括水蒸气发生器、蒸馏、冷凝及接收等四部分。

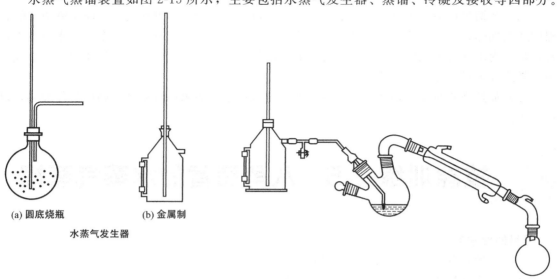

(a) 圆底烧瓶　　　　(b) 金属制

水蒸气发生器

图2-15　水蒸气蒸馏装置

（1）水蒸气发生器　一般为金属制品［见图 2-15（b）］，也可用 1000mL 圆底烧瓶代替［见图 2-15（a）］。通常加水量以不超过其容积的 2/3 为宜。在水蒸气发生器上口插入一支长约 1m，直径约为 5mm 的玻璃管并使其接近底部，作安全管用。当容器内压力增大时，水就会沿安全管上升，从而调节内压。

水蒸气发生器的蒸气导出管经 T 形管与伸入三口烧瓶内的蒸气导入管连接，T 形管的支管套有一短橡胶管并配有螺旋夹。它的作用是可随时排除在此冷凝下来的积水，并可在系统内压力骤增或蒸馏结束时，释放蒸气，调节内压，防止倒吸。

（2）蒸馏部分　一般采用三口烧瓶（也可用带有双孔塞的长颈圆底烧瓶代替）。三口烧瓶内盛放待蒸馏的物料，中口连接蒸气导入管，一侧口通过蒸馏弯头连接冷凝管，另一侧口用塞子塞上。

冷凝和接收部分与普通蒸馏相同。

2.6.2　水蒸气蒸馏操作

水蒸气蒸馏的操作程序如下。

（1）加入物料　将待蒸馏的物料加入三口烧瓶中，物料量不能超过其容积的 1/3。

（2）安装仪器　安装水蒸气蒸馏装置。

（3）加热蒸馏　检查整套装置气密性后，先开通冷却水并打开 T 形管的螺旋夹，再开始加热水蒸气发生器，直至沸腾。当 T 形管处有较大量气体冲出时，立即旋紧螺旋夹，蒸气便进入烧瓶中。这时可看到瓶中的混合物不断翻腾，表明水蒸气蒸馏开始进行。适当调节蒸气量，控制馏出速度每秒 2～3 滴。

（4）停止蒸馏　当馏出液无油珠并澄清透明时，便可停止蒸馏。这时应先打开螺旋夹，解除系统压力，然后停止加热，稍冷却后，再停通冷却水。

2.6.3　操作注意事项

（1）用烧瓶做水蒸气发生器时，不要忘记加沸石。

（2）蒸馏过程中，若发现有过多的蒸气在三口烧瓶内冷凝，可在烧瓶下面用酒精灯隔石棉网适当加热，以防液体量过多冲出烧瓶进入冷凝管中。还应随时观察安全管内水位是否正常，烧瓶内液体有无倒吸现象。一旦有类似情况发生，立即打开螺旋夹，停止加热，查找原因。排除故障后，才能继续蒸馏。

（3）加热烧瓶时要密切注视瓶内混合物的迸溅现象，如果迸溅剧烈，则应暂停加热，以免发生意外。

技能训练 2-5　八角茴香的水蒸气蒸馏

【目的要求】

（1）了解水蒸气蒸馏的原理和意义；

（2）初步掌握水蒸气蒸馏装置的安装与操作；

（3）学会从八角茴香中分离茴油的方法。

【实验原理】

八角茴香，俗称大料，常用作调味剂，也是一种中药材。八角茴香中含有一种精油，叫做茴油，其主要成分为茴香脑，是无色或淡黄色液体，不溶于水，易溶于乙醇和乙醚。茴油在工业上用作食品、饮料、烟草等的增香剂，也用于医药方面。由于其具有挥发性，可通过水蒸气蒸馏从八角茴香中分离出来。

【实验用品】

(1) 仪器　水蒸气发生器、蒸馏弯头、三口烧瓶（250mL）、接液管、锥形瓶（250mL）、长玻璃管、（80cm）、直形冷凝管、T形管、螺旋夹、托盘天平。

(2) 试剂　八角茴香。

【实验步骤】

(1) 安装仪器　按图 2-15 所示，安装水蒸气蒸馏装置，用锥形瓶作接收器。水蒸气发生器中装入约占其容积 2/3 的水。

(2) 加入物料　称取 10g 八角茴香，捣碎后放入 250mL 三口烧瓶中，加入 30mL 热水[1]。连接好仪器。

(3) 加热蒸馏　检查装置气密性后，接通冷却水，打开 T 形管上的螺旋夹，开始加热。当 T 形管处有大量蒸气逸出时，立即旋紧螺旋夹，使蒸气进入烧瓶，开始蒸馏，调节蒸气量，控制馏出速度为每秒 2～3 滴。

(4) 停止蒸馏　当馏出液体积达到约 200mL 时[2]，打开螺旋夹，停止加热，稍冷后，停通冷却水，拆除装置。将馏出液回收到指定容器中[3]。

注释

[1] 可事先将捣碎的八角茴香浸泡在热水中，以提高分离效果。

[2] 八角茴香的水蒸气蒸馏若达到馏出液澄清透明需要时间较长，所以本实验只要求接收 200mL 馏出液。

[3] 可以用 20mL 乙醚分两次萃取馏出液，将萃取液蒸馏除去乙醚，即可得到精油产品。

实验指南

(1) 在进行水蒸气蒸馏过程中，应随时观察安全管内水位上升情况，如发现异常，应立即打开螺旋夹，检查系统内是否有堵塞现象。

(2) 蒸馏中，应注意控制水蒸气通入量，以防烧瓶内翻腾剧烈，使物料冲出烧瓶进入冷凝管中。

(3) 为防止暴沸，可在水蒸气发生器中加入几粒沸石。

思 考 题

(1) 利用水蒸气蒸馏分离、提纯的化合物必须具备什么条件？

(2) 水蒸气蒸馏装置中的安全管和 T 形管在水蒸气蒸馏中各起什么作用？

(3) 为什么可采用水蒸气蒸馏的方法提取茴油？

(4) 结束蒸馏时，应如何操作？

2.7 减压蒸馏

液体物质的沸点是随外界压力的降低而降低的。利用这一性质，降低系统压力，可使液体在低于正常沸点的温度下被蒸馏出来。这种在较低压力下进行的蒸馏叫做减压蒸馏。

一般的液体化合物，当外界压力降至 2.7kPa 时，其沸点可比常压下降低 100～120℃。因此，减压蒸馏特别适用于分离和提纯那些沸点较高、稳定性较差，在常压下蒸馏容易发生氧化、分解或聚合的液体物质。

2.7.1 减压蒸馏装置

减压蒸馏装置如图 2-16 所示，由蒸馏、减压、测压和保护等四部分组成。

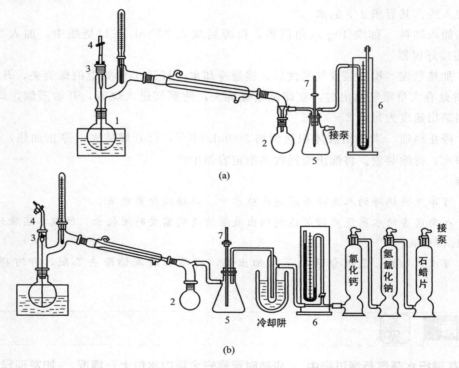

图 2-16　减压蒸馏装置

1—圆底烧瓶；2—接收器；3—克氏蒸馏头；4—毛细管；5—安全瓶；6—压力计；7—三通活塞

（1）蒸馏部分　在圆底烧瓶上，安装克氏蒸馏头，在克氏蒸馏头的直管口插入一根末端拉成毛细管的厚壁玻璃管，毛细管末端距圆底烧瓶底部 1～2mm，玻璃管的上端套上一段附有螺旋夹的橡胶管，用来调节空气进入量。其作用是在液体中形成汽化中心，防止暴沸。温度计安装在克氏蒸馏头的侧管中，位置与普通蒸馏相同。常用耐压的圆底烧瓶作接收器，当需要分段接收馏分而又不中断蒸馏时，可使用多尾接液管（如图 2-17 所示）。转动多尾接液管，便可将不同馏分收入指定的接收器中。

（2）减压部分　实验室中常用水泵或油泵对体系抽真空来进行减压。水泵所能达到的最低压力为室温下水的蒸气压（25℃，3.16kPa；10℃，1.228kPa）。这样的真空度已能满足一般减压蒸馏的需要。使用水泵的减压蒸馏装置较为简便[见图 2-16(a)]。

使用油泵能达到较高的真空度（性能好的油泵可使压力减至 0.13kPa 以下）。但油泵结构精密，使用条件严格。蒸馏时，挥发性的有机溶剂、水或酸雾等都会使其受到损坏。因此，使用油泵减压时，需设置防止有害物质侵入的保护系统，其装置较为复杂[见图 2-16(b)]。

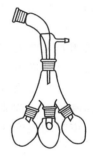

图 2-17　多尾接液管

（3）测压、保护部分　测量减压系统的压力常使用开口式或封闭式水银压力计（见图 2-18）。图 2-18（a）为开口式压力计，其两臂汞柱高度之差，就是大气压力与被测系统压力之差。因此被测系统内的实际压力（真空度）等于大气压减去汞柱差值。相反，当被测系统压力高于大气压力时，被测系统内的实际压力等于大气压加上汞柱差值。这种压力计准确度较高，容易装汞。但若操作不当，汞易冲出，安全性差。

图 2-18（b）为封闭式压力计。其两臂汞柱高度之差即为被测系统内的实际压力（真空度）。这种压力计读数方便，操作安全，但有时会因空气等杂质混入而影响其准确性。

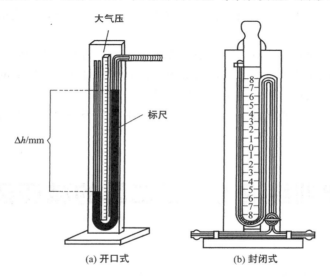

图 2-18　水银压力计

使用不同的减压设备，其保护装置也不相同。利用水泵进行减压时，只需在接收器、水泵和压力计之间连接一个安全瓶（防止倒吸），瓶上装配三通活塞，以供调节系统压力及放入空气解除系统真空用。

利用油泵减压时，则需在接收器、压力计和油泵之间依次连接安全瓶、冷却阱（置于盛有冷却剂的广口保温瓶中）及 3 个分别装有无水氯化钙、粒状氢氧化钠、片状石蜡的吸收塔，以冷却、吸收蒸馏系统产生的水汽、酸雾及有机溶剂等，防止其侵害油泵。

2.7.2　减压蒸馏操作

减压蒸馏的操作程序如下。

（1）安装并检查装置　按图 2-16 所示安装减压蒸馏装置后，应仔细检查装置的气密性。先旋紧毛细管上的螺旋夹，再开动减压泵，然后逐渐关闭安全瓶上的活塞，观察体系的压力。若达不到需要的真空度，应检查装置各连接部位是否漏气，必要时可在塞子、胶管等连接处进行蜡封。若超过所需的真空度，可小心旋转活塞，缓慢引入少量空气，加以调节。当确认系统压力符合要求后，慢慢旋开活塞，放入空气，直到内外压力平衡，再关减压泵。

（2）加入物料　将待蒸馏的液体加入圆底烧瓶中（液体量不得超过烧瓶容积的1/2）。关闭安全瓶上的活塞，开动减压泵，通过毛细管上的螺旋夹调节空气进入量，使烧瓶内液体能冒出一连串小气泡为宜。

（3）加热蒸馏　当系统内压力符合要求并稳定后，开通冷却水，用适当热浴加热。待液体沸腾后，调节热源，控制馏出速度为每秒1~2滴。记录第一滴馏出液滴入接收器及蒸馏结束时的温度和压力。

（4）结束蒸馏　蒸馏完毕，先撤去热源，慢慢松开螺旋夹，再逐渐旋开安全瓶上的活塞，使压力计的汞柱缓慢恢复原状。待装置内外压力平衡后，关闭减压泵，停通冷却水，结束蒸馏。

2.7.3　操作注意事项

（1）减压蒸馏装置中所用的玻璃仪器必须能耐压并完好无损，以免系统内负压较大时发生内向爆炸。

（2）使用封闭式水银压力计时，一般先关闭压力计的活塞，当需要观察和记录压力时再缓慢打开，以免系统压力突变时水银冲破玻璃管而溢出。打开安全瓶上的活塞时，一定要缓慢进行。否则，汞柱快速上升，也会冲破压力计。

（3）若中途停止蒸馏再重新开始时，应检查毛细管是否畅通，若有堵塞现象，需更换毛细管。

 技能训练 2-6　乙二醇的减压蒸馏

【目的要求】

（1）了解减压蒸馏的原理和意义；

（2）初步掌握减压蒸馏装置的安装与操作，熟悉压力计的使用方法；

（3）学会利用减压蒸馏提纯乙二醇的方法。

【实验原理】

乙二醇，俗称甘醇，是略带甜味的无色黏稠液体，沸点为197.2℃。常用作高沸点溶剂和防冻剂，也用于制备树脂、增塑剂、合成纤维、化妆品和炸药等。因其沸点较高，一般采用减压蒸馏的方法加以分离提纯。本实验将体系压力减至$(20\sim30)\times133Pa$，收集92~100℃的馏分，即可得到纯净的乙二醇。

【实验用品】

（1）仪器　圆底烧瓶（150mL）、水银压力计、克氏蒸馏头、温度计（100℃）、直形冷凝管、减压泵、接液管、螺旋夹、安全瓶、毛细管。

（2）试剂　乙二醇、甘油。

【实验步骤】

（1）安装仪器　参照图2-16安装减压蒸馏装置，装置中各连接部位可涂少量凡士林，以防止漏气。检查实验装置，保证系统压力达到$20\times133Pa$。

（2）加入物料　在圆底烧瓶（150mL）中加入 60mL 乙二醇。关闭安全瓶上的活塞，开启减压泵。然后调节毛细管上的螺旋夹，使空气进入烧瓶，以能冒出一连串的小气泡为宜。

（3）加热蒸馏　当系统压力达到约 $20 \times 133Pa$ 并稳定后，开通冷却水，用甘油浴加热[1]。液体沸腾后，记录第一滴馏出液滴入接收器时的温度和压力。调节热源，控制蒸馏速度为每秒 1～2 滴。当蒸出约 30mL 馏出液时，再记录此时的温度和压力。然后移去热源，缓缓旋开安全瓶上的活塞，调节压力到约 $30 \times 133Pa$，重新加热蒸馏[2]，记录第一滴馏出液和蒸馏接近完毕时的温度和压力[3]。

（4）停止蒸馏　蒸馏完毕，先移去热源，按 2.7.2 节所述方法，结束蒸馏。

注释

[1] 也可采用电热套加热。安装时，将圆底烧瓶离开电热套底部约 5mm，其周围也应留有一定空隙，以保证烧瓶受热均匀。

[2] 加热前，先检查毛细管是否畅通，若发生堵塞，需更换毛细管。

[3] 不要蒸干，以免引起爆炸。

实验指南

（1）为防止暴沸，要保证毛细管畅通并切忌直接用火加热。

（2）减压蒸馏操作中，要严格控制蒸馏速度。蒸馏速度过快，会使蒸馏瓶内的实际压力比压力计所示压力要高。

（3）停止蒸馏时，要缓慢打开安全瓶的活塞，否则，汞柱上升太快，可能会冲破压力计。

思考题

(1) 物质的沸点与外界压力有什么关系？一般在什么条件下采用减压蒸馏？

(2) 在减压蒸馏装置中安装气体吸收塔的目的是什么？各塔有什么作用？

(3) 减压蒸馏开始时，要先抽气再加热；蒸馏结束时要先撤热源，再停止抽气；这一操作顺序是为什么？

(4) 减压蒸馏适用于分离提纯哪些物质？

(5) 若减压蒸馏装置的气密性达不到要求，应采取什么措施？

3

物质的制备技术

知识目标

1. 了解基本无机物制备和有机物制备的基本原理和基本方法
2. 掌握物质提纯的原则和一般方法
3. 通过学习掌握从天然物质中提取目标物质的基本原理和方法
4. 掌握实验产率的计算

技能目标

1. 能进行加热、减压过滤、蒸发、浓缩及结晶等无机物制备的一些基本操作技术
2. 能应用萃取、蒸馏、干燥、重结晶、升华等操作技术进行产品的提纯
3. 能根据原料、产品的性质及反应原理选择合适的回流装置制备有机物

物质的制备是化学实验中比较重要的内容之一，它是由较简单的无机物或有机物通过化学反应得到较复杂的无机物和有机物以及从天然物质中提取出某一组分或对天然物质进行加工和处理的过程。通过学习物质的制备技术，可以进一步地了解怎样以最基本的原料得到生产和日常生活中所必需的化工产品。例如，"三大合成材料"，一些药物、染料、洗涤剂、杀虫剂、化妆品、食品添加剂等是怎样制得的。因此，学习物质的制备技术在化工生产中具有重要的意义。

3.1 无机物的制备技术

化学是中心科学，而合成则是化学的中心。无机物的制备又称为无机合成，是利用化学反应通过某些方法，从一种或几种物质得到另外一种或几种无机物质的过程。目前已知的化学物质达 1300 万种以上，其中绝大多数并不存在于自然界而是通过人工合成的。自然界只能提供原料，化学合成是对自然物质深度加工的过程。它能彻底改变物质的性质，附加较高的价值。无机化合物种类很多，到目前为止已有百万种以上，各类化合物的制备方法差异很大，即使同一种化合物也有多种制备方法。无机物的制备不仅制造许多一般化学物质，还能为新技术和高科技合成出种种新材料（如新的配合物、金属有机化合物和纳米材料等）。无机合成化学的发展及应用涉及国民经济、国防建设、资源开发、新技术发展以及人们衣食住行的各个方面。为了制备出较纯净的物质，通过无机制备得到的"粗品"往往需要纯化，并且提纯前后的产物，其结构、杂质含量等还需进一步鉴定和分析。

3.1.1 无机物制备的原则

（1）科学性 实验原理正确，实验方案合理。要制取某种物质，必须要有一定的理论基础，要符合化学反应的规律，不能凭空设想，主观臆造。

（2）安全性 实验药品、实验方案和实验过程相对比较安全，实验原料和实验产品毒性小，合成绿色化。

（3）可行性 实验方法可行性强，实验原料、试剂易得。实验条件要求过高，会给设备、材料和操作等方面带来一定的困难，有的在实践中就根本行不通。

（4）简约性 实验操作方便，实验装置简单。

（5）高效性 反应速率快，实验产品产率高。

3.1.2 无机物制备的方法

许多无机物大部分都是采用现代合成手段所得到，常见的无机化合物的现代制备方法包括以下几种。

（1）高温合成 高温无机合成一般用于无机固体材料的制备。如高熔点金属粉末的烧结，难熔化合物的熔化和再结晶，各种功能陶瓷体的烧成等。高温合成主要分三个部分：第一是高温炉，它的发展支撑了高温合成工业；第二是高温测量，主要体现在温度的控制上，考虑经济和产出，在合适的温度区间才能得到最大的经济效益；第三是高温合成的类别，它是高温合成里最核心的部分，它的发展促进了高温合成技术的一次次飞跃。高温炉是实验室的一种高温加热设备，以电加热为主，用于烧结、融化、热处理等。例如，马弗炉不需控制气氛，只需加热坩埚里的物料；而坩埚炉、管式炉等通常需要在控制气氛下（如在氢气流或氮气流中）加热物质。

（2）电解合成 利用通电发生氧化还原反应进行制备的方法。用于制备氧化性或还原性较强的物质。如 Na 和 K 等活泼金属、过硫酸盐、高锰酸盐、氟、铁和钒的低价化合物等。例如电解法制备 $KMnO_4$。

阳极：$$MnO_4{}^{2-} - e^- \rule[0.5ex]{2em}{0.4pt} MnO_4{}^- （60℃）$$

阴极：$$2H_2O + 2e^- \rule[0.5ex]{2em}{0.4pt} 2OH^- + H_2$$

① 水溶液电解 主要用于制备不活泼金属单质，如铜的电解制备；其次用来制备化学方法难以制备的氧化性或还原性较强的化合物，如过硫酸盐、高锰酸盐、钛和钡的低价化合物等的电解制备。

② 熔融盐电解 主要用于制备强还原性的金属单质，如 Na 和 K 等活泼金属电解法是制备强还原性金属最常用的方法，即使是非常活泼的金属也能用电解法进行制备，只要控制适当电压，金属便能在阴极上沉积下来。但活泼金属易与水发生反应，需在熔盐中电解进行制备。

（3）非水溶剂合成 适用于制备反应物或产物与水起反应的物质。对大多数溶质而言，水是最好的溶剂。水价廉、易纯化、无毒、容易进行操作。但有些化合物遇水强烈水解，所以不能从水溶液中制得，需要在非水溶剂中制备。常用的非水溶剂有液氨、冰醋酸、H_2SO_4、液态 HF、氯仿、CS_2 等。例如 SnI_4 的制备，由于 SnI_4 遇水即水解，在空气中也会缓慢水解，所以不能在水溶液中制备 SnI_4。将一定量的锡和碘，用冰醋酸和醋酸酐作溶剂，加热使之反应，而后冷却就可得到橙红色的 SnI_4 晶体。

$$Sn+2I_2 \xrightarrow[\text{加热}]{\text{冰醋酸+醋酸酐}} SnI_4$$

（4）水溶液中的离子反应合成　利用水溶液中的离子反应制备化合物时，若产物是沉淀，将欲制备的化合物以沉淀形式从其他化合物中分离出来即可获得产品；若产物是气体，通过收集气体可获得产品；若产物溶于水，则采用结晶法获得产品。

例如，$Al_2(SO_4)_3+6NH_3 \cdot H_2O == 2Al(OH)_3 \downarrow +3(NH_4)_2SO_4$

$$2NaHCO_3 == Na_2CO_3+CO_2 \uparrow +H_2O$$

（5）分子间化合物的化合　分子间化合物是由简单化合物按一定化学计量关系结合而成的化合物。其范围十分广泛，有水合物如胆矾 $CuSO_4 \cdot 5H_2O$；氨合物如 $CaCl_2 \cdot 8NH_3$；复盐如明矾 $K_2SO_4 \cdot Al_2(SO_4)_3 \cdot 24H_2O$；配合物如 $[Cu(NH_3)_4]SO_4$ 和 $[Co(NH_3)_6]Cl_3$ 等。

例如复盐硫酸亚铁铵 $[FeSO_4 \cdot (NH_4)_2SO_4 \cdot 6H_2O]$ 的制备。将金属铁溶于稀硫酸，制备硫酸亚铁，根据 $FeSO_4$ 的量，加入与其等物质的量的 $(NH_4)_2SO_4$，二者发生反应，经过蒸发、浓缩、冷却，便得到溶解度较小的硫酸亚铁铵晶体。其反应方程式为：

$$FeSO_4+(NH_4)_2SO_4+6H_2O == FeSO_4 \cdot (NH_4)_2SO_4 \cdot 6H_2O$$

（6）由矿石制备　首先精选矿石，再根据它们各自所具有的性质，通过酸溶或碱熔浸取、氧化或还原、灼烧等处理，就可得到所需的化合物。例如，由软锰矿 MnO_2 制备 $KMnO_4$。

软锰矿的主要成分是 MnO_2，它与过量固体 KOH 和 $KClO_3$ 在高温共熔，即可将 MnO_2 氧化成 K_2MnO_4，此时得到绿色熔块。

$$3MnO_2+KClO_3+6KOH \xrightarrow{\triangle} 3K_2MnO_4+KCl+3H_2O$$

然后用水浸取绿色熔块，由于锰酸钾溶于水，并在水溶液中发生歧化反应，K_2MnO_4 转变为 MnO_2 和 $KMnO_4$。

$$3MnO_4^{2-}+2H_2O == 2MnO_4^-+MnO_2+4OH^-$$

工业生产中常常通入 CO_2 气体，中和反应中所生成的 OH^-，使歧化反应顺利进行。

$$3MnO_4^{2-}+2CO_2 == 2MnO_4^-+MnO_2+2CO_3^{2-}$$

3.1.3　无机物制备方法的选择依据

根据物质的通性和特殊性，可以设计出多种无机物的制备方案，但所设计的方案是否可行？需要考虑如下几个方面。

（1）反应进行的可能性（热力学）和反应速率（动力学）　例如，$CuSO_4 \cdot 5H_2O$ 制备中我们如果选择 $CuSO_4$ 与 H_2SO_4（稀）反应，在热力学上这一反不可能发生，所以不可能通过改变温度、压力、浓度、选用催化剂等使之实现。

（2）制备工艺的先进性　例如，由金属铜合成氧化铜的方法有以下几种。

① $2Cu(粉)+O_2(空气) == 2CuO$

此方法工艺简单，但由于工业铜粉杂质多，所以产品的纯度不高。

②
$$Cu+4HNO_3 == 2Cu(NO_3)_2+2NO_2\uparrow+2H_2O$$
$$2Cu(NO_3)_2 == 2CuO+4NO_2\uparrow+O_2\uparrow$$

此方法由于产生 NO_2，污染严重，生产中少用。

③
$$Cu+4HNO_3 == Cu(NO_3)_2+2NO_2\uparrow+2H_2O$$
$$Cu(NO_3)_2+2NaOH == Cu(OH)_2+2NaNO_3$$
$$Cu(OH)_2 == CuO+H_2O$$

此方法由于 $Cu(OH)_2$ 微显两性，当 NaOH 过量时，产品中混入 CuO_2^{2-}，影响产品的纯度，且 $Cu(OH)_2$ 呈胶性沉淀，难以过滤和洗涤，造成产率低，此法少用。

④
$$Cu+4HNO_3 == Cu(NO_3)_2+2NO_2\uparrow+2H_2O$$
$$2Cu(NO_3)_2+2Na_2CO_3+H_2O == Cu_2(OH)_2CO_3+4NaNO_3+CO_2\uparrow$$
$$Cu_2(OH)_2CO_3 == 2CuO+CO_2\uparrow+H_2O$$

此方法由于污染少，产品纯度高，纯度高的试剂级 CuO 制备常用此法。

总之，选择无机物的制备方法时，首先应从热力学观点考虑其方法的可行性，但更重要的是应该考虑工艺条件的要求，需要综合考虑各方面的因素，最后确定一个效益较高、质量好、生产简单、价格低廉、安全无毒、环境污染少、切实可行的工艺路线和方法。

3.1.4 无机物制备的反应

（1）化合反应　化合反应指的是由两种或两种以上的物质生成一种新物质的反应。其中部分反应为氧化还原反应，部分为非氧化还原反应。化合反应一般释放出能量。

例如，
$$4Al+3O_2 == 2Al_2O_3$$
$$PtCl_2+2NH_3 == [PtCl_2(NH_3)_2]$$
$$FeSO_4+(NH_4)_2SO_4+6H_2O == FeSO_4 \cdot (NH_4)_2SO_4 \cdot 6H_2O$$

（2）分解反应　分解反应是化学反应的常见类型之一，是化合反应的逆反应。它是指一种化合物在特定条件下（如加热、通直流电、催化剂等）分解成两种或两种以上较简单的单质或化合物的反应。

例如，
$$CaCO_3 == CaO+CO_2\uparrow$$
$$2NaHCO_3 == Na_2CO_3+CO_2\uparrow+H_2O$$

（3）氧化还原反应　氧化还原反应是在反应前后元素的化合价具有相应的升降变化的化学反应。它是电子从还原剂转移到氧化剂的过程，是化学上及生物化学上最常见的化学反应之一。

例如，
$$C+4HNO_3 == 4NO_2\uparrow+CO_2\uparrow+2H_2O$$
$$3MnO_2+6KOH+KClO_3 == 3K_2MnO_4+KCl+3H_2O$$

（4）复分解反应　复分解反应是由两种化合物互相交换成分，生成另外两种化合物的反应。其实质是：发生复分解反应的两种物质在水溶液中相互交换离子，结合成难解离的物质——沉淀、气体、水，使溶液中离子浓度降低，化学反应即向着离子浓度降低的方向进行。

例如，
$$BaCl_2 + H_2SO_4 \Longrightarrow BaSO_4 \downarrow + 2HCl$$
$$NH_4HCO_3 + NaCl \Longrightarrow NaHCO_3 + NH_4Cl$$

（5）取代反应　取代反应是指化合物分子中任何一个原子或基团被试剂中的其他原子或基团所取代的反应，用通式表示为：

R—L（反应基质）+ A（进攻试剂）$\longrightarrow$ R—A（取代产物）+ L（离去基因）

例如，
$$[PtCl_4]^{2-} + 2NH_3 \Longrightarrow [Pt(NH_3)_2Cl_2] + 2Cl^-$$

3.1.5　溶剂的选择原则

（1）使反应物在溶剂中充分溶解，形成均相溶液。

（2）反应产物不能同溶剂作用。

（3）使副反应最少。

（4）溶剂与产物易于分离。

（5）溶剂的纯度要高、黏度要小、挥发要低、易于回收、价廉、安全等。

3.1.6　无机物制备实验方案的设计思路

（1）列出几种制备方法和途径。

（2）从方法是否可行，装置和操作是否简单，以及经济与安全等方面进行分析和比较，从中选出最佳的实验方法。

（3）在制定具体的实验方案时，还应注意对实验条件进行严格、有效的控制。

3.1.7　无机物制备实验计划的制定

无机物制备实验计划的制定应在深刻理解实验原理和目的要求的基础上，通过查阅有关手册和资料，了解实验原料、产物和相关试剂的物理、化学性质，摘录有关物理量，然后以精炼的文字、简图、表格、化学式、符号及箭头等表明整个制备过程。

3.1.8　无机物制备实验的准备与实施

无机物制备实验所用的原料和溶剂除要求价格低廉、来源方便外，还要考虑其毒性、极性、可燃性、挥发性以及对光、热、酸、碱的稳定性等因素。有些制备反应要求无水操作，需要干燥的玻璃仪器。

在无机物制备过程中，应细心观察实验现象，并及时将反应进行的情况（如颜色、温度的变化以及变化的时间，有无气体放出，反应的激烈程度等）详尽地记录下来。

3.1.9　实验产率的计算

实验结束后，要根据理论产量和实际产量计算实验的产率，通常以百分产率表示。

实验产品产率计算公式：　　　　产率 $= m_{实际}/m_{理论} \times 100\%$

式中，理论产量是根据反应方程式，以不过量的原料为基准，计算其全部转化成产物的质量；实际产量是指实验中实际得到的纯产物的质量。

3.1.10　实验"三废"的处理

在化学实验中会产生各种有毒的废气、废液和废渣等"三废"，其中有些是剧毒物质和致癌物质，如果直接排放，就会污染环境，造成公害，而且"三废"中的贵重和有用的成分没能回收，在经济上也是损失。所以尽管实验过程中产生的废液、废气、废渣少而且复杂，仍须经过必要的处理才能排放。此外，在学习期间就应进行"三废"处理以及减免污染的教育，树立环境保护观念，所以对"三废"的处理是非常重要的事情。实验室"三废"的处理应做到以下几点。

（1）废气的处理　当做有少量有毒气体产生的实验时，可以在通风橱中进行。通过排风设备把有毒废气排到室外，利用室外的大量空气来稀释有毒废气。

如果做有较大量有毒气体产生的实验时，应该安装气体吸收装置来吸收这些气体，然后进行处理。例如 HF、SO_2、H_2S、NO_2、Cl_2 等酸性气体，可以用 NaOH 水溶液吸收后排放；碱性气体如 NH_3 等用酸溶液吸收后排放；CO 可点燃转化为 CO_2 气体后排放。

对于个别毒性很大或排放量大的废气，可参考工业废气处理方法，用吸附、吸收、氧化、分解等方法进行处理。

（2）废液的处理　化学实验室的废液在排入下水道之前，应经过中和及净化处理。

① 废酸和废碱溶液　经过中和处理，使 pH 在 6～8 范围内，并用大量水稀释后方可排放。

② 含镉废液　加入消石灰[$Ca(OH)_2$]等碱性试剂，使所含的金属离子形成氢氧化物沉淀而除去。

③ 含六价铬化合物的废液　在铬酸废液中，加入 $FeSO_4$、Na_2SO_3，使其变成三价铬化合物后，再加入 NaOH（或 Na_2CO_3）等碱性试剂，调节溶液 pH 在 6～8，使三价铬形成 $Cr(OH)_3$ 沉淀除去。

④ 含氰化物的废液　加入 NaOH 使废液呈碱性（pH＞10）后，再加入 NaClO，使氰化物分解成 CO_2 和 N_2 而除去；也可在含氰化物的废液中加入 $FeSO_4$ 溶液，使其变成$Fe(CN)_2$沉淀除去。

⑤ 含铅盐及重金属的废液　可在废液中加入 Na_2S 或 NaOH，使铅盐及重金属离子生成难溶性的硫化物或氢氧化物而除去。

（3）废渣的处理　有毒的废渣应深埋在指定的地点，如有毒的废渣能溶解于地下水，会混入饮用水中，所以不能未经处理就深埋。有回收价值的废渣应该回收利用。

3.1.11　无机物提纯的原则

在实验室中制备无机物时，离不开对原料物质进行提纯。可见无机物的提纯是无机化学实验中最基本而又最重要的过程和方法。物质的提纯是利用物理或化学的方法从混合物中将所需物质提取出来或将杂质除去，得到纯净物的过程。在对物质进行提纯时，应当根据物质及其所含杂质的性质，用物理和化学方法进行提纯。制备的无机化合物经提纯后，可通过测定熔点、沸点、电导率、黏度等对其进行鉴定，同时也可以通过化学分析以及仪器分析的方法鉴定其化学结构和杂质含量。

（1）选择的试剂一般只能与杂质作用；

（2）不能增加新的杂质，不能减少准备被提纯的物质；

（3）杂质与提纯物质易被分离；

（4）使用的试剂应易得，而且应较便宜；

（5）使用试剂应过量，才能除去杂质；

（6）把过量试剂带入的新杂质必须除尽；

（7）除杂质必须选择最佳方案。

3.1.12　无机物提纯的一般方法

在对物质进行提纯时，应当根据物质及其所含杂质的性质，用物理和化学方法将其提纯。

（1）无机物提纯的化学方法　化学方法多用于无机物的提纯，提纯物质的主要方法是加入某些化学试剂，使之进行化学反应来改变被提纯的物质的状态或改变杂质的化学性质或状态，使之彼此分离。因而需要选择适当的化学试剂或反应方式。常用于提纯无机物的化学方法有以下几种。

① 气化法　根据物质中所含杂质的性质，加入合适的试剂，让杂质转化为气体除去。例如，Na_2SO_4 溶液中混有少量 Na_2CO_3，为了不引入新的杂质并增加 SO_4^{2-}，可加入适量的稀 H_2SO_4，将 CO_3^{2-} 转化为 CO_2 气体而除去。

② 沉淀法　在被提纯的物质中加入适当试剂使其与杂质反应，生成沉淀过滤除去。例如，NaCl 溶液里混有少量的 $MgCl_2$ 杂质，可加入过量的 NaOH 溶液，使 Mg^{2+} 转化为 $Mg(OH)_2$ 沉淀（但引入新的杂质 OH^-），过滤除去 $Mg(OH)_2$，然后加入适量盐酸，调节 pH 为中性。

③ 氧化还原转化法　利用氧化还原反应将杂质氧化或还原，转化为易分离物质而除去。例如，在 $FeCl_3$ 溶液里含有少量 $FeCl_2$ 杂质，可通入适量的 Cl_2 气将 $FeCl_2$ 氧化为 $FeCl_3$。若在 $FeCl_2$ 溶液里含有少量 $FeCl_3$，可加入适量的铁粉而将其除去。

④ 正盐与酸式盐的相互转化法　利用化学反应原理，加入适当的试剂或采用某种条件（如加热），使其中的杂质转化为被提纯的物质，以正盐、酸式盐间的转化最为常见。例如，在 Na_2CO_3 固体中含有少量 $NaHCO_3$ 杂质，可将固体加热，使 $NaHCO_3$ 分解生成 Na_2CO_3，而除去杂质。若在 $NaHCO_3$ 溶液中混有少量 Na_2CO_3 杂质，可向溶液里通入足量 CO_2，使 Na_2CO_3 转化为 $NaHCO_3$。

⑤ 利用物质的两性除去杂质　利用杂质和酸或碱的反应将不溶物转变成可溶物；气体杂质通入酸、碱中和吸收来进行提纯。例如，在 Fe_2O_3 里混有少量的 Al_2O_3 杂质，可利用 Al_2O_3 是两性氧化物，能与强碱溶液反应，往试样里加入足量的 NaOH 溶液，使其中 Al_2O_3 转化为可溶性 $NaAlO_2$，然后过滤，洗涤难溶物，即为纯净的 Fe_2O_3。

⑥ 离子交换法　利用离子交换以达到降低某些离子的方法。例如，离子交换法制纯水中是基于树脂和天然水中各种离子间的可交换性。$R—SO_3H$ 型阳离子交换树脂，交换基团中的 H^+ 可与天然水中的各种阳离子进行交换，使天然水中的 Ca^{2+}、Mg^{2+}、Na^+、K^+ 等结合到树脂上，而 H^+ 进入水中，于是就除去了水中的金属阳离子杂质。水通过阴离子交换树脂时，交换基团中的 OH^- 具有可交换性，将 HCO_3^-、Cl^-、SO_4^{2-} 等除去，而交换出来的 OH^- 与 H^+ 发生中和反应，这样就得到了高纯水。

⑦ 加热分解法　利用杂质受热分解转化为纯净物质的性质来分离提纯。例如，CaO 中的 $CaCO_3$、NaCl 中混有 NH_4HCO_3 等都可用此法提纯。

（2）无机物提纯的物理方法　用物理方法提纯无机混合物是利用物质之间物理性质的差异，具体地说有以下几方面的特性。

① 不同物质在同一溶剂中的溶解度不同；

② 同一物质在不同溶剂中的溶解度不同；

③ 不同物质的熔点、沸点不同；

④ 温度对不同物质的溶解度影响不同；

⑤ 各种物质的密度不同；

⑥ 分散体系中，分散微粒的直径不同。

具体提纯物质的方法有多种，最常用的基本操作方法见表 3-1。

表 3-1 物理方法提纯物质的基本方法与适用范围

方 法	适用范围	举例
过滤法	不溶性固体和液体	粗盐提纯时把粗盐溶于水，经过滤把不溶于水的杂质除去
（重）结晶法	溶解度不同的固体与固体	KNO_3 与 $NaCl$ 混合液中提纯 KNO_3
升华法	固体与有升华特点的固体	粗碘中碘与钾、钠、钙、镁等碘化物的混合物的分离
蒸馏法	沸点不同的液体与液体	蒸馏乙醇水溶液可获得高纯度乙醇
分液法	两种互不相溶的、密度不同液体的分离	溴乙烷中的乙醇、水和苯、乙酸乙酯中的乙酸等
萃取法	一种溶剂把溶质从它与另一种溶剂所组成的溶液中提取出来	CCl_4 把溶于水里的溴萃取出来
渗析法	分离胶体和溶液（提纯、精制胶体）	除去 $Fe(OH)_3$ 胶体中的 HCl
盐析法	胶体加某些无机盐时，其溶解度降低而凝聚	皂化反应后的混合物中加食盐可析出高级脂肪酸钠固体
洗气法	气体混合物除杂	用浓硫酸可除去 Cl_2 中的水蒸气
干燥法	利用某些固体吸收混合气体中一种或几种来净化气体的方法	用碱石灰除去氨气中的 CO_2 和水蒸气

（3）无机物提纯的其他方法　在无机物的制备过程中往往要用含某种主要成分（主要元素）和多种杂质的矿物来提取这种主要成分（元素）制备化合物或单质。这就需要对矿物的有关组分进行分解而提取出有效成分。常用的分解方法有电解法、溶解法和熔融法。

① 电解法　利用各种金属放电顺序不同的性质来提纯。例如精炼铜就采用此法。

② 溶解法　利用适当的溶剂将矿物样品溶解成溶液，分为酸溶解法和碱溶解法两类。例如实验室制备二氧化钛，就是用酸溶浸取法将钛铁矿中的钛和铁分离的。

③ 熔融法　将试样与固体熔剂混合，在高温下加热，使试样的全部组分转化成易溶于水或酸的化合物。根据所用的熔剂的化学性质分为酸熔法和碱熔法。例如固体碱熔氧化法制备重铬酸钾。

  # 技能训练 3-1　硫酸亚铁铵的制备

【目的要求】

（1）了解硫酸亚铁铵的制备方法及特性；

（2）练习无机物制备的一些基本操作，包括水浴加热、减压过滤、蒸发、浓缩及结晶等；

（3）了解用目测比色法检验产品的质量；

（4）学习吸管、比色管的使用。

【实验原理】

复盐硫酸亚铁铵$[FeSO_4 \cdot (NH_4)_2SO_4 \cdot 6H_2O$ 或 $(NH_4)_2Fe(SO_4)_2 \cdot 6H_2O]$俗称莫尔盐。它是浅蓝绿色透明晶体，易溶于水，在空气中比一般亚铁盐稳定，不易被氧化，在定量分析中常用来配制亚铁离子的标准溶液。

像所有的复盐一样，$(NH_4)_2Fe(SO_4)_2 \cdot 6H_2O$ 在水中的溶解度比组成它的任一一个组分 $FeSO_4$ 和 $(NH_4)_2SO_4$ 的溶解度都要小，见表 3-2。因此从 $FeSO_4$ 和 $(NH_4)_2SO_4$ 溶于水所制得的浓混合溶液中，很容易得到结晶的莫尔盐。

表 3-2　三种盐在 0～60℃ 范围在水中的溶解度

温度/℃	0	10	20	30	40	50	60
$FeSO_4 \cdot 7H_2O$/(g/100g 水)	15.6	20.5	26.5	32.9	40.2	48.6	55.0
$(NH_4)_2SO_4$/(g/100g 水)	70.6	73.0	75.4	78.0	81.2	84.0	88.0
$(NH_4)_2Fe(SO_4)_2 \cdot 6H_2O$/(g/100g 水)	12.5	17.2	21.6	28.1	28.6	33.0	40.0

由于硫酸亚铁铵在水中的溶解度在 0～60℃ 范围内比组成它的简单盐 $(NH_4)_2SO_4$ 和 $FeSO_4 \cdot 7H_2O$ 要小，见表 3-2，因此只需将它们按一定比例在水中溶解、混合，即可制得硫酸亚铁铵晶体。其方法如下。

① 将金属铁溶于稀硫酸，制备硫酸亚铁。反应方程式为：

$$Fe + H_2SO_4 == FeSO_4 + H_2 \uparrow$$

② 将制得的 $FeSO_4$ 溶液与等物质的量的 $(NH_4)_2SO_4$ 在溶液中混合，经加热浓缩，冷却至室温后可得到溶解度较小的硫酸亚铁铵晶体。

$$FeSO_4 + (NH_4)_2SO_4 + 6H_2O == FeSO_4 \cdot (NH_4)_2SO_4 \cdot 6H_2O$$

产品硫酸亚铁铵中的主要杂质是 Fe^{3+}，产品质量的等级也常以 Fe^{3+} 的含量多少来评定。本实验采用目测比色法，将一定量产品溶于水中，加入 NH_4SCN 后，根据生成的血红色的 $[Fe(SCN)_n]^{3-n}$ 颜色的深浅与标准色阶比较后，确定 Fe^{3+} 的含量范围。例如，取 1mL 含 Fe^{3+} 0.05g/L 标准液配成色阶，则此色阶的 Fe^{3+} 量为 $0.05g/L \times 0.001L = 5 \times 10^{-5}g$。设取试样为 1g，配成试液，进行比色，结果与含 Fe^{3+} 0.05g/L 的标准色阶相同，则试样中 Fe^{3+} 含量$=5 \times 10^{-5}g/1g = 0.005\%$。

【实验用品】

（1）仪器　锥形瓶（250mL）、量筒（100mL、50mL、10mL）、烧杯（150mL、100mL、50mL）、蒸发皿、布氏漏斗、普通漏斗、水泵（即水压真空喷射泵）、水浴装置、吸滤瓶、表面皿、试管、托盘天平、比色管（25mL）。

（2）试剂　铁屑（或铁粉）、铁钉（已除油）、$(NH_4)_2SO_4$（固体）、H_2SO_4（3mol/L）、Na_2CO_3（10%）、KSCN（25%）、氯水、$K_3[Fe(CN)_6]$（0.5mol/L）、NaOH（2mol/L）、HCl（2mol/L）、$BaCl_2$（1mol/L）、奈氏试剂、Fe^{3+} 标准溶液、NH_4SCN[25%（质量分数）]、$NH_4Fe(SO_4)_2 \cdot 12H_2O$（硫酸高铁铵）。

（3）其他　滤纸、石蕊试纸。

【实验步骤】

（1）硫酸亚铁的制备　称取 4g 铁屑[1]，放入 250mL 锥形瓶中，加入 3mol/L H_2SO_4 约

25mL，记下液面位置，水浴加热控制反应温度在 70～80℃ 范围之内，不要超过 90℃。反应装置应靠近通风口（反应最好在通风橱进行）。

加热反应过程中，可不断补充其中被蒸发掉的水分（加热不要过猛，反应不要太快，尽可能维持原来的液面刻度水平）。反应过程中略加搅拌，使铁屑同 H_2SO_4 反应完全及防止反应物底部过热而产生白色沉淀。为避免 $FeSO_4$ 晶体过早析出，当反应物呈灰绿色及不冒气泡时，即可趁热（为什么？）进行普通过滤。分离溶液和残渣。滤渣可用少量热水洗涤，滤液则转移至大蒸发皿中，留待下一步使用。

（2）硫酸亚铁铵的制备　根据溶液中生成 $FeSO_4$ 的量。按 $FeSO_4$：$(NH_4)_2SO_4 = 1$：0.8（质量比）的比例。称取 $(NH_4)_2SO_4$ 固体，加入上述盛有制备的 $FeSO_4$ 溶液的蒸发皿中，放入一枚洁净的铁钉，用小火缓慢均匀加热（最好用水浴加热）蒸发浓缩至液面出现晶膜为止[2]（浓缩开始时可适当搅拌，后期则不宜搅拌），静置，缓慢冷却至室温，硫酸亚铁铵即结晶析出。抽滤，将晶体夹在两张滤纸中吸干。称量，计算产率。

（3）产品质量检验

① 试用实验方法证明产品中含有 NH_4^+、Fe^{2+} 和 SO_4^{2-}　取少量晶体于试管中，加 5～6mL 蒸馏水，使其溶解，溶液分装于三个试管中。

a. Fe^{2+} 的检验：在一试管中滴入 2 滴 KSCN 溶液，溶液不显红色，再滴入几滴新制氯水，溶液变为红色；或者在试管中加入 3 滴 2mol/L HCl 溶液和 2 滴 0.5mol/L $K_3[Fe(CN)_6]$，若产生深蓝色沉淀，则可证明晶体的成分中含有 Fe^{2+}。

b. SO_4^{2-} 的检验：在一试管中加入 3 滴 2mol/L HCl 溶液，无现象，再加入 2 滴 1mol/L $BaCl_2$ 溶液，有白色沉淀生成，则可证明晶体的成分中含有 SO_4^{2-}。

c. NH_4^+ 的检验：在一试管中加入奈氏试剂 2 滴，若有红棕色沉淀生成；或者在试管中加浓 NaOH 溶液，加热，试管口湿润的红色石蕊试纸变蓝，则可证明晶体的成分中含有 NH_4^+。

② Fe^{3+} 的含量分析

a. 标准色阶的配制[3]：用 $NH_4Fe(SO_4)_2 \cdot 12H_2O$ 配制含 Fe^{3+} 为 0.1000g/L 的标准溶液[4]（由预备室制备）。取 0.50mL Fe^{3+} 标准溶液于 25mL 比色管中，加 2mL 2mol/L HCl 和 1mL 25% 的 KSCN 溶液，加不含氧的蒸馏水稀释至刻度，摇匀，配制成相当于一级试剂的标准液（含 Fe^{3+} 0.05mg/g）。

同样，分别取 1.00mL 和 2.00mL Fe（Ⅲ）标准溶液配制成当于二级和三级试剂的标准液（其中含 Fe^{3+} 分别为 0.10mg/g，0.20mg/g）。

b. 产品级别的确定：称取 1.0g 产品，置于 25mL 比色管中，用 15mL 不含氧的蒸馏水溶解，加入 3mol/L H_2SO_4 溶液 1mL，和 25%（质量分数）NH_4SCN 溶液 1mL，再加入不含氧的蒸馏水至比色管刻度线，摇匀，并与标准色阶（标准溶液由实验室提供）进行比较，确定产品含 Fe^{3+} 的纯度级别（表 3-3）。

表 3-3　产品硫酸亚铁铵中含 Fe^{3+} 的纯度级别

级　　别	Ⅰ级	Ⅱ级	Ⅲ级
标准中要求含 Fe^{3+} /%	0.005	0.01	0.02
相当于本测定方法标准比色阶含 Fe^{3+} /g	5×10^{-5}	1×10^{-4}	2×10^{-4}

【数据记录与处理】

（1）数据记录　将实验数据填入表 3-4 中。

表 3-4　硫酸亚铁铵的制备

铁屑质量/g	反应的铁屑质量/g	硫酸亚铁的理论产量/g	硫酸铵的加入量/g	硫酸亚铁铵产量/g	产品产率/%

（2）结果计算　产品产率计算公式：

$$产率 = m_{实际}/m_{理论} \times 100\%$$

注释

[1] 铁屑无油污，就不必净化，这一步可省去。如铁屑上有油污，可加入适量 10% Na_2CO_3 溶液，加热煮沸 10min，用倾析法除去碱液，再用蒸馏水洗净铁屑，直至中性。以免在下步反应中残留的碱耗去加入的硫酸，使反应过程中酸度不够。

[2] 蒸发至刚出现晶膜即可冷却。如果蒸发过头，会造成杂质 $FeSO_4$ 或 $(NH_4)_2SO_4$ 的析出，使产品不纯，此外，还会使晶体中结晶水的数目达不到要求，产品结成大块，难以取出。

[3] 标准比色阶的制取。取含 Fe^{3+} 0.05g/L、0.1g/L、0.2g/L 标准液各 1mL，分别置于 3 支 25mL 的比色管中，加入 3mol/L H_2SO_4 溶液 1mL 和 25%（质量分数）NH₄SCN 溶液 1mL，用蒸馏水稀释至刻度，摇匀，即制得标准比色阶，其相应含量的 Fe^{3+} 为 5×10^{-5} g、1×10^{-4} g、2×10^{-4} g。

[4] 含 Fe^{3+} 标准溶液的配制。在分析天平上准确称取 $NH_4Fe(SO_4)_2 \cdot 12H_2O$（硫酸高铁铵）1.7268g，于小烧杯中用少量蒸馏水溶解并加入 3mol/L H_2SO_4 溶液 5mL，全部转移至 1L 的容量瓶中，用蒸馏水稀释至刻度，摇匀，此溶液 Fe^{3+} 浓度为 0.2g/L。然后，取一定量 Fe^{3+} 浓度为 0.2g/L 的标准液分别配成 0.1g/L、0.05g/L 的 Fe^{3+} 标准液。

实验指南

（1）铁屑不必溶解完，溶解大部分即可。防止 Fe(Ⅱ)被氧化成 Fe(Ⅲ)。

（2）酸溶时要注意分次补充少量水，以防止 $FeSO_4$ 析出。

（3）随时注意蒸发液的颜色，若溶液变黄，加洗净除去铁锈的铁钉，保持 pH 为 1~2。

（4）水浴蒸发硫酸亚铁铵注意把握浓缩程度。水浴水沸后用小火保持沸腾，以防 Fe(Ⅱ)被氧化。出现晶膜即可停止加热，缓慢冷却。

（5）最后一次抽滤时，注意将滤饼压实，不能用蒸馏水或母液洗晶体。

（6）浓缩液室温冷却，以免氧化。

（7）无氧蒸馏水的配制：加热蒸馏水至近沸保持 10~20min，冷却备用。要提前将无氧蒸馏水制好。

（8）产品回收。称出比色用的样品后，多余的产品暂时不倒入回收瓶内，放到教师指定的地方保存，以留作产品质量的考察等。比色管用后及时洗净。

(1) 如何减少 Fe^{3+} 杂质含量？为什么制备硫酸亚铁铵时要保持溶液有较强的酸性？

(2) 本实验计算 $(NH_4)_2Fe(SO_4)_2 \cdot 6H_2O$ 的产率时，以 $FeSO_4$ 的量为准是否正确？为什么？

(3) $(NH_4)_2Fe(SO_4)_2 \cdot 6H_2O$ 时能否浓缩至干，为什么？

(4) 为什么在制备 $FeSO_4$ 趁热过滤，而在制备 $(NH_4)_2Fe(SO_4)_2 \cdot 6H_2O$ 时要冷却后过滤？

(5) 实验中采取了什么措施防止 Fe^{2+} 被氧化？如你的产品含 Fe^{3+} 较多请分析原因。

(6) 如何证明产品中含有 NH_4^+ 、Fe^{2+} 和 SO_4^{2-} ？

(7) 分析产品中 Fe^{3+} 的含量时，为什么用不含氧气的蒸馏水，如果水中含有氧气对分析结果有何影响？如何得到不含氧气的蒸馏水？

(8) 判断下列说法是否正确

① 制备硫酸亚铁时要保持铁过量。（   ）

② 制备硫酸亚铁的反应过程中要不断加水。（   ）

③ 在检验产品中的 Fe^{3+} 含量时，可用含氧的去离子水。（   ）

④ 制备过程中要保持硫酸亚铁溶液和硫酸亚铁铵溶液有较强的酸性。（   ）

⑤ 若固液分离所得液体为产品，则不能采用减压过滤。（   ）

技能训练 3-2　四碘化锡的制备

【目的要求】

（1）掌握在非水溶剂中制备无水四碘化锡的原理和方法；

（2）掌握加热、回流等基本操作；

（3）了解如何根据有限试剂（I_2）量和金属（Sn）的消耗用量确定四碘化锡的最简式。

【实验原理】

无水四碘化锡是橙红色的立方晶体，为共价型化合物，熔点为 144.5℃，沸点为 364.5℃，180℃开始升华，遇水即发生水解，在空气中也会缓慢水解，所以必须贮存于干燥容器内。易溶于二硫化碳、三氯甲烷、四氯化碳、苯等有机溶剂中，在冰醋酸中溶解度较小。四碘化锡主要用作分析试剂，也可用于有机合成。

根据四碘化锡溶解度的特性，它的制备一般不宜在水溶液中制备，除采用碘蒸气与金属锡的气-固直接合成法外，一般可采用在二硫化碳、四氯化碳、三氯甲烷、苯和冰醋酸-醋酸酐等非水溶剂中制备。目前较多选择四氯化碳或冰醋酸为合成溶剂。

本实验采用冰醋酸为溶剂，金属锡和碘在非水溶剂冰醋酸和醋酸酐体系中直接合成。

$$Sn + 2I_2 \xrightarrow{\hspace{1cm}} SnI_4$$

【实验用品】

（1）仪器　圆底烧瓶（100～150mL）、球形冷凝管、吸滤瓶、干燥管、布氏漏斗、抽滤装置、蒸发皿、表面皿、试管、托盘天平。

（2）试剂　丙酮、冰醋酸、乙酸酐、I_2（s）、锡箔、KI（饱和）、氯仿。

（3）其他　滤纸、沸石。

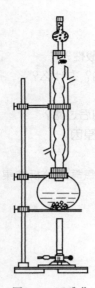

图 3-1　四碘化锡制备装置

【实验步骤】

（1）**四碘化锡的制备**　在 100～150mL 干燥的圆底烧瓶中[1]，加入 0.5g 的碎锡箔[2]和 2.2g I_2，再加入 25mL 冰醋酸和 25mL 乙酸酐，加入少量沸石。按图 3-1 所示，装好球形冷凝管和干燥管（要注意防止冰醋酸和乙酸酐刺激性气味逸出刺激眼睛和皮肤），用水冷却回流，加热至沸 1～1.5h，直至紫红色的碘蒸气消失，溶液颜色由紫红色变成橙红色，停止加热。冷至室温即有橙红色的四碘化锡晶体析出，结晶用布氏漏斗抽滤，将所得晶体转移到圆底烧瓶中。加入 20～30mL 氯仿，盖上表面皿，水浴加热回流溶解后，趁热抽滤（保留滤纸上的固体）将滤液倒入蒸发皿中，置于通风橱内，不断搅拌滤液，促使溶剂挥发，待氯仿全部挥发抽尽后，可得 SnI_4 橙红色晶体（必要时可重复操作），称量，计算产率。

（2）**产品检验**

① 确定碘化锡最简式　称出滤纸上剩余 Sn 箔的质量（准确至 0.01g），根据 I_2 与 Sn 的消耗量，计算其比值，得出碘化锡的最简式。

② 性质实验

a. 取自制的 SnI_4 少量溶于 5mL 丙酮中，分成两份，一份加几滴水，另一份加同样量的饱和 KI 溶液，解释所观察到的实验现象。

b. 用实验证实 SnI_4 易水解的特性。取少量产品于试管中，加入少量蒸馏水，观察现象。

【数据记录与处理】

（1）数据记录　将实验数据填入表 3-5 中。

表 3-5　四碘化锡的制备

锡箔的加入量/g	碘的加入量/g	反应的锡箔量/g	反应的碘量/g	四碘化锡产品质量/g	四碘化锡理论产量/g	产品产率/%

（2）结果计算　产品产率计算公式：

$$产率 = m_{实际}/m_{理论} \times 100\%$$

注释

[1] 在制备无水四碘化锡时，所用仪器都必须充分干燥。

[2] 市售 Sn 粒不宜用于实验。可把 Sn 粒置于清洁的坩埚中，以喷灯（或煤气灯）熔化之，再把熔锡倒入盛水的瓷盘中，Sn 溅开成薄片。也可以将 Sn 粒烧至红热，迅速倒在石棉网上用玻璃片压成锡片。

实验指南

（1）在四碘化锡的制备实验中，反应完毕，锡已经完全反应，体系中还有少量的碘可以将其溶于四氯化碳等有机溶剂以后，在水层滴加盐酸，调节 pH 到酸性，然后在水层加入过量亚硫酸氢钠，然后萃取而除去。

(2) 采用非水溶剂的合成方法制备四碘化锡，以四氯化碳为溶剂，反应温度为 $85 \sim 90℃$，反应时间 1.5h，Sn 的转化率可达到 99% 以上。

(3) 在制备四碘化锡时，乙酸酐可以避免四碘化锡被水解。且乙酸酐也作为该反应的合成溶剂。

(4) 皮肤一旦接触碘、冰醋酸、乙酸酐，应及时洗涤。

(5) 实验过程中注意通风。

思 考 题

(1) 在合成四碘化锡的操作过程中应注意哪些问题？

(2) 在四碘化锡合成中，以何种原料过量为好，为什么？

(3) 四碘化铝能否用类似方法制得，为什么？

(4) 合成反应完毕，锡已经完全反应，但体系中还有少量碘，用什么方法除去？

技能训练 3-3　十水合焦磷酸钠的制备

【目的要求】

(1) 了解无机磷酸盐类的生产方法；

(2) 了解十水合焦磷酸钠制备的原理；

(3) 掌握中和、聚合、干燥、过滤和结晶的操作方法和过程控制。

【实验原理】

焦磷酸钠是缩聚磷酸盐中的一个重要品种。无论是工业级还是食品级，其用量均仅次于三聚磷酸钠。工业上主要用于络合剂、脱脂剂、水处理剂、洗涤印染漂白助剂、分散剂等。食品工业中则用于食品的持水保鲜、抗氧化等，统称为品质改良剂。无水焦磷酸钠是一种无色透明结晶或白色结晶粉末，在空气中易吸收水分而潮解；十水合焦磷酸钠是一种无色单斜结晶或白色结晶或结晶性粉末，在干燥空气中易风化。加热至 $100℃$ 时失去结晶水。易溶于水，水溶液呈碱性，不溶于醇。水溶液在 $70℃$ 以下尚稳定，煮沸时则水解成磷酸氢二钠。具有较强的 pH 缓冲性，对金属离子有一定的螯合作用。

十水焦磷酸钠由将磷酸与氢氧化钠（或纯碱）进行中和反应生成的磷酸氢二钠经熔融脱水而成无水焦磷酸钠，无水焦磷酸钠在水溶液重结晶（$-4 \sim 79℃$）而制得。其反应式如下：

$$2NaOH + H_3PO_4 \longrightarrow Na_2HPO_4 + 2H_2O$$

$$或\ Na_2CO_3 + H_3PO_4 \longrightarrow Na_2HPO_4 + H_2O + CO_2$$

$$2Na_2HPO_4 \longrightarrow Na_4P_2O_7 + H_2O$$

$$Na_4P_2O_7 + 10H_2O \longrightarrow Na_4P_2O_7 \cdot 10H_2O$$

【实验用品】

(1) 仪器　酸度计、电炉、烘箱、坩埚、马弗炉或喷粉干燥器、真空抽滤泵、吸量管、烧杯（100mL、150mL）、托盘天平。

(2) 试剂　H_3PO_4（85%）、NaOH（固）、酚酞指示剂、$AgNO_3$（0.5mol/L）、活性炭。

(3) 其他　滤纸、pH 试纸。

【实验步骤】

（1）中和反应　称取适量的磷酸（约 20g），磷酸稀释到 50％左右[1]，NaOH 配成约 30％的溶液。用吸管各吸取两溶液，分别缓慢加入到用于中和的烧杯中，中和至物料 1％的 pH 为 8.8～9.2[2]。可先用酚酞指示剂粗测，再用酸度计准确测量。

（2）干燥　将上述调好的磷酸氢二钠中和料于电炉上加热浓缩，黏稠时关小电炉，以防物料溅出。干燥成粉状后于烘箱中 110～120℃烘干。

（3）聚合　把干燥好的磷酸氢二钠研细后，装入坩埚内，在马弗炉中 400℃左右聚合约 30min，直到无正磷酸盐[3]。

检验方法：取少量物料于滤纸上，滴 1～2 滴 0.5mol/L AgNO₃ 溶液，无黄色产生即可。

（4）结晶　将聚合好的焦磷酸钠称重后，加入 85℃左右的热水中，溶解，控制溶液浓度在 20～23°Bé（波美度）。根据具体情况可以用活性炭脱色热过滤，自然冷却结晶，抽滤。

（5）干燥　将抽滤后的晶体晾干后称重[4]，计算产率。

【数据记录与处理】

（1）数据记录　将实验数据填入表 3-6 中。

表 3-6　十水合焦磷酸钠的制备

氢氧化钠的量/g	磷酸的量/g	十水焦磷酸钠的实验产量/g	十水焦磷酸钠的理论产量/g	产品产率/％

（2）结果计算　产品产率计算公式：

$$产率 = m_{实际}/m_{理论} \times 100\%$$

注释

[1] 磷酸和氢氧化钠反应前一定要稀释，中和时要缓慢加入酸和碱溶液，以免反应过剧烈溶液溅出。

[2] 料液的 pH 值一定要控制为 8.8～9.2，这时磷酸和氢氧化钠中和才能产生磷酸氢二钠。

[3] 聚合时温度较高，注意安全。

[4] 结晶出磷酸氢二钠后干燥，再用来生产焦磷酸钠，这时焦磷酸钠的链长可以更长，否则焦磷酸钠的链长和 pH 值都不一样，其用途也不一样。

实验指南

（1）酸碱中和时较剧烈，注意控制酸、碱一次的投料量，不要往酸里加碱液，或者往碱里加酸。

（2）用电炉浓缩时，注意开关大小，溶液较稀时可以用大火，黏稠时要关小电炉以免溅出。

（3）实验步骤（3）和（4）可一次性用喷粉干燥器实现，也可只用喷粉干燥器进行干燥，再用马弗炉聚合。

（4）结晶时注意控制溶液浓度、冷却速度和搅拌速度，以使结晶颗粒大和均匀。

思 考 题

(1) 什么是十水焦磷酸钠？其主要用途是什么？

(2) 十水焦磷酸钠的合成原理是什么，需要何种基本原料？

(3) 除了上述基本原料，生产十水焦磷酸钠是否需要别的辅助原料？若需要，请列出。

(4) 采用上述方法、装置制备十水焦磷酸钠，你认为哪些因素会决定产品的质量？

(5) 如何进行十水焦磷酸钠的分离提纯？

知识链接

无水焦磷酸钠又名磷酸四钠，分子式 $Na_4P_2O_7$，相对分子质量为 265.90，相对密度为 2.534，熔点为 880℃，沸点为 93.8℃。它是一种无色透明结晶或白色结晶粉末，在空气中易吸收水分而潮解。易溶于水，20℃时 100g 水中的溶解度为 6.23g，其水溶液呈碱性；不溶于醇。水溶液在 70℃ 以下尚稳定，煮沸则水解成磷酸氢二钠。在干燥空气中风化，在 100℃ 失去结晶水。在空气中易吸收水分而潮解。它用作金属离子的螯合剂，与碱土金属离子能生成配合物，例如电镀液中铜的配合剂；与 Ag^+ 相遇时生成白色的焦磷酸银。由磷酸氢二钠薄片在 160～240℃ 之间发生加热聚合，经冷却后粉碎，制得无水焦磷酸钠成品。机械加工中，用作除锈剂。用作双氧水的稳定剂。与保险粉（连二亚硫酸钠）配制漂毛助剂，羊毛脱脂剂。水处理中用作软水剂，锅炉除垢剂。牙膏中使用磷酸氢钙时，加入焦磷酸钠使形成胶体，起稳定作用。化工生产和食品工业中用作分散剂、抗絮凝剂和乳化剂，也用作其他焦磷酸盐的生产原料。

技能训练 3-4 硝酸钾的制备和提纯

【目的要求】

(1) 利用物质溶解度随温度变化的差别，学习用转化法制备硝酸钾晶体；

(2) 进一步熟悉溶解、过滤操作，练习重结晶操作，学会用重结晶法提纯物质。

【实验原理】

硝酸钾在农业上用途广泛，它是无氯钾、氮复合肥料。硝酸钾施用于烟草具有肥效高，易吸收，促进幼苗早发，增加烟草产量，提高烟草品质的重要作用。硝酸钾是无色透明棱柱状或白色颗粒或结晶性粉末。空气中微潮解，潮解性比硝酸钠微小。易溶于水，不溶于无水乙醇、乙醚。

复分解法是制备无机盐类的常用方法。不溶性盐利用复分解法很容易制得，但是可溶性盐则需要根据温度对反应中几种盐类溶解度的不同影响来处理。

本实验用 $NaNO_3$ 和 KCl 通过复分解法来制取 KNO_3，工业上常采用转化法制备硝酸钾晶体，其反应如下：

$$NaNO_3 + KCl \rightleftharpoons NaCl + KNO_3$$

上述反应是可逆的，根据 NaCl 的溶解度随温度变化不大，而 KCl、KNO_3 和 $NaNO_3$

在高温时具有较大或很大的溶解度而温度降低时溶解度明显减小（如 KCl、NaNO₃）或急剧下降（如 KNO₃）的这种差别（见表 3-7），将一定浓度的 NaNO₃ 和 KCl 混合液加热浓缩，当温度达 118～120℃时，由于 KNO₃ 溶解度增加很多，它达不到饱和，不析出，而 NaCl 的溶解度增加甚少，随浓缩、溶剂水的减少，NaCl 析出。通过热过滤除去 NaCl，将此溶液冷却至室温，即有大量 KNO₃ 析出，NaCl 仅有少量析出，从而得到 KNO₃ 粗产品。再经过重结晶提纯，得到纯品。

表 3-7　KNO₃ 等四种盐在不同温度下的溶解度　　　　　单位：g/100g 水

项目	0℃	10℃	20℃	30℃	50℃	80℃	110℃
NaCl	35.7	35.7	35.8	36.1	36.2	38.0	39.2
NaNO₃	73.3	80.8	88	95	114	148	175
KCl	28.0	31.2	34.2	37.0	42.9	51.2	56.3
KNO₃	13.9	21.2	31.6	45.4	83.5	127	245

【实验用品】

（1）仪器　量筒、烧杯（100mL）、托盘天平、石棉网、三脚架、铁架台、热滤漏斗、布氏漏斗、吸滤瓶、抽气泵、瓷坩埚、温度计（200℃）、比色管（25mL）、小试管、玻璃棒。

（2）试剂　NaNO₃（工业级）、KCl（工业级）、AgNO₃（0.1mol/L）、HNO₃（5mol/L）、NaCl 标准溶液。

（3）其他　滤纸。

【实验步骤】

（1）在托盘天平上称取 13.1g NaNO₃ 和 11.5g KCl（取药量依据反应式给出的计量比，可根据工业品的实际纯度自行折算），放入 100mL 小烧杯中，加 24mL 蒸馏水，加热至沸，使固体溶解（记下小烧杯中液面的位置）。

（2）继续加热并不断搅动溶液，NaCl 逐渐析出，当体积减少到约为原来的 1/2 时（或热至 118℃时），趁热进行热过滤（热过滤操作见前述，漏斗颈应尽可能短）[1]，动作要快！盛放滤液的烧杯预先加入 2mL 蒸馏水，以防降温时 NaCl 达饱和而析出。

（3）待滤液冷却到室温，用减压过滤法把 KNO₃ 晶体尽量抽干。得到的晶体为粗产品，称重。

（4）粗产品的重结晶

① 保留少量（0.1～0.2g）粗产品提供纯度检验外，按粗产品∶水为 2∶1（质量比），将粗产品溶于蒸馏水中。

② 加热、搅拌，待晶体全部溶解后停止加热。若溶液沸腾时，晶体还未完全溶解，可再加极少量蒸馏水使其溶解[2]。

③ 待溶液冷却至室温后抽滤，得到纯度较高的 KNO₃ 晶体，称量。

（5）纯度检验

① 定性检验　分别取 0.1g 粗产品和一次重结晶得到的产品放入两支小试管中，各加入 2mL 蒸馏水配成溶液。在溶液中分别滴入 1 滴 5mol/LHNO₃ 酸化，再各滴入 0.1mol/L AgNO₃ 溶液 2 滴，观察现象，进行对比，重结晶后的产品溶液应为澄清。

② 根据试剂级的标准检验样品中总氯量　将制得的 KNO_3 晶体于 700℃ 灼烧样品 15min, 冷却, 溶于蒸馏水中 (必要时过滤), 稀释至 25mL, 加 2mL 5mol/L HNO_3 和 0.1mol/L $AgNO_3$ 溶液, 摇匀, 放置 10min。所呈浊度不得大于标准。标准含下列数量的 Cl^-: 优级纯, 0.015mg; 分析纯, 0.030mg; 化学纯, 0.070mg。稀释至 25mL, 与同体积样品溶液同时同样处理。(NaCl 标准溶液依据 GB 602—2002 配制: 称取 0.165g 于 500～600℃ 灼烧至恒重的 NaCl 溶于水, 移入 1000mL 容量瓶中, 稀释至刻度。)

本实验要求重结晶后的 KNO_3 晶体含氯量达化学纯为合格, 否则应再次重结晶, 直至合格。最后称量, 计算产率, 并与前几次的结果相比较。

附注: 中华人民共和国国家标准 (GB 647—77) 化学试剂 KNO_3 的杂质最高含量 (指标以％计) 见表 3-8。

表 3-8　中华人民共和国国家标准化学试剂 KNO_3 的杂质最高含量表　　　　单位:％

名　称	优级纯	分析纯	化学纯
澄清度试验	合格	合格	合格
水不溶物	0.002	0.004	0.006
干燥失重	0.2	0.2	0.5
总氯量 (以 Cl^- 计)	0.0015	0.003	0.007
硫酸盐 (SO_4^{2-})	0.002	0.005	0.01
亚硝酸盐及碘酸盐 (以 NO_3^- 计)	0.0005	0.001	0.002
磷酸盐 (PO_4^{3-})	0.0005	0.001	0.001
钠 (Na)	0.02	0.02	0.05
镁 (Mg)	0.001	0.002	0.004
钙 (Ca)	0.002	0.004	0.006
铁 (Fe)	0.0001	0.0002	0.0005
重金属 (以 Pb 计)	0.0003	0.0005	0.001

【数据记录与处理】

(1) 数据记录　实验数据填入表 3-9 中。

表 3-9　KNO_3 的制备和提纯

粗 KNO_3 产品量/g	重结晶后得到的产品质量/g	本实验粗产品的理论产量/g	产品产率/％

(2) 结果计算　产品产率计算公式:

$$产率 = m_{实际}/m_{理论} \times 100\%$$

注释

[1] 待溶液蒸发至原来体积的 1/2 时, 便要停止加热, 并趁热用热滤漏斗进行过滤。

[2] 重结晶法提纯 KNO_3 中, 将粗产品放在烧杯中, 应加入计算量的蒸馏水直至晶体刚好全部溶解为止。

(1) 热蒸发时，为防止因玻棒长而重，烧杯小而轻，以至重心不稳而倾翻烧杯，应选择细玻棒，同时在不搅动溶液时，将玻棒搁在另一烧杯上

(2) 若溶液总体积已小于原来的 2/3，过滤的准备工作还未做好，则不能过滤，可在烧杯中加水至 2/3 以上，再蒸发浓缩至 2/3 后趁热过滤。

(3) 要控制浓缩程度，蒸发浓缩时，溶液一旦沸腾，火焰要小，只要保持溶液沸腾就行。烧杯很烫时，可用干净的小手帕或未用过的小抹布折成整齐的长条拿烧杯，以便迅速转移溶液。趁热过滤的操作一定要迅速，全部转移溶液与晶体，使烧杯中的残余物减到最少。

(4) 趁热过滤失败，不必从头做起。只要把滤液、漏斗中的固体全部倒回原来的小烧杯中，加一定量的水至原记号处，再加热溶解、蒸发浓缩至原来的 2/3，趁热过滤就行。万一漏斗中的滤纸与固体分不开，滤纸也可倒回烧杯中，在趁热过滤时与氯化钠一起除去。

？ 思 考 题

(1) 制备硝酸钾晶体时，为何要把溶液进行加热和热过滤？

(2) 何谓重结晶？本实验都涉及哪些基本操作，应注意什么？

(3) 硝酸钾中含有氯化钾和硝酸钠时，应如何提纯？

技能训练 3-5　从废电池回收锌皮制取七水硫酸锌

【目的要求】

(1) 掌握由废电池的锌皮为原料制备 $ZnSO_4 \cdot 7H_2O$ 的原理和方法；

(2) 熟练掌握过滤、洗涤、蒸发、结晶等基本操作；

(3) 掌握控制 pH 值进行沉淀-分离杂质除杂质的方法。

【实验原理】

普通干电池大都是锌锰电池，不仅适用于手电筒、半导体收音机、收录机、照相机、电子钟、玩具等，而且也适用于国防、科研、电信、航海、航空、医学等国民经济中的各个领域。锌锰电池的锌皮既是电池的负极又是电池的壳体，当电池报废后锌皮一般仍留存，将其回收利用，既能节约资源，又能减少对环境的污染。

稀 H_2SO_4 与锌皮反应得到 $ZnSO_4$。

$$Zn + H_2SO_4(稀) = ZnSO_4 + H_2 \uparrow$$

锌皮中的杂质铁也同时溶解生成 Fe^{2+}。

$$Fe + H_2SO_4(稀) = FeSO_4 + H_2 \uparrow$$

用 HNO_3 将 Fe^{2+} 氧化为 Fe^{3+}。

$$3Fe^{2+} + NO_3^- + 4H^+ =\!=\!= 3Fe^{3+} + 2H_2O + NO\uparrow$$

用 $NaOH$ 将溶液 pH 值调至 8，使 Zn^{2+}、Fe^{3+} 沉淀为相应的氢氧化物。

$$Zn^{2+} + 2OH^- =\!=\!= Zn(OH)_2\downarrow$$

$$Fe^{3+} + 3OH^- =\!=\!= Fe(OH)_3\downarrow$$

洗涤沉淀至无 Cl^-。

用稀 H_2SO_4 溶解 $Zn(OH)_2$，控制 pH＝4，这时 $Fe(OH)_3$ 不溶解。反应式为：

$$Zn(OH)_2 + H_2SO_4 =\!=\!= ZnSO_4 + 2H_2O$$

过滤除去 $Fe(OH)_3$。将滤液蒸发，结晶得到 $ZnSO_4 \cdot 7H_2O$。

【实验用品】

（1）仪器　过滤装置、抽滤装置、比色管（25mL）、水浴装置、蒸发皿、托盘天平、烧杯（500mL、250mL）、玻璃棒。

（2）试剂　H_2SO_4（2mol/L）、HNO_3（浓，3mol/L）、HCl（3mol/L）、NaOH（3mol/L）、KSCN（0.5mol/L）、$AgNO_3$（0.1mol/L）、$K_4[Fe(CN)_6]$（10％）、废电池锌皮、$ZnSO_4 \cdot 7H_2O$（三级）。

（3）其他　滤纸、pH 试纸、剪刀。

【实验步骤】

（1）废锌皮的处理及溶解　废电池的锌皮上常粘有 $ZnCl_2$、NH_4Cl、MnO_2 及沥青、石蜡等。在用硫酸溶解前，在水中煮沸 30min，再刷洗，以除去上述杂质。

称取 7g 处理过的干净锌皮，剪碎，放入 250mL 烧杯中，加入 60mL 2mol/L H_2SO_4，微微加热使反应进行。反应开始后停止加热，放置过夜。过滤，得到滤液。将滤纸上的不溶物干燥后称重，计算实际溶解锌的质量。

（2）$Zn(OH)_2$ 的生成和洗涤　将上面得到的滤液移入 500mL 烧杯中，加热，加浓 HNO_3 3 滴，搅拌，使 Fe^{2+} 被氧化成 Fe^{3+}。稍冷，逐滴加入 3mol/L 的 NaOH 溶液，并不断搅拌，直至 pH 为 8，使 Zn^{2+} 沉淀完全。加 100mL 蒸馏水，搅匀，进行抽滤，再用蒸馏水洗涤沉淀，至洗涤液中不含有 Cl^- 为止。弃去滤液。

（3）溶解 $Zn(OH)_2$ 及除去铁杂质　将洗净的 $Zn(OH)_2$ 沉淀放入一洗净的烧杯中，逐滴加入 2mol/L H_2SO_4，并加热搅拌，控制 pH 为 4[1]。加热煮沸使 Fe^{3+} 完全水解为 $Fe(OH)_3$ 沉淀，趁热过滤。用 10～15mL 蒸馏水洗涤沉淀，将洗涤液并入滤液，弃去沉淀。

（4）蒸发结晶　将上面除去 Fe^{2+} 的滤液移入一蒸发皿中，加入几滴 2mol/L 的 H_2SO_4，使 pH 为 2。在水浴上浓缩至液面出现晶膜[2]。自然冷却后抽滤，晾干，称重，计算产率。

（5）产品检验　检验所得 $ZnSO_4 \cdot 7H_2O$ 产品是否符合试剂三级品要求。

称取 1.0g $ZnSO_4 \cdot 7H_2O$（三级），溶于 12mL 蒸馏水中，均分装在三个 25mL 的比色管中。比色管编号（1）。

称取 1.0g 上述制得的 $ZnSO_4 \cdot 7H_2O$，溶于 12mL 蒸馏水中，均分装在三个 25mL 的比色管中。比色管编号（2）。

① Cl^- 的检验　在上面两组比色管中各取一支，各加入 2 滴 0.1mol/L $AgNO_3$ 和 1 滴 HNO_3 用蒸馏水稀释至 25mL，摇匀，进行比较。若有白色沉淀产生，则说明晶体中混有 $ZnCl_2$。

② Fe^{3+} 的检验　在上面两组比色管中各取 1 支，各加入 3 滴 3mol/L 的 HCl 和 2 滴 KSCN 溶液，都用蒸馏水稀释至 25mL，摇匀，进行比较。若溶液呈血红色，则说明晶体不纯，混有 Fe^{3+}。

③ Cu^{2+} 的检验　取少量刚制得的晶体置于试管中，加入稀硫酸溶解。滴加几滴质量分数为 10％ 的 $K_4[Fe(CN)_6]$，观察是否有沉淀产生。若有红棕色沉淀产生，说明晶体中混有 Cu^{2+}。

根据上面三次比较结果，评定你的产品的 Cl^-、Fe^{3+}、Cu^{2+} 的含量是否达到三级试剂标准。

【数据记录与处理】

（1）数据记录　实验数据填入表 3-10 中。

表 3-10　制备七水硫酸锌

实验制七水硫酸锌的产品质量/g	本实验粗产品的理论质量/g	产品的产率/%

（2）结果计算　产品产率计算公式：

$$产率＝m_{实际}/m_{理论}×100％$$

注释

[1] 调溶液 pH 值一定注意准确度，如果 pH 值相差很大，对实验结果影响也很大。

[2] 浓缩至溶液出现晶膜即可，不可加热太干燥。

实验指南

（1）热蒸发时，为防止因玻棒长而重，烧杯小而轻，以至重心不稳而倾翻烧杯，应选择细玻棒，同时在不搅动溶液时，将玻棒搁在另一烧杯上。

（2）将小块锌片放在烧杯中，可以放入磁搅拌子，然后加入适量的稀硫酸，用磁力加热搅拌器搅拌，使之充分反应（在开始时如果反应较慢，可适度微微加热）。

（3）为加快锌片的溶解速度，滴加少量稀硫酸铜溶液，让锌片与铜离子通过置换反应生成金属铜，使新生的铜覆盖在锌片上，并在酸性溶液中形成铜锌腐蚀电池而加速锌的溶解。

（4）锌的溶解量与酸的强度、反应温度、反应时间及所加 $CuSO_4$ 的量有关。采用较高浓度的酸，通过加热延长反应时间，加入适量的 $CuSO_4$ 溶液可提高锌的溶解量，但鉴于 $ZnSO_4$ 制备实验的后续操作需用 NaOH 调溶液的 pH，故硫酸的浓度不宜太高。由分别采用 60mL 不同浓度的稀硫酸与 7.0g 锌片的实验数据表（见表 3-11）可见用 2mol/L H_2SO_4 可满足实验要求，且可降低成本，减少废水的排放。

表 3-11　用 60mL 不同浓度的稀硫酸溶解锌片的实验结果

项目	硫酸浓度/(mol/L)	反应温度	反应时间/min	未溶解的锌片的质量/g	溶解的锌片的质量/g
1	4	室温	30	2.754	4.246
2	4	微热	30	1.515	5.485
3	2	室温	30	6.276	0.724
4	2	微热	30	6.615	0.385
5	1	室温	30	4.484	2.516
6	1	微热	30	3.373	3.627

?　思　考　题

(1) 计算溶解锌需要 2mol/L 硫酸溶液多少毫升？

(2) 沉淀 $Zn(OH)_2$ 时，为什么要控制 pH= 8？计算说明。

3.2　有机物的制备

有机化合物的制备又称有机化合物的合成，简称有机合成。有机合成是有机化学的重要研究内容之一，也是研究有机化学的主要目的之一。有机物的制备往往是通过有机合成实验来实现的，同时有机物制备的相关操作技术也是化学实验基本操作技术的综合应用。有机合成实验有着丰富的内容。

要制备一种有机物，首先要正确选择制备路线与反应装置。由于我们通过有机物制备反应得到的有机物往往是与过剩的反应物以及副产物等共存的混合物，所以我们还需对物质进行分离和净化，才能得到纯度较高的产品。

3.2.1　有机物制备路线的确定

有机物质的制备方法很多，同种物质可以选择不同的制备方法，甚至同种原料不同方法。例如，在工业上乙醇的制备就有很多方法，如粮食发酵可以得到乙醇，也可以通过乙烯直接水合、间接水合法制得，还可以由卤代烃水解等许多方法制得。通常制备有机化合物的四大合成法是：

（1）格氏试剂合成法——制备伯、仲、叔醇的方法；

（2）丙二酸二乙酯合成法——合成羧酸的方法；

（3）乙酰乙酸乙酯合成法——合成酮的方法；

（4）利用重氮反应——合成芳香族化合物的方法。

物质的制备路线可能有多种，但是不一定每条路线都适合工业生产和实验室制备。当一种物质有多种合成路线时，应当选择原料易得，成本低，反应步骤少，能耗低，操作方便，副产物少而又不污染环境的制备路线。

3.2.2　有机物制备的原则

有机物制备过程中在选择原料和合成途径时，应该注意以下问题：

（1）原料的毒性小、低污染、价廉；

（2）原理正确、路线简便；

（3）便于操作、条件适宜、易于分离；

（4）产率高、成本低；

（5）反应过程要合理科学，要注意合成反应的先后顺序。

3.2.3　有机物制备的方法

要合成制备一种物质，有时可采用正向思维方法，从已知原料入手，找出合成所需要的直接或间接的中间产物，逐步推向目标合成有机物，其思维程序为：原料→中间产物→产品；也可以通过采用"逆合成法"来寻找原料，设计可能的合成路线。在实际生产中，要综合考虑原料来源、反应物的利用率、反应速率、设备和技术条件、是否有污染物排放、生产成本等问题。

3.2.4　有机物制备的反应

（1）取代反应　有机物分子里某些原子或原子团被其他原子或原子团所代替的反应。能发生取代反应的官能团有醇羟基（—OH）、卤原子（—X）、羧基（—COOH）、酯基（—COO—）、肽键（—CONH—）等。取代反应包括卤代、硝化、磺化、酯化、水解等。

① 卤代反应　有机物分子里的某些原子或原子团被卤素原子所代替的反应。

$$\bigcirc + Br_2 \xrightarrow{FeBr_3} \bigcirc -Br + HBr$$

② 硝化反应　有机物分子里的某些原子或原子团被—NO_2 所代替的反应。

$$\bigcirc + HNO_3 \xrightarrow[55\sim60℃]{浓硫酸} \bigcirc -NO_2 + H_2O$$

③ 磺化反应　有机物分子里的某些原子或原子团被—SO_3H 所代替的反应。

$$\bigcirc + HO-SO_3H \xrightarrow{70\sim80℃} \bigcirc -SO_3H + H_2O$$

④ 酯化反应　醇和羧酸或无机含氧酸反应生成酯和水的反应叫做酯化反应。

$$HO-NO_2 + CH_3OH \xrightarrow[\triangle]{浓硫酸} CH_3O-NO_2 + H_2O$$

⑤ 水解反应　有机物分子中的某些原子或原子团被水分子中的—H、—OH 所代替的反应。能发生水解反应的物质有：卤代烃、酯、油脂、二糖、多糖、蛋白质等。

$$CH_3CH_2Br + NaOH \xrightarrow[\triangle]{水} CH_3CH_2OH + NaBr$$

（2）加成反应　有机物分子中双键或三键等不饱和键两端的原子与其他原子或原子团直接结合生成新的化合物的反应。能发生加成反应的官能团有双键、三键、苯环、羰基（醛、酮）等。加成反应包括加水、加卤素、加氢、加卤化氢等。

① 烯、炔的加成　烯、炔都能与 H_2、X_2、HX、H_2O 等加成。

$$CH_2{=}CH_2 + H_2 \longrightarrow CH_3{-}CH_3$$

② 苯环的加成　有机物分子中的苯环结构能与 H_2 加成。苯环一般不与 X_2、HX、H_2O 加成。

$$\text{⬡—OH} + 3H_2 \xrightarrow{\text{催化剂}} \text{⬡—OH}$$

③ 醛、酮的加成　醛、酮能与 H_2 加成生成醇。

$$CH_3CHO + H_2 \xrightarrow{\text{催化剂}} CH_3CH_2OH$$

其他含有 CO 双键的有机物，如葡萄糖、果糖等，也能与 H_2 加成，但要注意酯类、羧酸分子中的 CO 双键不能与 H_2 加成。CO 双键不与 HX、X_2 等加成。

（3）聚合反应　有机小分子按照一定的方式结合成高分子化合物的反应称为聚合反应。聚合反应有以下特点：

① 产物的相对分子质量很大；

② 产物一定是混合物；

③ 产物分子结构由一定的结构单元重复结合而成。

按照反应过程所属反应类型划分，聚合反应又分为加成聚合反应和缩合聚合反应。有机小分子通过加成反应方式结合形成高分子化合物的聚合反应，属于加成聚合反应，简称加聚反应。加聚反应多见于烯烃、二烯烃、炔烃等含有 C＝C 双键，C≡C 三键的有机物的聚合反应。

$$nCH_2{=}CH_2 \xrightarrow{\text{催化剂}} \text{⊢}CH_2{-}CH_2\text{⊣}_n$$

有机物分子之间脱去 H_2O、NH_3 或 HX 等小分子而结合形成高分子化合物的聚合反应属于缩合聚合反应，简称缩聚反应。缩聚反应产物除了高分子化合物外，还生成一些小分子。二元羧酸与二元醇之间、羟基羧酸分子之间、氨基酸分子之间，在一定条件下能发生缩聚反应。

$$nCH_3\underset{\overset{|}{OH}}{CH}COOH \longrightarrow H\text{⊢}O{-}CH{-}\overset{\overset{O}{\|}}{C}\text{⊣}_nOH + (n-1)H_2O \quad (\underset{CH_3}{})$$

（4）消去反应　有机物在一定的条件下，从一个有机物分子中脱去一个小分子（如 H_2O、HBr、NH_3 等），同时生成不饱和化合物的反应，叫做消去反应。

能发生消去反应的物质有醇、卤代烃；能发生消去反应的官能团有醇羟基、卤素原子。

$$CH_3CH_2Cl \xrightarrow[\triangle]{\text{NaOH,醇}} CH_2{=}CH_2\uparrow + HCl$$

（5）氧化反应和还原反应　氧化反应就是有机物分子里"加氧"或"去氢"的反应。能发生氧化反应的物质和官能团有烯（碳碳双键）、炔（碳碳叁键）、醇、酚、苯的同系物，含醛基的物质等。烯、炔、苯的同系物的氧化反应主要是指它们能够使酸性高锰酸钾溶液褪色，被酸性高锰酸钾溶液所氧化。醇可以被催化氧化（即去氢氧化）。

$$2RCH_2OH + O_2 \xrightarrow[\triangle]{Cu \text{ 或 } Ag} 2RCHO + 2H_2O$$

还原反应是有机物分子里"加氢"或"去氧"的反应，其中加氢反应又属加成反应。还原反应具体有与氢气的加成（如醛、酮）、硝基苯的还原。

对于有机物的氧化反应和还原反应，需要注意几点：①一般不从化合价变化（或电子转移）角度判别；②某些反应虽然电子发生转移，通常不称为氧化（或还原）反应，比如乙烯使溴水褪色的反应；③有机物的氧化性、还原性具有特殊的含意。例如，我们说"酮不具还原性"，是指酮不能催化氧化，也不能被银氨溶液或新制 $Cu(OH)_2$ 氧化；又说"非还原性糖"，则指该糖不能被银氨溶液或新制 $Cu(OH)_2$ 氧化。

其他有机反应类型有裂化反应、裂解反应、脱水反应、脱羧反应等。

3.2.5　有机物制备反应装置的选择

有机物的制备反应，往往需要在溶剂中进行较长时间的加热，为防止在加热时反应物、产物或溶剂的蒸发逸散，避免易燃、易爆或有毒物质造成事故与污染，并确保产物收率，需要在回流装置中进行反应。实验时，可根据反应的需要选择不同类型的回流装置。如乙酸异戊酯的制备，因反应可逆，可采用带有水分离器的回流装置，将产生的水从反应体系中分出，提高产率。

3.2.6　有机物制备反应条件的设计

（1）反应物料的物质的量比　根据反应原理计算投料的物质的量，根据摩尔质量和浓度换算成质量。

（2）选择合适的反应溶剂　有机化学反应一般选择有机溶剂作为反应介质，也有用水作为反应介质的。有的选择极性强的溶剂，有的选择极性弱的溶剂，有的以某一过量的反应物作为溶剂。一般在反应结束的后处理过程中，都要通过蒸馏、分馏或过滤等手段除去或回收反应介质。

（3）反应温度　选择反应进行的最佳温度，温度高则会使反应物或产物分解，产率降低或使副反应进行程度增加；温度低则反应速率降低，产物产率降低。

（4）反应时间　反应时间和加热时间能反映反应进行的程度，要严格控制反应的时间，不能随意加长或缩短反应时间。

（5）催化剂　对于有机合成反应而言，催化剂在促进反应的进程中所起的作用是十分重要的，但其用量都较少，一般在反应开始前加入，反应结束后要采取合适的方法将其除去。

3.2.7　有机物的提纯

制得的产品是与未反应的原料、溶剂、催化剂及副产物混合在一起的，需要根据产品与杂质的物理及物理化学性质的差异采取不同的提纯方法。一般液体粗产品通常用萃取和蒸馏的方法进行后处理，而固体粗产物用沉淀分离、重结晶或升华的方法来进行后处理。

在有机物制备中，有的合成步骤与化学反应不多，然而后处理的步骤与工序却很多，而且较为麻烦。因此，做好反应的后处理对于提高反应产物的收率，保证产品质量，减轻劳动强度和提高劳动生产率都有着非常重要的意义。为此，必须重视后处理的工作，要认真对待。

后处理的方法是随反应的性质不同而异。但在研究此问题时，首先，应摸清反应产物系统中可能存在的物质的种类、组成和数量等（这可通过反应产物的分离和分析化验等工作加以解决），在此基础上找出它们性质之间的差异，尤其是主产物或反应目的物与其他物质相区别的特性。然后，通过实验拟定反应产物的后处理方法，在研究与制订后处理方法时，还必须考虑简化工艺操作的可能性，并尽量采用新工艺、新技术和新设备，以提高劳动生产率，降低成本。

3.2.8　有机物制备实验的准备

在确定了有机物的制备路线、反应装置和后处理方法以后，还需要查阅有关资料和文献，了解实验反应物和产物的物理化学性质；准备好实验所需要的仪器、药品和试剂；然后制定实验计划并按实验计划完成制备实验。

（1）查阅有关资料　可通过查阅有关工具书获得实验所用药品、溶剂及产物的物理常数、化学性质，可以更好地控制制备反应条件和指导精制操作。

（2）仪器、药品和试剂的准备　尽可能选择价格低廉、来源方便的原料和溶剂，应尽量选用毒性较小、燃点较高、挥发性小、稳定性好的实验试剂。同时还要需要考虑其毒性、极性、可燃性、挥发性以及对光、热、酸、碱的稳定性等。

3.2.9　反应产物的结构确认

对于已知的有机物的制备，其结构是已知的，可通过测定它们的主要物理参数进行认定。固体化合物通过测定熔点与红外光谱，液体化合物通过测定沸点、折射率与红外光谱，若与相应的化合物的文献上记载的标准值或与红外光谱标准谱图相一致，即可确定其结构。

作为在文献上没有记载的全新的有机化合物的合成，其结构测定工作是比较复杂的。首先要进行产物的反复分离提纯工作，制作纯度很高的产品，在确认没有其他杂质存在的前提下，对产品进行 C、H、O、N、S、P 等元素的定性和定量分析，测定相对分子质量和其红外光谱、核磁共振谱、质谱，以确定其化学结构。

3.2.10　产率和转化率的计算

有机物制备实验结束后，要根据理论产量和实际产量计算产率，根据基准原料的实际消耗量和初始量计算转化率。因此

$$产率 = \frac{实际产量}{理论产量} \times 100\%$$

式中，理论产量是根据反应方程式，原料全部转化成产物的质量；实际产量是指实验中实际得到的纯产物的质量。

$$转化率 = \frac{基准原料的实际消耗量}{基准原料的初始量} \times 100\%$$

式中，基准原料的实际消耗量指实验中实际消耗的基准原料的质量；基准原料的初始量指实验开始时加入的基准原料的质量。

计算产率和转化率时，应该以不过量的反应物用量为基准来计算产率和转化率。

3.2.11　影响产率的因素

（1）可逆反应　在制备实验中如果为可逆反应，转化率就会很低，因为逆反应在同时进行。

（2）副反应　有机反应比较复杂，发生反应的部位不仅仅局限在分子的某一部位，而是在分子的多个部位都可能发生化学反应，因而副产物多，转化率低。

（3）反应条件控制不当　在有机物制备实验中，如果反应温度、压力控制不当，反应溶剂、催化剂不合适，反应时间太长或太短都会使转化率降低。

（4）产品在后处理（主要是分离和纯化）过程中损失　在后处理如过滤、萃取等操作过程中，产物会有不同程度的损失，造成产率降低。

3.2.12　提高产率的措施

（1）破坏平衡　为了提高产率，可以采取增加某一反应物的浓度，使某一反应物过量。另外也可以把生成物不断地从平衡体系中移出，使反应向生成产物的方向移动，从而提高产率。例如，乙酸乙酯的制备实验中，主要原料是乙醇和乙酸，一般使廉价的乙醇过量，再加入酸作催化剂，并将生成的乙酸乙酯产物通过蒸馏的方法从平衡体系中移出，使反应向生成产物的方向移动。

（2）控制好反应条件　控制好反应温度、压力，选择好反应溶剂、催化剂，掌握好反应时间，减少副反应发生，从而提高转化率。例如，在溴乙烷的制备实验中，主要原料是乙醇、浓硫酸、固体溴化钠，控制好温度是实验的关键，因为乙醇在浓硫酸作用下140℃生成副产物乙醚，170℃生成副产物乙烯。另外温度过高浓硫酸可能将生成的溴化氢氧化成溴，从而使产率降低。

（3）精心操作　要得到较高的产率和较好的收益，在进行实验操作时必须大胆、细心、认真、仔细地观察，并精心操作好每一步实验。随时做好实验记录。疏忽哪一步都可能造成产率的降低和实验的失败。

总之，要在有机物制备实验的全过程中，对各个环节考虑周全，细心操作，才能保证实验顺利完成，保证最终有较高的产率。

技能训练 3-6　固体酒精的制备

【目的要求】
（1）掌握固体酒精的配制原理和实验方法；
（2）掌握脂肪酸的皂化原理；
（3）进一步巩固回流操作，熟悉水浴加热的方法；
（4）掌握利用单因素优选法寻找最佳工艺条件。

【实验原理】
固体酒精是一种理想的方便燃料[1]，因为其燃烧时无烟尘、无毒、无异味，火焰温度均匀，温度可达到600℃左右，每250g可以燃烧1.5h以上，比使用电炉、酒精炉都方便、安全。因此固体酒精作为一种固体燃料，具有美观、方便、经济等特点，广泛地应用于餐饮业、旅游业和野外作业的场合。

硬脂酸与氢氧化钠混合后将发生下列反应：

$$C_{17}H_{35}COOH + NaOH \rightleftharpoons C_{17}H_{35}COONa + H_2O$$

反应生成的硬脂酸钠是一个长碳链的极性分子，室温下在酒精中不易溶。在较高的温度下，硬脂酸钠可以均匀地分散在液体酒精中，而冷却后则形成凝胶体系，使酒精分子被束缚于相互连接的大分子之间，呈不流动状态而使酒精凝固，就形成了固体状态的酒精。因此将反应后生成的硬脂酸钠与另加的硬脂酸锌作为酒精固化剂，在加热的条件下形成具有网状结构的立体骨架，酒精分子分散在网状结构中，冷却硬脂酸钠和硬脂酸锌固化使酒精分子包裹在固体结构中，形成固体酒精产品。

【实验用品】

(1) 仪器　电热恒温水浴锅、电动搅拌器、球形冷凝管、三口烧瓶（250mL）、温度计（100℃）、烧杯（500mL、100mL）、模具（贺柱形，200mL）、托盘天平。

(2) 试剂　酒精（酒精含量≥95%）、固体石蜡（A.R.）、NaOH（A.R.）、硬脂酸（A.R.）

(3) 其他　沸石。

【实验步骤】

(1) 加热回流　向250mL三口烧瓶中加入9g(约0.035mol)硬脂酸，2g石蜡，50mL酒精和数粒小沸石，摇匀。安装回流装置，在水浴上加热至约60℃并保温至固体全部溶解为止。

(2) 皂化反应　将1.5g(约0.037mol)氢氧化钠和13.5g水加入100mL烧杯中，搅拌溶解后再加入25mL酒精，搅匀。将碱液加进含硬脂酸、石蜡、酒精的三口烧瓶中，在水浴上加热回流15min使反应完全，移去水浴，待物料稍冷而停止回流时，趁热倒入模具，冷却后取出成品。

(3) 燃烧实验[2,3]　取上面制备的一定量的固体酒精样品，将其置于已称重的干净坩埚中点燃，上面用一只盛有200mL自来水的500mL烧杯架在酒精罐上加热[4]，分别记录初始和熄火时水的温度，计算出每克固体酒精可以使200mL水上升的温度，然后放置冷却后再对坩埚称重，计算出固体酒精燃烧后剩余残渣的含量。

(4) 单因素优选法实验设计　本实验考察硬脂酸的用量、NaOH的用量对固体酒精质量的影响，考察的指标是外观、燃烧时间、燃烧流淌程度。

① 硬脂酸的用量为5g、酒精的用量为3g时，考察NaOH的用量对固体酒精质量的影响，填入表3-12。

表3-12　NaOH的用量对固体酒精质量的影响

氢氧化钠的用量/mL	6.0	6.5	7.0	7.5	8.0
固体酒精外观					
3g固体酒精燃烧时间					
燃烧流淌程度					

结论：NaOH的最佳用量是_____。

② 把 NaOH 的用量（浓度为 10%）固定在上述的最佳用量值上，改变硬脂酸的用量，考察硬脂酸的用量对固体酒精质量的影响，填入表 3-13。

表 3-13　硬脂酸的用量对固体酒精质量的影响

硬脂酸的用量/g	4.0	4.5	5.0	5.5	6.0
固体酒精外观					
3g 固体酒精燃烧时间					
燃烧流淌程度					

结论：硬脂酸的最佳用量是_____。

③ 氢氧化钠的用量和硬脂酸的用量都固定在上述得出的最佳用量上，考察所得固体酒精的质量，填入表 3-14。

表 3-14　固体酒精的质量

固体酒精外观	
3g 固体酒精燃烧时间	
燃烧流淌程度	

综上实验结果，制备固体酒精时，酒精、硬脂酸、氢氧化钠最佳用量比为：_____。

【数据记录与处理】

将实验数据及处理结果填入表 3-15 中。

表 3-15　固体酒精的制备

硬脂酸的加入量/g	固体石蜡的加入量/g	酒精的加入量/mL	氢氧化钠的用量/g	固体酒精产品的实验产量/g	固体酒精燃烧后剩余残渣的含量/%

注释

［1］固体酒精并不是固体状态的酒精（酒精的熔点很低，是 −114.1℃，常温下不可能是固体），而是将工业酒精中加入凝固剂使之成为固体形态。固体酒精用火柴点燃即可，每 250g 可以燃烧 1.5h 以上。

［2］劣质固体酒精燃烧杂质较多，当其外部开始燃烧时，内部没有达到足够的温度和足够的氧气与其充分反应，此时可产生部分一氧化碳。

［3］可以在配方中添加硝酸铜，可在燃烧时改变火焰的颜色，美观，有欣赏价值。还可以添加溶于酒精的颜料制成各种颜色的固体燃料。

［4］在近内部，由于温度升高，凝固剂逐渐丧失性能，可以使固体酒精内存在的甲醇挥发，会有少量刺激性的气体向上部飘散，近距离会伤人眼睛。

实验指南 🧪

（1）pH 值的影响　溶液在碱性环境中都可以凝固，而在酸性环境中不凝固，比较各项性能可以看出溶液的 pH 值为 8.30 时硬度效果最佳。所以 NaOH 的添加量应随溶液量而定, 溶液的碱性过高不但会导致产品性能变差, 且有较大的腐蚀性; 溶液的碱性过低则不凝固, 所以应使溶液的 pH 值调整在 8.30 为宜。

(2) 固体石蜡添加量的影响　石蜡的添加可以显著提高固体酒精的硬度, 但是燃烧时冒黑烟并且有石蜡味。 经实验证明, 石蜡味可以通过加入适量水而消除, 但由于酒精的含水量未定, 所以实验结果未单独列出。 石蜡质量分数为 0.9% 效果较好。 石蜡是高分子烃. 燃烧不充分而冒黑烟, 如果不消除黑烟将影响其在室内使用, 这极大地限制了固体酒精的应用场所。 要扩大固体酒精的适用范围, 必须采用其他措施提高固体酒精的燃烧性能及消除黑烟。

(3) 助燃剂种类和用量的影响　MnO_2 为黑色固体粉末, 易于准确添加, 且价格比环烷酸锰低, 但效果相同, 所以本实验选用 MnO_2 为助燃剂。 当 MnO_2 的质量分数达到 0.17% 时, 制得的固体酒精所释放的热值最大, 并且无烟; 而添加量为 0.19% 时燃烧时间最长, 但热值较低。 所以, MnO_2 的添加量应在 0.17% 为宜。

(4) 不同冷却方式的影响　制备过程中不同的冷却方式对固体酒精性能也有影响, 对三种不同的冷却方式进行了比较。 它们分别是: 自然冷却法、 逐渐冷却法和零点冷却法。 自然冷却法是把回流过的溶液倒入容器, 放在空气中自然冷却; 逐渐冷却法指把回流过的溶液倒入容器中直接放入事先准备好的盛放热水的大容器中, 使溶液随热水一起冷却; 零点冷却法指盛放溶液的容器放入冰水混合物中快速冷却。 利用逐渐冷却法制得的固体酒精在燃烧时间、 水温变化和残渣量的效果方面都优于其他两种方法, 并且逐渐冷却法所使用的热水是实验用水, 没有额外增加成本, 所以在条件允许的情况下应选用逐渐冷却法来进行冷却固化。

 思 考 题

(1) 什么是固体酒精?
(2) 固体酒精的制备原理是什么?
(3) 制备固体酒精, 需要何种原料? 其比例如何?
(4) 好的固体酒精应满足何种要求?

 ## 技能训练 3-7　对硝基苯甲酸的制备

【目的要求】
(1) 掌握氧化剂——高锰酸钾的氧化特点及其应用;
(2) 了解利用芳香酸盐易溶于水而游离芳香酸不溶于水的性质进行分离、纯化的方法。

【实验原理】
对硝基苯甲酸为黄色结晶粉末, 无臭, 能升华。微溶于水, 能溶于乙醇等有机溶剂。遇明火、高热可燃。受热分解。可用于医药、染料、兽药、感光材料等有机合成的中间体。可由对硝基甲苯氧化而得。
(1) 反应原理

$$\underset{\text{(p-nitrotoluene, CH}_3\text{, NO}_2\text{)}}{} + 2KMnO_4 \longrightarrow \underset{\text{(COOK, NO}_2\text{)}}{} + KOH + 2MnO_2\downarrow + H_2O$$

$$\underset{\text{(COOK, NO}_2\text{)}}{} + HCl \longrightarrow \underset{\text{(COOH, NO}_2\text{)}}{} + KCl$$

（2）终点控制及分离精制的原理　反应所用氧化剂高锰酸钾为紫红色，其还原物 MnO_2 为棕色固体。因此当高锰酸钾的颜色褪尽而呈棕色时，表明反应已结束。

氧化产物在反应体系中以钾盐形式存在而溶解，加酸生成对硝基苯甲酸不溶于水而析出沉淀。本实验据此分离氧化产物。

【实验用品】

（1）仪器　三口烧瓶（250mL）、球形冷凝管、电热恒温水浴锅、温度计（150℃）、布氏漏斗、抽滤装置、电动搅拌器、烧杯、玻璃棒、托盘天平。

（2）试剂　对硝基甲苯（A.R.）、$KMnO_4$（A.R.）、浓 HCl（A.R.）。

（3）其他　滤纸。

【实验步骤】

（1）加热回流　在装有搅拌、球形冷凝管和温度计的 250mL 三口烧瓶中顺次加入对硝基甲苯 7.0g[1]，水 100mL，$KMnO_4$ 10g[2]，开动搅拌，加热至 80℃。反应 1h 后，再在此温度下加入 $KMnO_4$ 5g。反应 1h 后，再在此温度下加入 $KMnO_4$ 5g。反应 0.5h 后，升温至反应液保持和缓地回流。直到 $KMnO_4$ 的颜色完全消失。

（2）抽滤　冷却反应液至室温，抽滤，再用 20mL 水洗一次，弃去滤渣。

（3）酸化　合并滤液和洗液至烧杯中，用 10mL 浓 HCl[3]在不断搅拌下酸化滤液，直到对硝基苯甲酸完全析出为止。

（4）抽滤　用少量的水洗两次，抽干，干燥称重。计算产率。

【数据记录与处理】

（1）数据记录　实验数据填入表 3-16 中。

表 3-16　对硝基-苯甲酸的制备

对硝基甲苯的加入量/g	$KMnO_4$ 的加入量/g	浓 HCl 的加入量/g	对硝基苯甲酸的理论产量/g	对硝基苯甲酸产品的实验产量/g	产品产率/%

（2）结果计算　产品产率计算公式：

$$产率 = m_{实际}/m_{理论} \times 100\%$$

注释

[1] 对硝基甲苯　易燃烧，闪点为 106℃。大量接触能引起头痛、面潮红、眩晕、呼吸

困难、发痒、恶心、呕吐、肌无力、脉搏及呼吸率增加。用干粉、泡沫、二氧化碳灭火。吸入蒸气，应使患者脱离感染区，安置休息并保暖。眼睛受刺激用大量水冲洗，严重者须就医诊治。皮肤接触用水冲洗，再用肥皂彻底洗涤。

[2] 高锰酸钾　强氧化剂。遇硫酸、铵盐或过氧化氢能发生爆炸。与某些物质，如甘油、乙醇能引起自燃。遇可燃物失火能够助长火势。误服会中毒，能使口腔、咽喉及消化道迅速腐蚀。高锰酸钾腐蚀性致死量为5~19g。其粉尘能刺激眼睛和皮肤。稀溶液有刺激性，浓溶液有腐蚀性，使皮肤、黏膜变质。高锰酸钾引起的火要用大量水灭火。吸入粉尘，应使患者脱离污染区，安置休息并保暖。眼睛受刺激用水冲洗，严重者须就医诊治。皮肤接触先用水冲洗，再用肥皂彻底洗涤。

[3] 盐酸　浓盐酸对眼睛和呼吸道黏膜有强烈刺激。与皮肤接触，能引起腐蚀性灼伤。取用注意安全。

实验指南

(1) 温度高时，对硝基甲苯随蒸气进入冷凝器后会结晶于冷凝器内壁上影响反应的产率。

(2) 室温下，未反应的对硝基甲苯结晶出来，过滤即可除掉，否则温度较高时它将进入滤液中。

(3) 加入浓盐酸时，此时的 pH 为 1~2，有大量的对硝基苯甲酸白色固体出现，要注意充分搅拌。

思 考 题

(1) $KMnO_4$ 氧化剂有哪些特点和应用？

(2) 由对硝基甲苯制备对硝基苯甲酸，还可以采用哪些氧化剂？

(3) 为什么要分批、分次加入高锰酸钾？

技能训练 3-8　乙酰苯胺的制备

【目的要求】

(1) 熟悉常用的液体干燥剂，掌握其使用方法；

(2) 熟悉苯胺乙酰化反应原理、掌握乙酰苯胺的制备方法；

(3) 掌握分馏、蒸馏（高沸点液体）、重结晶、抽滤等基本操作。

【实验原理】

乙酰苯胺，又称 N-苯（基）乙酰胺、退热冰，它为白色有光泽片状结晶或白色结晶粉末，微溶于冷水，溶于热水、甲醇、乙醇、乙醚、氯仿、丙酮、甘油和苯等，不溶于石油醚。它可燃，遇酸或碱性水溶液易分解成苯胺及乙酸。它是磺胺类药物的原料，可用作止痛剂、退热剂、防腐剂和染料中间体。

(1) 方法 1　乙酰酐进行乙酰化的实验原理：

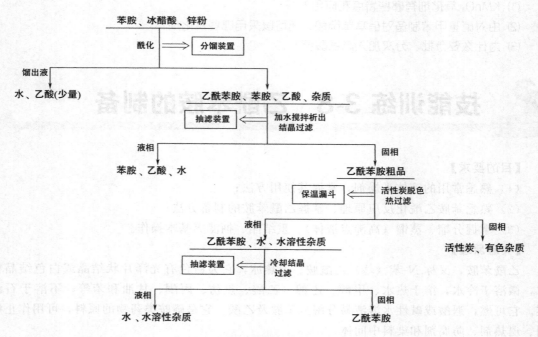

苯胺很容易发生乙酰化反应，生成乙酰苯胺。常用的乙酰化剂有冰醋酸、乙酸酐等。用冰醋酸作酰化剂，反应较慢，用乙酸酐作酰化剂，反应又不易控制，常伴有二乙酰化副反应。若使用冰醋酸和乙酸酐的混合物作酰化剂，反应既快且不易生成二乙酰化苯胺。

（2）方法 2　冰醋酸进行乙酰化的实验原理：

冰醋酸与苯胺的反应速率较慢，且反应是可逆的，为了提高乙酰苯胺的产率，一般采用冰醋酸过量的方法，同时利用分馏柱将反应中生成的水从平衡中移去。由于苯胺易氧化，所以需要加入少量锌粉，防止苯胺在反应过程中氧化。

乙酰苯胺在水中的溶解度随温度的变化差异较大，因此生成的乙酰苯胺粗品可以用水重结晶进行纯化。其操作流程见图 3-2：

图 3-2　乙酰苯胺制备及提纯操作流程

苯胺与冰醋酸反应进行较慢，为了使反应向生成乙酰苯胺的方向进行，需不断将生成的水蒸出，本实验使用分馏柱，为了蒸出水时，减少乙酸的蒸出。

【实验用品】

（1）方法1　乙酸酐进行乙酰化的实验药品

① 仪器　烧杯（400mL、150mL）、量杯（20mL、10mL）、抽滤装置（250mL）、表面皿（80mm）、玻璃棒、托盘天平。

② 试剂　苯胺（新蒸）、浓盐酸（1.19g/mL）、乙酸钠、乙酸酐。

③ 其他　滤纸。

（2）方法2　冰醋酸进行乙酰化的实验药品

① 仪器　圆底烧瓶（100mL）、刺形分馏柱（250mm）、温度计（250℃）、烧杯（250mL、150mL）、量杯（50mL、10mL）、抽滤装置（250mL）、表面皿（80mm）、电热套和调压器、小量筒、托盘天平、玻璃棒。

② 试剂　苯胺（新蒸）、浓 HCl、冰醋酸、锌粉、活性炭。

③ 其他　滤纸。

【实验步骤】

（1）方法1　乙酸酐进行乙酰化的实验步骤

① 酰化　在 400mL 烧杯中，加入 150mL 水和 4.5mL 浓 HCl，并在搅拌下加入 4.5mL 新蒸的苯胺[1]，制得苯胺盐酸盐溶液。在 150mL 烧杯中，将 7.5g 乙酸钠溶于 12.5mL 水中，并在搅拌下将此溶液慢慢加到苯胺盐酸盐中，然后再慢慢加入 6.3mL 乙酸酐，充分搅拌后，观察乙酰苯胺结晶析出。

② 结晶抽滤　将上述溶液用冰水浴冷却，待结晶完全析出，进行抽滤。用 10mL 冷水洗涤结晶，压紧抽干，将结晶转移至表面皿上，放置晾干后称重。产量 5～6g。

用此方法制备的乙酰苯胺不必重结晶，就可达到较纯的要求。乙酰苯胺为白色片状结晶，熔点为 114.30℃。

（2）方法2　冰醋酸进行乙酰化的实验步骤

① 酰化　在干燥的圆底烧瓶中，加入 5mL 新蒸馏的苯胺、8.5mL 冰醋酸和 0.1g 锌粉。立即装上刺形分馏柱，在柱顶安装一支温度计，用小量筒收集水和乙酸。用电热套加热至反应沸腾，调节电压，当温度升至约 105℃ 时开始蒸馏。维持温度在 105℃ 左右 30～40min，这时反应生成的水基本蒸出。当蒸出水量约 4mL 时，反应接近完成，可停止加热。或者当温度计的读数不断下降时，则反应达到终点，即可停止加热。

② 结晶过滤　在搅拌下趁热将反应物倒入盛有 50mL 冷水的烧杯中，加热至沸，使之溶解，稍冷后，加入 0.1g 活性炭，煮沸 5～10min。趁热过滤，滤液放冷后，再用冰水浴冷却，待结晶完全析出，进行抽滤。用 10mL 冷水洗涤结晶，压紧抽干。得到白色或带黄色的乙酰苯胺粗品。将结晶转移至表面皿上，放置晾干后称重。产量约 5g。

③ 重结晶[2]　将粗产品转移到烧杯中，加入 100mL 水，在搅拌下加热至沸腾。观察是否有未溶的油状物，若有则补加水，直到油珠溶解，稍冷后，加入 0.5g 活性炭，并煮沸 10min。在保温漏斗中趁热过滤除去活性炭，滤液倒入热的烧杯中。然后自然冷却至室温。冰水冷却，待结晶完全析出后，进行抽滤。用少量冷水洗涤滤饼两次，压紧抽干。将结晶转移至表面皿中，自然晾干后称量。

【数据记录与处理】

（1）数据记录　实验数据填入表 3-17 中。

表 3-17　乙酰苯胺的制备

产品外观	实际产量	理论产量	产率

（2）结果计算　产品产率计算公式：

$$产率＝m_{实际}/m_{理论}\times100\%$$

注释

[1] 苯胺在空气中放置易被氧化，放置时间较长的苯胺颜色变为棕红色，故使用前必须进行蒸馏。苯胺沸点为 184℃，需采用高沸点液体蒸馏装置，参阅图 2-6。蒸馏苯胺时可加入少量锌粉，以防苯胺被氧化。

[2] 粗乙酰苯胺重结晶：1g 粗品约加 45mL 水。

实验指南

（1）久置的苯胺因为氧化而颜色较深，使用前要重新蒸馏。因为苯胺的沸点较高，蒸馏时选用空气冷凝管冷凝，或采用减压蒸馏。

（2）锌粉的作用是防止苯胺氧化，只需要加少量即可。加得过多，会出现不溶于水的氢氧化锌。

（3）分馏温度不能过高，以免大量乙酸蒸出而降低产率。

（4）若让反应液冷却，则乙酰苯胺固体析出，粘在烧瓶壁上不易倒出。

（5）趁热过滤时，也可采用抽滤装置，但布氏漏斗和吸滤瓶一定要预热。滤纸大小要合适，抽滤过程要快，避免产品在布氏漏斗中结晶。

❓ 思 考 题

(1) 用乙酸酰化制备乙酰苯胺方法如何提高产率？

(2) 反应温度为什么控制在 105℃ 左右？温度过高或过低对实验有什么影响？

(3) 根据反应式计算，理论上能产生多少毫升水？为什么实际收集的液体量多于理论量？

(4) 反应终点时，温度计的温度为何下降？

知识链接

乙酰苯胺为无色晶体，具有退热镇痛作用，是较早使用的解热镇痛药，因此俗称"退热冰"。乙酰苯胺也是磺胺类药物合成中重要的中间体。由于芳环上的氨基易氧化，在有机合成中为了保护氨基，往往先将其乙酰化为乙酰苯胺，然后再进行其他反应，最后水解除去乙酰基。

乙酰苯胺可由苯胺与乙酰化试剂如乙酰氯、乙酸酐或乙酸等直接反应来制备。反应活性是：乙酰氯＞乙酸酐＞乙酸。由于乙酰氯和乙酸酐的价格昂贵，选用纯的乙酸（冰醋酸）作为乙酰化试剂。

【目的要求】

（1）理解酯化反应原理，掌握乙酸正丁酯的制备方法；

（2）掌握共沸蒸馏分水法的原理和分水器（油水分离器）的使用；

（3）学习有机物折射率的测定方法。

【实验原理】

乙酸正丁酯是一种具有愉快水果香味的无色易燃液体，沸点为 126℃，易溶于醇、酮、醚等有机溶剂，微溶于水，低毒，有麻醉和刺激性。用于火棉胶、硝化纤维、人造革、医药、塑料及香料工业中，是一种良好的有机溶剂。本实验采用冰醋酸和正丁醇在浓硫酸催化下发生酯化反应制取乙酸正丁酯。反应方程式如下：

主反应

$$CH_3COOH + CH_3CH_2CH_2CH_2OH \underset{}{\overset{浓\ H_2SO_4}{\rightleftharpoons}} CH_3COOCH_2CH_2CH_2CH_3 + H_2O$$

副反应

$$2CH_3CH_2CH_2CH_2OH \xrightarrow{浓\ H_2SO_4} CH_3CH_2CH_2CH_2OCH_2CH_2CH_2CH_3 + H_2O$$

$$CH_3CH_2CH_2CH_2OH \xrightarrow{浓\ H_2SO_4} CH_3CH_2CH=CH_2 \uparrow + H_2O$$

为了促使反应向右进行，通常采用增加酸或醇的浓度或连续地移去产物（酯和水）的方式来达到。在实验过程中二者兼用。至于是用过量的醇还是用过量的酸，取决于原料来源的难易和操作上是否方便等诸因素。提高温度可以加快反应速率。

【实验用品】

（1）仪器　蒸馏烧瓶(250mL)、分水器、球形冷凝管、锥形瓶、量杯、蒸馏头、直形冷凝管、尾接管、圆底烧瓶(100mL)、分液漏斗、烧杯(250mL)、三角漏斗、托盘天平、磁力搅拌器、加热设备、温度计(150℃)。

（2）试剂　正丁醇（A.R.）、冰醋酸（A.R.）、浓 H_2SO_4（A.R.）、Na_2CO_3（10% A.R.）、无水 Mg_2SO_4、NaCl（饱和）。

（3）其他　滤纸、沸石。

【实验步骤】

（1）酯化　在 100mL 的圆底烧瓶中加入 17.0mL 正丁醇和 15.0mL 冰醋酸[1]，再加入6~7滴浓硫酸。混合均匀后加入1~2粒沸石[2]。如图 3-3 所示，安装带有水分离器的回流装置，并在分水器中预先加水略低于支管口，记下预先所加水的体积。在磁力搅拌器上小火加热回流，反应过程中生成的回流液滴逐渐进入分水器，并进入分水器的下部，通过分水器下部的开关将水分出，控制分水器中水层液面在原来的高度，不至于使水溢入圆底烧瓶内[3]。注意水层与油层的界面，不要将油层放掉[4]。40~50min后不再有水生成，表示反应完毕[5]。停止加热，冷却。

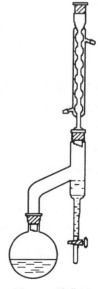

图 3-3　酯化过程反应装置

（2）洗涤　将烧杯中的滤液和分水器中的液体一并到入分液漏斗，用 30mL 水洗涤烧杯内壁，洗涤液并入分液漏斗，充分振摇，静置。分去水层。量取分出水的总体积，减去预加入的水的体积，即为反应生成的水量。有机层用 10mL 饱和 Na_2CO_3 溶液洗涤至中性[6]，再依次用 10mL 饱和 NaCl 溶液洗涤一次，分出酯层。酯层由分液漏斗上口倒入干燥的锥形瓶中。

（3）干燥　向盛有粗产品的锥形瓶中加入约 2g 无水 $MgSO_4$ 振摇，静置至液体澄清透明[7]。

（4）蒸馏　干燥后的液体，用少量棉花通过三角漏斗过滤至干燥的 250mL 蒸馏烧瓶中（注意不要把硫酸镁倒进去!），加入 2～3 粒沸石，安装蒸馏装置在石棉网上加热蒸馏，收集 124～127℃的馏分。

（5）产品检测　称量，计算产率，并测定产品的折射率（参考 4.6 折射率的测定技术）。

【数据记录与处理】

（1）数据记录　实验数据填入表 3-18 中。

表 3-18　乙酸正丁酯的制备

产品外观	正丁醇的加入量/mL	冰醋酸的加入量/mL	乙酸正丁酯的理论产量/mL	乙酸正丁酯产品的实验产量/mL	产品产率/%

（2）结果计算　产品产率计算公式：

$$产率 = m_{实际}/m_{理论} \times 100\%$$

注释

[1] 选用适宜的醇酸比。由于正丁醇过量，最后蒸馏时前馏分量大，酯产率低。用饱和氯化钙溶液和无水氯化钙都难以把正丁醇完全除掉。乙酸正丁酯（沸点 126℃）和正丁醇（沸点 117.7℃）形成共沸物（共沸点 117.6℃），两者用蒸馏法分不开。因此采用冰醋酸过量。

[2] 加入硫酸后须振荡，以使反应物混合均匀。

[3] 正确使用分水器。为了使醇能及时回到反应体系中参加反应，在反应开始前，在分水器中应先加入计量过的水，使水面稍低于分水器回流支管的下沿，当有回流冷凝液时，水面上仅有很浅一层油层存在。在操作过程中，不断放出生成的水，保持油层厚度不变。或在分水器中预先加水至支口，放出反应所生成理论量的水（用小量筒量）。

[4] 反应应该进行完全，否则未反应的正丁醇只能在最后一步蒸馏时与酯形成共沸物（共沸点 117.6℃）以前馏分的形式除去，会降低酯的收率。

[5] 反应终点的判断可观察下面两种现象：①分水器中不再有水珠下沉；②从分水器中分出的水量达到理论分水量，即可认为反应完成。

[6] 洗涤操作（分液漏斗的使用）

① 洗涤前首先检查分液漏斗旋塞的严密性。

② 洗涤时要做到充分轻振荡，切忌用力过猛，振荡时间过长，否则将形成乳浊液，难以分层，给分离带来困难。一旦形成乳浊液，可加入少量食盐等电解质或水，使之分层。

③ 振荡后，注意及时打开旋塞，放出气体，以使内外压力平衡。放气时要使分液漏斗

的尾管朝上，切忌尾管朝人。

④ 振荡结束后，静置分层；分离液层时，下层经旋塞放出，上层从上口倒出。

[7] 干燥必须完全，否则由于乙酸丁酯与丁醇、水等形成二元或三元恒沸液，重蒸馏时沸点降低，影响产率。

实验指南

(1) 冰醋酸在低温时凝结成冰状固体（熔点 16.6℃）。取用时可温水浴加热使其熔化后量取。注意不要触及皮肤，防止烫伤。

(2) 在加入反应物之前，仪器必须干燥。

(3) 浓 H_2SO_4 起催化剂作用，只需少量即可。也可用固体超强酸作催化剂。

(4) 当酯化反应进行到一定程度时，可连续蒸出乙酸正丁酯、正丁醇和水的三元共沸物（恒沸点 90.7℃），其回流液组成为：上层三者分别为 86%、11%、3%，下层为 19%、2%、97%。故分水时也不要分去太多的水，而以能让上层液溢流回圆底烧瓶继续反应为宜。

(5) 本实验中不能用无水氯化钙为干燥剂，因为它与产品能形成配合物而影响产率。

(6) 根据分出的总水量（注意扣去预先加到分水器的水量），可以粗略地估计酯化反应完成的纯度。

(7) 产物的纯度也可用气相色谱检查。用邻苯二甲酸二壬酯为固定液。柱温和检测温度为 100℃，汽化温度为 150℃。热导检测器，氢为载气，流速为 45mL/min。

思 考 题

(1) 酯化反应有哪些特点？本实验中如何提高收率？又如何加快反应速率？

(2) 在提纯粗产品的过程中，用碳酸钠溶液洗涤主要去除哪些杂质？若改用氢氧化钠溶液是否可以？为什么？

(3) 本实验能否用无水氯化钙作为干燥剂？

(4) 在分水器中预先加水量应略低于支管口的下沿，为什么？

(5) 滴加浓硫酸时，为什么要边加边振摇？

(6) 本实验可能产生哪些副产物？应如何防止？

技能训练 3-10 聚乙烯醇缩甲醛的制备

【目的要求】

（1）了解聚乙烯醇缩甲醛反应的原理；

（2）学习并掌握聚乙烯醇缩甲醛的制备方法；

（3）了解涂-4 黏度计的使用方法。

【实验原理】

聚乙烯醇缩甲醛又称 107 胶，无色透明液体，易溶于水。聚乙烯醇在酸性条件下与甲醛反应生成的聚合物即聚乙烯醇缩甲醛，与聚乙烯醇溶液相比，具有黏结力强、黏度大、耐水性强、成本低廉等优点，广泛应用于多种壁纸、纤维墙布、瓷砖粘贴、内墙涂料及多种腻子胶的黏合剂等，是我国合成胶黏剂的大宗品种之一，我国年消费量达20余万吨，但该胶黏剂因游离甲醛含量过高，刺激人的眼睛及呼吸系统，危害人体健康，在发达国家早已禁用，我国许多地方也制定地方法规，禁止使用聚乙烯醇缩甲醛（106胶、107胶）用于室内装饰装修。然而，以107胶为主体制得的外墙涂料由于对墙面有较强的黏附力，遮盖力强，硬度高，耐光性和耐水性良好，成本低廉而得以广泛应用。

一定聚合度及醇解度的聚乙烯醇与甲醛在无机酸的催化作用下进行反应，反应式如下：

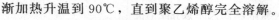

合成的产物为水溶性的聚乙烯醇缩甲醛，反应过程必须控制较低的缩醛度，以保证它的水溶性。

【实验用品】

(1) 仪器　三口烧瓶、电动搅拌装置一套、球形冷凝管、温度计（100℃）、滴液漏斗、水浴锅（电热套）、锥形瓶（250mL）、秒表、涂-4黏度计、玻璃棒、分析天平、称量瓶、烘箱、干燥器。

(2) 试剂　聚乙烯醇(1799)、甲醛(36%)、浓盐酸、NaOH(10%)、H_2SO_4(1mol/L)、Na_2SO_3(0.5mol/L)、百里酚酞(1g/L)。

(3) 其他　滤纸、pH试纸。

【实验步骤】

(1) 聚乙烯醇的溶解　如图3-4所示，在装有搅拌器、球形冷凝管、温度计和滴液漏斗

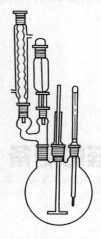

图3-4　聚乙烯醇缩甲醛的制备装置

的三口烧瓶中加入13.5g聚乙烯醇和150mL去离子水，开动搅拌，逐渐加热升温到90℃，直到聚乙烯醇完全溶解。

(2) 聚乙烯醇的缩醛化反应

① 在不断搅拌下用滴管滴加浓盐酸，调节pH＝2～2.5[1]。

② 量取5mL甲醛，用滴液漏斗将其慢慢滴加到三口烧瓶内，约30min内滴完，继续搅拌30min。

③ 停止加热。滴加配制好的10% NaOH溶液，调节pH＝8～9，即得聚乙烯醇缩甲醛（107胶）[2]。

(3) 测定产品黏度　将洁净、干燥的涂-4黏度计置于固定夹上，用水平螺丝固定架使其处于水平状态；用手指按住黏度计底部小孔，将冷却到室温的胶水倒入黏度计至满后，用玻璃棒沿水平方向抹去多余试样；将盛受杯置于黏度计正下方，松开手指，记录胶水由细流状流出转变为滴流状流出所需的时间。

(4) 测定游离甲醛含量

① 量取50mL Na_2SO_3溶液，置于250mL锥形瓶中，加三滴百里酚酞指示液，用1mol/L的H_2SO_4标准溶液滴定至浅蓝色消失。

② 称取产品试样 26～30g（准确至 0.0002g），加入已中和过的上述溶液，再用硫酸标准溶液滴定至浅蓝色消失。

（5）测定产品固含量　将干净的称量瓶准确称量后，加入 1～1.5g 产品，再准确称量后，放入烘箱，在 110℃ 的条件下烘 25h，取出置于干燥器中冷却，再准确称重。

【数据记录与处理】

（1）数据记录

产品流出所需时间：_____ s；产品试样质量：_____ g；

滴定试样消耗的标准硫酸的体积：_____ mL；

烘干后（称量瓶＋样品）的质量：_____ g。

（2）结果计算

① 甲醛含量计算

$$w(\text{HCHO}) = \frac{M(\text{HCHO})cV}{1000m} \times 100\%$$

式中　　　　V——滴定产品试样消耗的标准硫酸溶液的体积，mL；

　　　　　　c——硫酸标准溶液的浓度，mol/L；

　　　　　　m——胶水试样的质量，g；

$M(\text{HCHO})$——甲醛的摩尔质量，取 30.03g/mol。

本实验合成的胶水要求游离甲醛量≤1.2%。

② 固含量计算

$$固含量 = \frac{干燥后样品质量}{干燥前样品质量} \times 100\%$$

注释

[1] 调节 pH 使之为酸性，是因为氢离子作为羟醛缩合的催化剂。升温是由于甲醛沸点低易挥发，缩合反应不可能进行得很完全，升温、保温是为了使未反应完的甲醛能在酸性介质中继续与聚乙烯醇缩合。

[2] 如果在聚乙烯醇缩甲醛（107 胶）中，加入尿素进行氨基化处理，可得改性聚乙烯醇缩甲醛（801 胶）。改性聚乙烯醇缩甲醛（801 胶），可以减少甲醛对环境的污染。

实验指南

(1) 调 pH 值为 2～2.5 时，注意不可将酸值调得过低，以免胶凝化。

(2) 在进行聚合反应时，先标定碘溶液和硫代硫酸钠溶液含量，实验室准备的是一个大概含量。

(3) 毒性与防护：高浓度盐酸对鼻黏膜和结膜有刺激作用，会出现角膜浑浊、嘶哑、窒息感、胸痛、咳嗽。盐酸雾可导致眼睑部皮肤出现剧烈疼痛。操作人员工作时要穿耐酸工作服，戴防护眼镜、口罩、橡皮手套，用以保护呼吸器官和皮肤。

(4) 甲醛是无色、具有强烈气味的刺激性气体，其 35%～40% 的水溶液通称福尔马林。甲醛是原浆毒物，能与蛋白质结合，吸入高浓度甲醛后，会出现呼吸道的严重刺激和水肿，皮肤直接接触甲醛，可引起皮炎、色斑、坏死。实验中注意勿吸入甲醛蒸气或与皮肤接触。

(5) 由于缩醛化反应的程度较低，胶水中尚有未反应的甲醛，产物往往有甲醛的刺激性气味。反应结束后胶水的 pH 值调至弱碱性，有以下作用：可防止分子链间氢键含量过大，体系黏度过高；缩醛基团在碱性条件下较稳定。

 思 考 题

(1) 如何防止不溶物产生或防止胶水不粘？

(2) 为什么缩醛度增加，水溶性下降，当达到一定的缩醛度以后，产物完全不溶于水？

(3) 如何解决工业上聚乙烯醇缩甲醛的游离甲醛含量？

(4) 产品聚乙烯醇缩甲醛 pH 值为何要调至 7.0～7.5？

(5) 如何提高聚乙烯醇缩甲醛胶的耐水性？

(6) 本实验中盐酸和氢氧化钠，各发挥什么作用？

(7) 聚乙烯醇的缩醛化反应，最多只能有约 80% 的羟基能缩醛化，为什么？

技能训练 3-11 1-溴丁烷的制备

【目的要求】

(1) 熟悉醇与氢卤酸发生亲核取代反应的原理，掌握 1-溴丁烷的制备方法；

(2) 掌握带气体吸收的回流装置的安装和操作及液体干燥操作；

(3) 会使用分液漏斗进行洗涤，初步分离液体混合物；

(4) 会安装蒸馏装置，利用蒸馏法提纯液体产物。

【实验原理】

1-溴丁烷又称正溴丁烷，是无色透明液体，沸点为 101.6℃，密度为 1.2758g/mL。不溶于水，易溶于乙醇、乙醚、丙酮等有机物。可用作有机溶剂及有机合成中间体，也可用作医药原料（如胃肠解药——丁溴东碱）。实验室通常采用正丁醇与氢溴酸在硫酸催化下发生亲核取代反应来制取。反应式如下：

$$NaBr + H_2SO_4 \longrightarrow HBr + NaHSO_4$$

$$n\text{-}C_4H_9OH + HBr \xrightarrow{H_2SO_4} n\text{-}C_4H_9Br + H_2O$$

本实验主反应为可逆反应，为提高产率，反应时使氢溴酸过量。通常用溴化钠和浓硫酸作用加一定量的水来制取氢溴酸。

反应时硫酸应缓慢加入，温度也不宜过高，否则易发生下列副反应：

$$CH_3CH_2CH_2CH_2OH \xrightarrow{H_2SO_4} CH_3CH_2CH{=}CH_2 + H_2O$$

$$2CH_3CH_2CH_2CH_2OH \xrightarrow{H_2SO_4} (CH_3CH_2CH_2CH_2)_2O + H_2O$$

$$2HBr + H_2SO_4 \xrightarrow{\triangle} Br_2 + SO_2 + 2H_2O$$

由于反应中产生的溴化氢气体有毒，为防止溴化氢气体逸出，选用了带气体吸收装置的回流装置。

生成的 1-溴丁烷中混有过量的氢溴酸、硫酸、未完全转化的正丁醇及副产物烯烃、醚类等，经过洗涤、干燥和蒸馏予以除去。其操作流程见 1-溴丁烷制备流程见图 3-5。

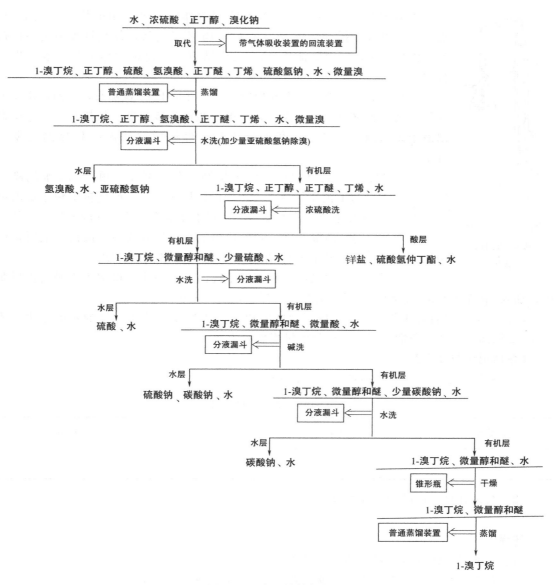

图 3-5　1-溴丁烷制备流程

【实验用品】

(1) 仪器　圆底烧瓶（100mL）、球形冷凝管、玻璃漏斗、蒸馏烧瓶（50mL）、直形冷凝管、分液漏斗（100mL）、量筒（25mL、10mL）、烧杯（200mL）、尾接管、温度计（200℃）、锥形瓶（50mL）、蒸馏头、电热套、托盘天平、气体吸收装置。

(2) 试剂　正丁醇、无水 $NaBr$、H_2SO_4、$NaOH$(5%)、Na_2CO_3（饱和）、无水 $CaCl_2$。

(3) 其他　沸石。

【实验步骤】

(1) 取代　在圆底烧瓶中，放入 12mL 水，置烧瓶于冰水浴中，在振摇下分批加入 15mL 浓硫酸[1]，混匀并冷却至室温，再慢慢加入 9.7mL 正丁醇，混合均匀后，加入 13.3g 研细的溴化钠和 1～2 粒沸石，充分振摇后参照图 3-6 安装带气体吸收的回收装置[2]。用

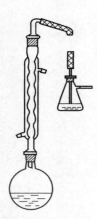

图 3-6 带气体
吸收的回收
装置

200mL 烧杯盛放 100mL 5％ NaOH 溶液作吸收液。用电热套（或电炉）加热[3]，并经常摇动烧瓶[4]，促使 NaBr 不断溶解，加热过程中始终保持反应液呈微沸，缓缓回流约 1h。反应结束，溴化钠固体消失，溶液出现分层。

（2）蒸馏 稍冷后拆去球形冷凝管，补加 1～2 粒沸石，在圆底烧瓶上安装蒸馏弯头改为蒸馏装置[5]，用锥形瓶作为接收器，加热蒸馏，直至馏出液中无油滴生成为止。停止蒸馏后，烧瓶中的残液应趁热倒入废酸缸中[6]。

（3）洗涤 将蒸出的粗 1-溴丁烷倒入分液漏斗，用 10mL 水洗涤一次[7]，将下层的 1-溴丁烷分入一干燥的锥形瓶中。再向盛粗 1-溴丁烷的锥形瓶中滴入 4mL 浓硫酸，并将锥形瓶置于冰水浴中冷却并轻轻振摇。然后倒入一个干燥的分液漏斗中，静置片刻，小心地分去下层酸液。油层依次用 12mL 水、6mL 饱和碳酸钠溶液、12mL 水各洗涤一次。

（4）干燥 经洗涤后的粗 1-溴丁烷由分液漏斗上口倒入干燥的锥形瓶中，加入 2g 无水 $CaCl_2$，配上塞子，充分振荡后，放置 30min。

（5）蒸馏 安装普通蒸馏装置。将干燥好的粗 1-溴丁烷小心滤入干燥的蒸馏瓶中，放入 1～2 粒沸石，加热蒸馏。用称过质量的锥形瓶收集 99～103℃馏分。

【数据记录与处理】

（1）数据记录 将实验数据填入表 3-19 中。

表 3-19　1-溴丁烷的制备

产品外观	实际产量	理论产量	产率

（2）结果计算 产品产率计算公式：

$$产率＝m_{实际}/m_{理论}×100\%$$

注释

[1] 要分批慢慢加入，以防正丁醇被氧化。

[2] 注意溴化氢气体吸收装置，玻璃漏斗不要浸入水中，防止倒吸。

[3] 用电热套加热时，一定要慢慢升温，使反应呈现微沸，烧瓶不要紧贴在电热套上，以便容易控制温度。

[4] 可用振荡整个铁架台的方法使烧瓶摇动。

[5] 全套蒸馏仪器必须是干燥的，否则蒸馏出的产品呈现浑浊。

[6] 残液中的硫酸氢钠冷却后容易结块，不易倒出。

[7] 第一次水洗时，如果产品有色（含溴），可加少量 $NaHSO_3$ 振荡后除去。

实验指南

（1）投料时应严格按教材上的顺序；投料后，一定要混合均匀。

（2）反应时，保持回流平稳进行，防止导气管发生倒吸。

(3) 洗涤粗产物时，注意正确判断产物的上下层关系。

(4) 干燥剂用量合理。

❓ 思 考 题

(1) 1-溴丁烷制备实验为什么用回流反应装置？1-溴丁烷制备实验为什么用球形而不用直形冷凝管做回流冷凝器？

(2) 在制备 1-溴丁烷的整个过程中提高产率的关键是什么？

(3) 1-溴丁烷制备实验采用 1∶1 的硫酸有什么好处？

(4) 1-溴丁烷制备实验中，粗产物用 75 度弯管连接冷凝管和蒸馏瓶进行蒸馏，能否改成一般蒸馏装置进行粗蒸馏？这时如何控制蒸馏终点？

(5) 1-溴丁烷制备实验中，加入浓硫酸到粗产物中的目的是什么？

(6) 在 1-溴丁烷制备实验中，硫酸浓度太高或太低会带来什么结果？

(7) 加热回流后，反应瓶内上层呈橙红色，说明其中溶有何种物质？它是如何产生的？又应如何除去？

(8) 反应后产物中可能含有哪些杂质？各步洗涤的目的是什么？

(9) 干燥 1-溴丁烷能否用无水硫酸镁来代替无水氯化钙？为什么？

(10) 由叔醇制备叔溴代烷时，能否用溴化钠和过量浓硫酸作试剂？为什么？

技能训练 3-12　对甲苯磺酸钠的制备

【目的要求】

（1）熟悉和掌握对甲苯磺酸钠的制备原理及方法；

（2）熟悉盐析效应，掌握对甲苯磺酸钠盐析的操作方法；

（3）掌握回流、热过滤、抽滤、重结晶等基本操作。

【实验原理】

对甲苯磺酸钠为白色片状晶体，一般为二水结晶物，易溶于水，甲醇中可溶，多数有机溶剂中微溶。它主要用于有机合成，在医药上用于合成强力霉素、潘生丁、萘普生，及用于生产阿莫西林、头孢羟氨苄中间体。

对甲苯磺酸钠一般以甲苯为原料，经磺化，得到对甲基苯磺酸，再用碱中和而制得粗品，再脱色、浓缩、结晶、离心得成品。

对甲苯磺酸通常是由甲苯和浓硫酸通过磺化反应来制备的，属于苯环上的一种亲电取代反应。由于甲基是邻、对位定位基，产物应有两种：邻甲苯磺酸和对甲苯磺酸。但在加热条件下，因受空间效应的影响，产物以对甲苯磺酸为主。

主反应

$$CH_3 \!-\!\!\bigcirc\!\!\!-\ + H_2SO_4 \xrightarrow{110\sim120\,^{\circ}\!C} CH_3 \!-\!\!\bigcirc\!\!\!-\ SO_3H + H_2O$$

对甲苯磺酸是一种很强的有机酸，不仅能与碱作用生成盐，而且可与饱和 NaCl 溶液建立平衡生成盐。

$$CH_3\text{—}\underset{}{\boxed{}}\text{—SO}_3H + NaCl(过量) \longrightarrow CH_3\text{—}\underset{}{\boxed{}}\text{—SO}_3Na\downarrow + HCl$$

副反应

$$CH_3\text{—}\underset{}{\boxed{}} + H_2SO_4 \longrightarrow CH_3\text{—}\underset{SO_3H}{\boxed{}} + CH_3\text{—}\underset{}{\boxed{}}\text{—SO}_3H$$

$$\Big\downarrow H_2SO_4$$

$$CH_3\text{—}\underset{SO_3H}{\overset{SO_3H}{\boxed{}}}\text{—SO}_3H$$

  甲苯的磺化反应，采用浓硫酸为磺化剂，反应是可逆的，产物为邻位和对位的混合物。随反应温度的不同，邻位和对位产物的相对含量亦不同。低温有利于邻位产物的生成，而高温则有利于对位产物的生成。反应温度控制在 110～120℃时，主要生成对甲苯磺酸。若温度更高，还可以进一步发生二磺化反应。

  对甲苯磺酸与硫酸相似，都是强酸且易溶于水，故两者不易分离。通过加入过量的无机盐（氯化钠），使对甲苯磺酸转变为对甲苯磺酸钠，同时过量无机盐的存在，又大大降低了对甲苯磺酸钠在水中的溶解度，即通过"盐析"效应使对甲苯磺酸钠析出结晶，从而使对甲苯硝酸与硫酸得到分离。

【实验用品】

  (1) 仪器 三口烧瓶（100mL）、温度计（100℃）、球形冷凝管（200mm）、锥形瓶（200mL、100mL）、烧杯（150mL）、抽滤装置（250mL）、表面皿（80mm）、量筒、电热套和调压器、电动搅拌器、搅拌套管与搅拌棒、托盘天平。

  (2) 试剂 甲苯、浓 H_2SO_4、$NaHCO_3$（粉）、$NaCl$（精盐）、活性炭、食盐水（饱和）。

  (3) 其他 滤纸、沸石。

【实验步骤】

  (1) 磺化 在干燥的三口烧瓶中，加入 16mL 甲苯，在振摇下分批加入 10.5mL 浓硫酸[1,2]（边加入边冷却），并加入几粒沸石，安装回流装置。三口烧瓶的中口装上电动搅拌器，一侧口插入温度计，另一侧口配上球形冷凝管。实验装置如图 3-7 所示。用电热套（或油浴）加热，电压由 80V 逐渐增至 120V，将反应温度控制在 110～120V，反应液呈微沸。反应回流约 1h。待反应液上层的甲苯油层近乎消失，同时回流现象几乎停止，此时反应已接近完成，可停止加热。

  (2) 中和 将反应液冷却至室温，在 200mL 锥形瓶中放入 58mL 水，在冷却与搅拌下将反应液慢慢倒入水中。待溶液冷却后，在搅拌下分批加入 8g 粉状 $NaHCO_3$（在通风处操作），中和部分酸液。

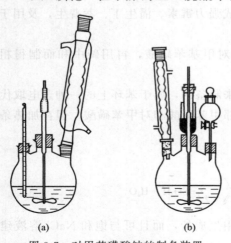

(a)   (b)

图 3-7 对甲苯磺酸钠的制备装置

（3）**盐析** 在上述溶液中加入 15g 精盐，加热至沸，使其全部溶解，趁热过滤[3]。将滤液倒入小烧杯中，放置冷却，并用冰水浴进行冷却。待结晶完全析出。进行抽滤，压紧抽干。将结晶转移至表面皿上，放置晾干后称重。

（4）**重结晶**[4] 在 100mL 锥形瓶中，放入 52mL 水，并将晾干的粗品放入瓶中，加热使粗品完全溶解。然后加入 12.5g 精盐，加热至沸，使其全部溶解。稍冷后加入 0.1g 活性炭，煮沸 5～10min，趁热过滤。滤液倒入小烧杯中，冷至室温，再用冰水浴冷却。待结晶完全析出，进行抽滤。再用 10mL 饱和食盐水洗涤结晶，压紧抽干。将结晶转移至表面上，放置晾干后称重。对甲苯磺酸钠为片状结晶。

【数据记录与处理】

（1）**数据记录** 将实验数据填入表 3-20 中。

表 3-20 对甲苯磺酸钠的制备实验数据

产品外观	实际产量	理论产量	产率

（2）**结果计算** 产品产率计算公式：

$$产率 = m_{实际}/m_{理论} \times 100\%$$

注释

[1] 甲苯与浓硫酸互不相溶，为了增加反应物之间的接触，在反应中必须经常振摇烧瓶，这是提高产量的关键。最好使用三口烧瓶电动搅拌回流装置。

[2] $H_2SO_4 + NaHCO_3 \xrightarrow{\quad\quad} NaHSO_4 + H_2O + CO_2 \uparrow$

硫酸部分中和产物为硫酸氢钠，因为硫酸氢钠较硫酸钠的水溶性大，故在对甲苯磺酸钠析出结晶时，不会同时析出。

[3] 先用热水预热布氏漏斗和吸滤瓶。抽滤过程中，吸滤瓶的外部还需用热水浴进行保温，以免析出结晶造成产品损失。加活性炭煮沸时间不宜过长，否则会导致热抽滤失败。抽滤完毕，应先拔掉皮管后关水，以防倒吸。

[4] 重结晶可除去溶解度较大的苯二磺酸钠。

实验指南

（1）磺化反应温度不同，生成的主要产物也不同。低温有利于邻位异构体生成，较高温度有利于对位异构体的生成。反应温度严格控制在 110～120℃之间；回流速度以2～3滴/min 为宜。

（2）中和时会放出大量的二氧化碳，必须在不断搅拌下，分批加入碳酸氢钠。

思 考 题

（1）在对甲苯磺酸钠的制备实验中，中和酸时，为什么用 $NaHCO_3$ 而不用 Na_2CO_3？

（2）在对甲苯磺酸钠的制备实验中，NaCl 起什么作用？用量过多或过少，对实验结果有什么影响？

（3）浓硫酸作磺化剂制备对甲苯磺酸钠的优、缺点是什么？

（4）在对甲苯磺酸钠的合成中搅拌的目的是什么？

（5）在对甲苯磺酸钠的合成中，怎样才能保证产品是对甲苯磺酸钠？

（6）在对甲苯磺酸钠的合成中，在安全方面应注意什么？如不小心发生甲苯起火或浓硫酸溅到皮肤上应怎样处理？

（7）为何不能用冷水洗涤对甲苯磺酸钠结晶？

（8）简述热过滤操作中的注意事项。

技能训练 3-13 苯乙酮的制备

【目的要求】

（1）掌握付-克酰基化反应制备芳香酮的方法；

（2）掌握有机合成的无水操作；

（3）掌握搅拌器的使用方法。

【实验原理】

苯乙酮为无色晶体，或浅黄色油状液体。它不溶于水，易溶于多数有机溶剂，不溶于甘油。它可用于制香皂和香烟，也用作纤维素酯和树脂等的溶剂和塑料工业生产中的增塑剂等。它可由苯与乙酸酐反应制得，也可用乙酰氯与苯在三氯化铝的作用下经付-克酰基化反应制得。

付-克酰基化反应，是制备芳香酮的主要方法。在无水三氯化铝的存在下，酰氯、酸酐与活泼的芳基化合物反应得到高产率的芳香酮。

主要反应

$$\text{〇} + (CH_3CO)_2O \xrightarrow{AlCl_3} \text{〇}-COCH_3 + CH_3COOH$$

副反应　乙酸酐及三氯化铝的水解

$$CH_3\overset{O}{\underset{\|}{C}}-O-\overset{O}{\underset{\|}{C}}CH_3 + AlCl_3 \longrightarrow CH_3\overset{O:AlCl_3}{\underset{\|}{C}}-O-\overset{O:AlCl_3}{\underset{\|}{C}}CH_3$$

$$\longrightarrow CH_3COOAlCl_2 + \text{〇}\overset{O:AlCl_3}{\underset{\|}{C}CH_3} \qquad \text{（红色溶液）}$$

$$\text{〇}\overset{O:AlCl_3}{\underset{\|}{C}CH_3} + H_2O \longrightarrow \text{〇}\overset{O}{\underset{\|}{C}CH_3} + Al(OH)Cl_2\downarrow + HCl（放热）$$

白

$$CH_3COOAlCl_2 + H_2O \longrightarrow Al(OH)Cl_2 + CH_3COOH（放热）$$

$$Al(OH)Cl_2 + 盐酸 \longrightarrow AlCl_3 + H_2O$$

【实验用品】

（1）仪器　三口烧瓶（100mL）、冷凝管、滴液漏斗、干燥管、氯化氢气体吸收装置、分液漏斗、烧杯、空气冷凝管、蒸馏装置、搅拌器、托盘天平。

（2）试剂　乙酸酐、无水苯、无水 $AlCl_3$、浓 HCl(A.R.)、苯（A.R.）、NaOH(5%)、无水 $MgSO_4$、碎冰。

【实验步骤】

（1）加热回流　在 100mL 三口烧瓶中加入 20g 研细的无水 $AlCl_3$[1]，再加入 30mL 无水苯[2]，按照图 3-8 安装带有搅拌器、滴液漏斗、干燥管及气体吸收的回流装置[3]。自滴液漏斗慢慢滴加 7mL 乙酸酐，控制滴加速度勿使反应过于激烈，以三口烧瓶稍热为宜。边滴加边摇荡三口烧瓶，10～15min 滴加完毕。加完后，在沸水浴上回流 15～20min，直至不再有氯化氢气体逸出为止。

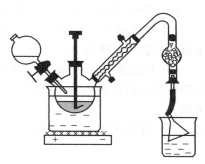

图 3-8　制备苯乙酮的装置

（2）分解　将反应物冷却至室温，在搅拌下倒入盛有 50mL 浓 HCl 和 50g 碎冰的烧杯中进行分解（在通风橱中进行）。

（3）洗涤与干燥　当固体完全溶解后，将混合物转入分液漏斗，分出有机层，水层每次用 10mL 苯萃取两次。合并有机层和苯萃取液，依次用等体积的 5%NaOH 溶液和水洗涤一次，用无水 $MgSO_4$ 干燥。

（4）蒸馏　将干燥后的粗产物先在水浴上蒸去苯，再在石棉网上蒸去残留的苯，当温度上升至 140℃ 左右时，停止加热，稍冷却后改换为空气冷凝装置，收集 198～202℃ 馏分。称量产品的质量[4]。

【数据记录与处理】

（1）数据记录　将实验数据填入表 3-21 中。

表 3-21　苯乙酮的制备实验数据

产品外观	实际产量	理论产量	产率

（2）结果计算　产品产率计算公式：

$$产率 = m_{实际}/m_{理论} \times 100\%$$

注释

[1] 无水 $AlCl_3$ 的质量是实验成败的关键之一，研细、称量及投料均需迅速，避免长时间暴露在空气中（可在带塞的锥形瓶中称量）。若大部分变黄则表明已水解，不可用。

[2] 本实验所用仪器和试剂均需充分干燥，否则影响反应顺利进行，装置中凡是和空气相通的部位，应装置干燥管。

[3] 吸收装置：约 20% NaOH 溶液（自配），200mL，特别注意防止倒吸。

[4] 由于最终产物不多，宜选用较小的蒸馏瓶，苯溶液可用分液漏斗分批加入蒸馏瓶中。为了减少产品损失，可用一根 2.5cm 长、外径与支管相仿的玻璃管代替空气冷凝装置，

玻璃管与支管可借医用橡皮管连接。也可用减压蒸馏。

实验指南

(1) 滴加苯乙酮和乙酐混合物的时间以 10min 为宜，滴得太快温度不易控制。

(2) 无水三氯化铝的质量是本实验成败的关键，以白色粉末，打开盖冒大量的烟，无结块现象为好。

(3) 苯以分析纯为佳，最好用钠丝干燥 24h 以上再用。

(4) 粗产物中的少量水，在蒸馏时与苯以共沸物形式蒸出，其共沸点为 69.4℃，这是液体化合物的干燥方法之一。

(5) 反应装置要干燥，以免 AlCl$_3$ 吸水，无水三氯化铝的质量是本实验成败的关键，以白色粉末打开盖冒大量的烟，无结块现象为好。若大部分变黄，则表明已水解，不可用。

(6) AlCl$_3$ 要研碎，速度要快。

思 考 题

(1) 在苯乙酮的制备中，水和潮气对本实验有何影响？在仪器装置和操作中应注意哪些事项？

(2) 为什么要迅速称取无水三氯化铝？

(3) 反应完成后为什么要加入浓盐酸和冰水的混合物？

(4) 在烷基化和酰基化反应中，三氯化铝的用量有何不同？为什么？

(5) 下列试剂在无水三氯化铝的存在下相互作用，应得到什么产物？

① 过量苯 + ClCH$_2$CH$_2$Cl；   ② 氯苯和丙酸酐；

③ 甲苯和邻苯二甲酸酐；   ④ 溴苯和乙酸酐。

技能训练 3-14　肉桂酸的制备

【目的要求】

(1) 掌握肉桂酸的制备原理和方法；

(2) 进一步掌握回流、水蒸气蒸馏、抽滤等基本操作。

【实验原理】

肉桂酸，又名 β-苯丙烯酸、3-苯基-2-丙烯酸，是从肉桂皮或安息香分离出的有机酸。它主要用于香精香料、食品添加剂、医药工业、美容、农药、有机合成等方面。

芳香醛和酸酐在碱性催化剂的作用下，可以发生类似羟醛缩合的反应，生成 α,β-不饱和芳香醛，这个反应称为 Perkin 反应。催化剂通常是相应酸酐的羧酸的钾或钠盐，也可以用碳酸钾或叔胺。

本实验是按 Kalnin 提出的方法，用无水 K_2CO_3 代替 CH_3COOK，其优点是反应时间短、产率高。

$$\underset{\text{CHO}}{\underset{\bigcirc}{\bigodot}} + (CH_3CO)_2O \xrightarrow{K_2CO_3} \underset{\text{CH}=\text{CHCOOH}}{\underset{\bigcirc}{\bigodot}} + CH_3COOH$$

【实验用品】

（1）仪器　圆底烧瓶（100mL）、空气冷凝管、水蒸气蒸馏装置、抽滤瓶、布氏漏斗、烧杯（250mL）、表面皿、刮刀、锥形瓶（250mL）、量筒（100mL、5mL、10mL）、玻璃棒、75度弯管、电子天平、电热炉。

（2）试剂　苯甲醛、NaOH（10%）、乙酸酐、无水 K_2CO_3、无水乙醇、浓 HCl、活性炭。

（3）其他　滤纸、刚果红试纸、沸石。

【实验步骤】

（1）合成

① 在 100mL 干燥[1]的圆底烧瓶中加入[2]1.5mL（1.575g，15mmol）新蒸馏过的苯甲醛，4mL（4.32g，42mmol）新蒸馏过的乙酸酐以及研细的 2.2g 无水 K_2CO_3[3]，2 粒沸石，按图 3-9 安装装置。

② 加热回流（小火加热）40min，火焰由小到大使溶液刚好回流[4]。

③ 停止加热，待反应物冷却。

（2）后处理　待反应物冷却后，往烧瓶内加入 20mL 热水，以溶解烧瓶内固体，同时改装成水蒸气蒸馏装置（半微量装置，见图 3-10）。开始水蒸气蒸馏，至无白色液体蒸出为止，将蒸馏瓶冷却至室温，加入 10% NaOH 溶液（约 10mL）以保证所有的肉桂酸转化成钠盐而溶解。待白色晶体溶解后，滤去不溶物，滤液中加入 0.2g 活性炭[5]，煮沸 5min 左右，脱色后抽滤[6]，滤出活性炭，冷却至室温，倒入 250mL 烧杯中，搅拌下加入浓盐酸[7]，酸化至刚果红试纸变蓝色。冷却抽滤，得到白色晶体，粗产品置于 250mL 烧杯中，用水-乙醇

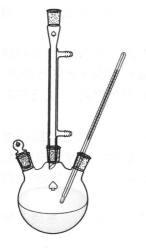

图 3-9　制备肉桂酸的反应装置

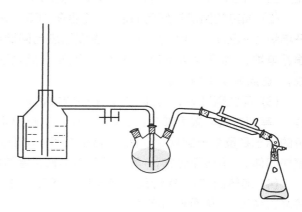

图 3-10　水蒸气蒸馏装置

重结晶[8]。先加 60mL 水，等大部分固体溶解后，稍冷，加入 10mL 无水乙醇，加热至全部固体溶解后，冷却，白色晶体析出，抽滤，产品于空气中晾干后，称重。

【数据记录与处理】

（1）数据记录　将实验数据填入表 3-22 中。

表 3-22　肉桂酸的制备数据

产品外观	实际产量	理论产量	产率

（2）结果计算　产品产率计算公式：

$$产率 = m_{实际}/m_{理论} \times 100\%$$

注释

[1] Perkin 反应所用仪器必须彻底干燥（包括量取苯甲醛和乙酸酐的量筒），否则产率降低。

[2] 加料迅速，防止乙酸酐吸潮。

[3] 可以用无水 K_2CO_3 和无水乙酸钾作为缩合剂，但是不能用无水 Na_2CO_3。

[4] 回流时加热强度不能太大，否则会把乙酸酐蒸出。为了节省时间，可以在回流结束之前的 30min 开始加热支管烧瓶使水沸腾，不能用火直接加热烧瓶。

[5] 进行脱色操作时一定要取下烧瓶，稍冷之后再加入活性炭 0.15g 左右。

[6] 热过滤时必须是真正的热过滤，布氏漏斗要事先在沸水中取出，动作要快。

[7] 进行酸化时要慢慢加入浓盐酸，一定不要加入太快，以免产品冲出烧杯造成产品损失。

[8] 肉桂酸要结晶彻底，进行冷却过滤，不能用太多水洗涤产品。

实验指南

（1）苯甲醛放久了，由于自动氧化生成较多量的苯甲酸，影响反应进行，且苯甲酸混在产品中不易除净，影响产品质量，故应用新蒸苯甲醛。

（2）加热的温度最好用油浴，控温在 160～180℃，若用电炉加热，必须使烧瓶底离开电炉 4～5cm，电炉开小些，慢慢加热到回流状态，等于用空气浴进行加热。如果紧挨着电炉，会因温度太高，反应太激烈，结果形成大量树脂状物质，甚至没有肉桂酸生成，这点是实验的关键。

（3）反应刚开始，会因二氧化碳的放出而有大量泡沫产生，这时候加热温度尽量低些，等到二氧化碳大部分出去后，再小心加热到回流态，这时溶液呈浅棕黄色。反应结束的标志是反应已到规定时间，有小量固体出现。反应结束后，再加热水，可能会出现整块固体，不必压碎它，等水蒸气蒸馏时便会溶解。

（4）加热回流，控制反应液呈微沸状态，如果反应液激烈沸腾，易使乙酸酐蒸气从冷凝管逸出，从而影响产率。

（5）本实验中，反应物苯甲醛和乙酸酐的反应活性都较小，反应速率慢，必须提高反应温度来加快反应速率。但反应温度又不宜太高，一方面由于乙酸酐和苯甲醛的沸点分别为 140℃ 和 178℃，温度太高会导致反应物的挥发；另一方面，温度太高，易引起脱羧、聚合等副反应，故反应温度一般控制在 150~180℃。

思 考 题

(1) 什么情况下用水蒸气蒸馏？

(2) 用水蒸气蒸馏，被提纯物需具有哪些条件？

(3) 抽滤时能否用氢氧化钠溶液洗涤肉桂酸？

技能训练 3-15　2-硝基-1，3-苯二酚的制备

【目的要求】

（1）掌握 2-硝基-1,3-苯二酚的制备原理和方法；

（2）掌握水蒸气蒸馏操作，巩固重结晶操作技能；

（3）了解第一类定位基和第二类定位基及其致活和致钝强度的顺序及磺化反应在合成中的应用。

【实验原理】

2-硝基-1,3-苯二酚为橘红色片状结晶，微溶于水。它主要用于化工医药中间体。在有机物制备中常利用体积大的磺酸基占据环上某些位置使此位置不被其他基团取代，在指定合成结束后再利用磺酸基的良好离合性将其水解除去，而 2-硝基-1,3-苯二酚的制备就是一个巧妙地利用磺酸基的占位和定位的双重作用的例子。1,3-苯二酚中的酚羟基为强的邻、对位定位基，磺酸基为强的间位定位基，间苯二酚磺化时，磺酸基先进入最容易起反应的 4 和 6 位，接着再硝化时，受定位规律支配，硝基只能进入原来位阻较大的而此时位阻较小的 2 位，硝化结束后，再进一步水解，即可得到产物。

$$
\text{间苯二酚} \xrightarrow[\text{<65℃}]{2H_2SO_4} \text{(4,6-二磺酸)} \xrightarrow[\text{<30℃}]{HNO_3,H_2SO_4}
$$

$$
\text{(硝基磺酸中间体)} \xrightarrow[\text{100℃}]{2H_2O} \text{2-硝基-1,3-苯二酚}
$$

【实验用品】

（1）仪器　水蒸气蒸馏装置、减压过滤装置、回流装置、机械搅拌、锥形瓶、圆底烧瓶（250mL）、烧杯（250mL）、表面皿、托盘天平。

（2）试剂　间苯二酚、浓 H_2SO_4、浓 HNO_3、乙醇（50%）、尿素、冰水。

（3）其他　滤纸。

【实验步骤】

（1）磺化　在 250mL 烧杯中放 5.5g 粉状间苯二酚[1]，充分搅拌下小心加入 25mL 浓硫

酸，（千万不能误加浓 HNO_3，爆炸！）此时反应液发热，生成白色磺化产物[2]，（若无白色浑浊和自动升温，可在 80℃水浴中加热），用表面皿盖住烧杯，于室温放置 15 min（充分磺化），然后在冰水浴中冷到 0～10℃（防止下面的硝化反应过快）。

（2）硝化　在锥形瓶中加入 4mL 浓 HNO_3，摇荡下加 5.6mL 浓 H_2SO_4，制成混酸并置冰浴中冷却。用滴管将冷却好的混酸慢慢滴加到上述磺化后的产物中，并不停搅拌，控制反应温度不超过 30℃（若超过，冰水冷之，防止氧化），滴完后继续搅拌 5min，室温放置 15min（充分硝化），期间要密切关注温度不能超过 30℃，否则用冰水冷却之，此时反应物呈亮黄色黏稠状（不应为棕色或紫色）。然后小心加 15mL 冰水（也可直接加 10g 碎冰）稀释，保持反应温度不超过 50℃，冰全部溶解。

（3）水蒸气蒸馏　将反应物转到 250mL 圆底烧瓶中，（用 5mL 冰水洗涤烧杯，洗涤液转入烧瓶），加约 0.1g 尿素[3]。水蒸气蒸馏，冷凝管壁和馏出液中有橘红色固体产生，调冷凝水速度，至管壁无橘红色固体、馏出液澄清时，停止蒸馏。

（4）抽滤　馏出液在冰水浴中冷却，抽滤。

（5）重结晶　将粗品移入 100mL 锥形瓶中，加入 10mL 50%乙醇溶液，装上球形冷凝管，在水浴中加热，保持微沸 5 min。撤去水浴，待冷却后，拆除装置。将锥形瓶置于冰-水浴中充分冷却后，抽滤。称量计算产率。

【数据记录与处理】

（1）数据记录　将实验数据填入表 3-23 中。

表 3-23　2-硝基-1,3-苯二酚的制备实验数据

产品外观	实际产量	理论产量	产率

（2）结果计算　产品产率计算公式：

$$产率 = m_{实际}/m_{理论} \times 100\%$$

注释

[1] 间苯二酚需在研钵中研成粉状，否则磺化不完全。间苯二酚有腐蚀性，注意勿使接触皮肤。

[2] 如无有色磺化产物形成，可将反应物加热到 60～65℃。

[3] 加入尿素可使多余的硝酸与尿素反应生成络盐，从而减少二氧化氮气体的污染。

实验指南

(1) 本实验一定注意先磺化，后硝化。否则会剧烈反应，甚至产生事故。

(2) 间苯二酚很硬，需要在研钵中研成粉状，否则磺化不完全。间苯二酚有腐蚀性，注意勿接触皮肤。

(3) 酚的磺化在室温就可进行，如果反应太慢，10min 不变白，可用 60℃的水温热，加速反应。

(4) 硝化反应比较快，因此硝化前，磺化混合物要先在冰水浴中冷却，混酸也要冷却，最好在 10℃ 以下；硝化时，也要在冷却下，边搅拌，边慢慢滴加混酸，否则，反应物易被氧化而变成灰色或黑色。

(5) 可用调节冷凝水速度的方法，避免产生的固体堵塞冷凝管。

(6) 实验成功重要因素之一是确保混酸浓度。为此，所用的仪器必须干燥。硫酸需使用 98% 的浓硫酸，硝酸需用 70% ~ 72% 的，且最好是当天开瓶的。配好的混酸不可敞口久置，以免酸挥发或吸潮而降低浓度，加碎冰前的所有操作都应避免可能造成反应物稀释的因素。

(7) 温度控制要严，过高，有副反应，过低，导致反应慢，原料积累（比如混酸），一旦反应加速，温度难以控制。

思 考 题

(1) 2-硝基-1,3-苯二酚能否用间苯二酚直接硝化来制备，为什么？

(2) 本实验硝化反应温度为什么要控制在 30℃ 以下？温度偏高有什么不好？

(3) 进行水蒸气蒸馏前为什么先要用冰水稀释？

技能训练 3-16 苯妥英钠的制备

【目的要求】

(1) 通过学习安息香缩合反应的原理和学会应用维生素 B$_1$（VB$_1$）及氰化钠为催化剂进行反应的实验操作；

(2) 学会有害气体排放的操作方法；

(3) 掌握用硝酸氧化的实验方法及操作。

【实验原理】

苯妥英钠为抗癫痫药，适于治疗癫痫大发作，也可用于三叉神经痛及某些类型的心律不齐。苯妥英钠化学名为 5,5-二苯基乙内酰脲，化学结构式为：

苯妥英钠为白色粉末，无臭、味苦。微有吸湿性，易溶于水，能溶于乙醇，几乎不溶于乙醚和氯仿。合成路线如下：

合成路线分解如下。

（1）安息香缩合反应（安息香的制备）

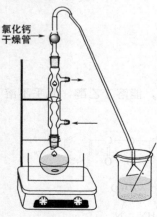

$$\text{C}_6\text{H}_5\text{CHO} \xrightarrow[\text{或NaCN}]{\text{VB}_1} \text{苯偶姻}$$

（2）氧化反应（二苯乙二酮的制备）

$$\xrightarrow{\text{HNO}_3}$$

（3）二苯羟乙酸重排及缩合反应（苯妥英的制备）

$$\xrightarrow[\text{2. HCl}]{\text{1. H}_2\text{NCONH}_2/\text{NaOH}}$$

（4）成盐反应（苯妥英钠的制备）

$$\xrightarrow[\text{H}_2\text{O}]{\text{NaOH}}$$

【实验用品】

（1）仪器　三口烧瓶（100mL）、恒温水浴锅（双孔）、量杯、球形冷凝管、锥形瓶、真空接收管、圆底烧瓶（100mL）、吸滤瓶、气体吸收装置、布氏漏斗、温度计（100℃）、烧杯、蒸发皿、托盘天平。

（2）试剂　苯甲醛、盐酸硫胺（VB$_1$）、NaOH（2mol/L、15％）、HNO$_3$（65％～68％）、尿素、乙醇（95％）、醋酸钠、HCl（15％）、活性炭、乙醚。

（3）其他　滤纸。

【实验步骤】

氯化钙
干燥管

图 3-11　二苯乙二酮
（联苯甲酰）的制备

（1）安息香的制备　在 100mL 三口烧瓶中加入 3.5g 盐酸硫胺（维生素 B$_1$，VB$_1$）和 8mL 水[1]，溶解后加入 95％乙醇 30mL。搅拌下滴加 2mol/L NaOH 溶液 10mL。再取新蒸苯甲醛 20mL，加入上述反应瓶中。水浴加热至 70℃左右加热回流 1.5h。冷却，抽滤，用少量冷水洗涤。干燥后得粗品。测定熔点，计算收率（熔点136～137℃）。

也可采用室温放置的方法制备安息香，即将上述原料依次加入到 100mL 锥形瓶中，室温放置有结晶析出，抽滤，用冷水洗涤。干燥后得粗品。测定熔点，计算收率。

（2）二苯乙二酮（联苯甲酰）的制备　取 8.5g 粗制的安息香和 25mL HNO$_3$（65％～68％）置于 100mL 圆底烧瓶中，安装冷凝器和气体连续吸收装置（见图 3-11），先低温加热并搅拌，逐渐升高温度至 80~90℃（如果反应器太小，搅拌子不能正常搅拌，需加入沸石并随时振摇），直至二氧化氮逸去（1.5~2h）。反应完毕，在搅拌下趁热将反应液倒入盛有 150mL 冷水的烧杯中，充分搅拌，直至油状物呈黄色固体全部析出。抽滤，结晶用水充分洗涤至中性，干燥，得粗品。用四氯化碳重结晶（1:2），也可用乙醇重结晶（1:25），熔点 94~96℃。

（3）苯妥英的制备　在装有搅拌及球形冷凝器的 250mL 圆底瓶中，投入二苯乙二酮 8g、尿素 3g、15% NaOH 25mL、95% 乙醇 40mL，开动搅拌，加热回流反应 60min。反应完毕，反应液倾入到 250mL 水中，加入 1g 醋酸钠，搅拌后放置 1.5h，抽滤，滤除黄色沉淀。滤液用 15% 盐酸调至 pH=6，放置析出结晶，抽滤，结晶用少量水洗，得白色苯妥英粗品，称量其质量。

（4）苯妥英钠（成盐）的制备与精制　称量与苯妥英粗品等物质的量的 NaOH（先用少量蒸馏水将固体 NaOH 溶解）置于 100mL 烧杯中后加入苯妥英粗品，水浴加热至 40℃，使其溶解，加活性炭少许，在 60℃ 下搅拌加热 5min，趁热抽滤，在蒸发皿中将滤液浓缩至原体积的三分之一。冷却后析出结晶，抽滤。沉淀用少量冷的 95% 乙醇-乙醚（1:1）混合液洗涤[2]，抽干，得苯妥英钠，真空干燥，称重，计算收率。

【数据记录与处理】

（1）数据记录　将实验数据填入表 3-24 中。

表 3-24　苯妥英钠的制备实验数据

产品外观	实际产量	理论产量	产率

（2）结果计算　产品产率计算公式：

$$产率 = m_{实际}/m_{理论} \times 100\%$$

注释

[1] 制备钠盐时，水量稍多，可使收率受到明显影响，要严格按比例加水。

[2] 苯妥英钠可溶于水及乙醇，洗涤时要少用溶剂，洗涤后要尽量抽干。

实验指南

（1）硝酸为强氧化剂，使用时应避免与皮肤、衣服等接触，氧化过程中，硝酸被还原产生大量的二氧化氮气体，应用气体连续吸收装置，避免逸至室内影响健康。

（2）反应成功的关键是原料的质量。首先苯甲醛不能含有苯甲酸，长期放置的苯甲醛使用前最好用 5% NaHCO₃ 洗涤后蒸馏。此外，噻胺易潮解，潮解后易被空气氧化而失效，因此，最好采用新鲜的噻胺，这是本实验的关键。

（3）反应温度要严加控制，特别是安息香合成开始前期加热不必太快，后期可适当升高温度至沸腾（80~90℃）。

(1) 制备二苯乙二酮时，为什么要控制反应温度使其逐渐升高？

(2) 制备苯妥英为什么在碱性条件下进行？

(3) 在苯妥英的制备中，加入醋酸钠的作用是什么？

(4) 安息香缩合反应的原理是什么？

3.3 物质的提取技术

我国地域辽阔，各地气象差异悬殊，天然产物资源丰富、种类繁多。中草药资源多达12000多种，中医药应用历史悠久。到目前为止，国际上常用的植物药如阿托品、麦角新碱、山道年、东莨菪碱、利血平、长春新碱、地高辛、喜树碱、紫杉醇等都先后由我国分离成功并投入生产。除发展药物外，天然产物还涉及工业及农业，如天然甜味剂（甜叶菊中甜菊苷及甘草甜素）、天然色素（栀子黄素）、橘黄素、紫草素等，天然农药除虫菊酯及其衍生物均已生产应用。

从天然产物中获得某些物质，首先是寻找提取方法，然后是分离方法。提取是进行植物化学成分研究的第一步，选择适当的提取方法不仅可以保证所需成分被提取，还可以尽量避免不需要成分的干扰。而天然产物的分离纯化仍是一项相对烦琐的工作。在一个有开发价值的天然产物被发现之后，寻找能有效地降低成本获得该物质的分离方法便成为关键。这里简单介绍从天然产物中提取物质常用的提取方法及分离方法。

目前世界上主要以石油化工产品、煤化工产品等原料进行各种合成。随着石油、煤等不可再生资源的日益枯竭，人类必须寻找新的化工原料，发展以生物质为原料的提取及合成是走可持续发展的首选之路。化学药物的毒副作用大，易产生耐药性，而中药天然药物在这方面具有无可比拟的优势；纯化合物新药开发难度大、周期长、费用高，使植物提取物和复方药物的开发成为新的选择。为了提高天然提取物的产量和质量，以及减轻天然提取物生产过程中的环境污染，人们对所采用的生物技术、微波萃取和超临界萃取等进行了许多研究。

3.3.1 天然产物提取的方法

提取又称浸出、固液萃取，是应用有机或无机溶剂将固体原料中的可溶性组分溶解，使其进入液相，再将不溶性固体和溶液分开的操作。

（1）传统溶剂提取法 溶剂提取法根据植物中各种有效成分在溶剂中的溶解作用，选用对有效成分溶解度大、对不需要成分溶解度小的溶剂，而将有效成分从植物组织内提取出来。

实验室传统溶剂提取法包括浸渍法、渗漉法、煎煮法、回流提取法及连续回流提取法等。在可用的提取溶剂中，水的成本最低，一些商品化的天然产物，如小檗碱、芸香苷、甘草酸等在制备过程中采用水为提取溶剂。但用水提取时提取液中的杂质较多，如无机盐、蛋白质、糖和淀粉等。给进一步分离带来许多困难。乙醇是最常用的有机溶剂，具有低毒、价廉、沸点适中、便于回收利用等特点。大多数有机化合物都能在乙醇中溶解，乙醇对植物细胞的穿透能力强。当植物中所含成分较为简单或某一成分含量较高时，可根据其极性大小或溶解性能选择一种适当的溶剂把所需的成分提取出来而杂质留在植物残渣中。传统溶剂提取法能耗、物耗大，杂质多，效率较低，且易造成环境污染。具体的使用范围等见表 3-25。

表 3-25　传统溶剂提取法的使用范围

提取方法	溶剂	操作	提取效率	使用范围	备注
浸渍法	水或有机溶剂	不加热	效率低	各类成分，尤其是遇热不稳定成分	出膏率低，易发霉，需加防腐剂
渗漉法	有机溶剂	不加热	—	脂溶性成分	消耗溶剂量大，费时长
煎煮法	水	直火加热	—	水溶性成分	易挥发，热不稳定不宜用
回流提取法	有机溶剂	水浴加热	—	脂溶性成分	热不稳定不宜用，溶剂量大
连续回流提取法	有机溶剂	水浴加热	节省溶剂，效率最高	亲脂性较强成分	用索氏提取器，时间长

（2）水蒸气蒸馏法　水蒸气蒸馏法适用于提取能随水蒸气蒸馏而不被破坏的植物成分，这些化合物与水不互溶或仅微溶，且在 100℃ 时有一定的蒸气压，当水蒸气加热沸腾时能将该物质一并随水蒸气带出。例如，植物中的挥发油、某些小分子生物碱（麻黄碱、槟榔碱等），以及某些小分子的酸性物质如丹皮酚等均可用水蒸气蒸馏法提出。对一些在水中溶解度较大的挥发性成分，可采用低沸点非极性溶剂如石油醚、乙醚等将其提出。

（3）超临界流体萃取法　超临界流体萃取技术是利用流体在临界点附近所具有的特殊溶解能力而进行有效成分提取的新技术。超临界流体萃取法是利用溶剂在超临界条件下流体的特殊性能对样品进行提取的方法。它自 20 世纪 80 年代迅速发展起来。

（4）微波萃取法　微波萃取法是颇具发展潜力的一种新的萃取技术，具有萃取时间短，选择性好，回收率高，溶剂用量少，污染低，可用水做萃取剂，可自动控制制样条件等优点。该方法具有快速、高效、安全、节能等优点，与传统的乙醇回流提取相比，该方法在保持较高的提取率的同时，大大缩短了提取过程所用的时间，并且显著降低了提取液中杂质的含量。

3.3.2　影响天然产物提取的因素

溶剂浸提成功与否，关键在于选择合适的溶剂和提取方法。原料的粉碎度、提取时间、温度等也影响提取效率。

（1）粉碎度　样品粉碎越细，表面积越大，浸出过程越快；但同样由于粉碎度过高，样品颗粒表面积过大，吸附增强，反而影响过滤速度。

一般来说，水提取可用粗粉（20 目）或薄片；有机溶剂提取过 60 目为宜；全草、花类等以 20~40 目为宜。

（2）提取温度　一般来说，冷提杂质少，效率低；热提杂质多，效率高；但温度不宜过高，加热在 60℃ 左右为宜，最高不超过 100℃。

（3）浓度差　溶剂进入细胞内，成分溶解后因细胞内外浓度差，就向外扩散，内外达到一定浓度时，扩散停止，即到了动态平衡，成分不再浸出；如果更新溶剂，又开始新的扩散，反复多次直至提取结束。加热回流提取法最好，最次为浸渍法。

（4）提取时间　一般来说，提取时间长，浸出量大，但时间过长，无用杂质增多。如果用热水加热提取，每次 $0.5\sim1h$ 为宜，最多不超过 $3h$；若乙醇回流，每次 $1\sim2h$ 为宜；其他试剂可适当增长。

3.3.3　浸出溶剂的选择

植物成分在溶剂中的溶解度直接与溶剂性质有关。溶剂可分为水、亲水性有机溶剂和亲脂性有机溶剂（表 3-26）。

表 3-26　浸出溶剂分类

溶剂分类	亲水性溶剂		亲脂性溶剂
	水	甲醇、乙醇、丙酮	乙醚、氯仿、石油醚、苯
提取对象	苷类、生物碱盐(Alk 盐)、有机酸、酚类	除蛋白质、多糖外几乎所有成分 亲脂性强——浓乙醇 亲水性强——稀乙醇	甾体、萜类、油脂、挥发油
优点	价廉、易得、安全、提取时间短	提取成分全面、回收容易、穿透力强	选择性强、提取成分较纯
缺点	易发霉、回收困难	易燃、有毒、成本较高	成本高、有毒、易燃、穿透力弱

一些常见溶剂的亲脂性的强弱顺序如下：

石油醚＞苯＞氯仿＞乙酸乙酯＞丙酮＞乙醇＞甲醇＞水。

一些常见溶剂的亲水性由弱至强的顺序如下：

石油醚＜苯＜氯仿＜乙酸乙酯＜丙酮＜乙醇＜甲醇＜水。

提取活性成分时，可选择单一溶剂或几种不同极性的溶剂进行分布提取，将各成分依次提取出来。一般先采用极性低的亲脂性溶剂进行提取，往往先将植物加适量水湿润，晾干后提取，再用能与水相溶的有机溶剂如丙酮、乙醇和甲醇等，最后用水提取。

溶剂的选择遵循以下三个原则：

（1）浸出速度快；

（2）浸出物的纯度高、杂质少、质量好；

（3）成本低。

3.3.4　天然产物分离的方法

天然产物的分离方法很多，经典方法包括溶剂法、分馏法、沉淀法、膜分离法、升华法、结晶法等。现代分离方法多采用色谱分离法。

技能训练 3-17　从黄连中提取黄连素

【目的要求】

（1）熟悉从植物中提取天然产物的原理和方法；

（2）熟练掌握回流、蒸馏和重结晶等操作技术；

（3）掌握用乙醇作为溶剂从黄连中提取黄连素的基本原理；

（4）了解黄连素的特性及结晶分离方法。

【实验原理】

黄连是一种多年生草本植物，为我国名产中草药材之一。其根茎中含有多种生物碱，如小檗碱（黄连素）、甲基黄连碱和棕榈碱等。其中以黄连素为主要有效成分，含量为4%～10%。

黄连素是黄色针状晶体，微溶于水和乙醇，易溶于热水和热乙醇，不溶于乙醚。黄连素具有较强的抗菌性能，对急性结膜炎、口疮、急性细菌性痢疾和急性胃肠炎等都具有很好的疗效。自然界中，黄连素主要以季铵碱的形式存在。本实验中用乙醇作溶剂，从黄连中提取黄连素，再加入盐酸，使其以盐酸盐的形式呈晶体析出。

【实验用品】

（1）仪器　圆底烧瓶（250mL）、球形冷凝管、直形冷凝管、蒸馏头、接液管、温度计（100℃）、烧杯（200mL）、锥形瓶（250mL）、减压过滤装置、水浴锅、电炉与调压器、托盘天平、玻璃棒、研钵。

（2）试剂　黄连、乙醇（95%）、乙酸溶液（10%）、浓 HCl、丙酮。

【实验步骤】

（1）提取　称取 10g 中药黄连，在研钵中捣碎后放入 250mL 圆底烧瓶中，加入 100mL 95%乙醇，安装球形冷凝管。用水浴加热回流 40min。再静置浸泡 1h。

（2）过滤　减压过滤，滤渣用少量 95%乙醇洗涤两次。

（3）蒸馏　将滤液倒入 250mL 圆底烧瓶中，安装普通蒸馏装置。用水浴加热蒸馏，回收乙醇。当烧瓶内残留液呈棕红色糖浆状时，停止蒸馏。（不可蒸得过干！）

（4）溶解、过滤　向烧瓶内加入 30mL 10%乙酸溶液，加热溶解，趁热抽滤，除去不溶物。将滤液倒入 200mL 烧杯中，滴加浓 HCl[1,2]至溶液出现混浊为止（约需 10mL）。将烧杯置于冰-水浴中充分冷却后，黄连素盐酸盐呈黄色晶体析出。减压过滤。

（5）重结晶　将滤饼放入 200mL 烧杯中，先加少量水，用石棉网小火加热，边搅拌边补加水至晶体在受热情况下恰好溶解。停止加热，稍冷后，将烧杯放入冰-水浴中充分冷却，抽滤。用冰水洗涤滤饼两次，再用少量丙酮洗涤一次，压紧抽干。称量质量。

【数据记录与处理】

记录操作步骤中根据实际情况与教材上方案变动的部分数据以及实验结果。

注释

[1] 浓盐酸易挥发并具有强烈刺激性，应避免吸入其蒸气。

[2] 滴加浓盐酸时，应将溶液冷却至室温再进行，以防浓盐酸大量挥发。

实验指南

（1）本实验也可用索氏提取器连续提取。

（2）得到纯净的黄连素晶体比较困难。将黄连素盐酸盐加热水至刚好溶解，煮沸，用石灰乳调节 pH 为 8.5～9.8，冷却后滤去杂质，滤液继续冷却到室温以下，即有针状晶体的黄连素析出，抽滤，将结晶在 50～60℃下干燥。黄连素的熔点为 145℃。

（3）黄连素的提取回流要充分。

思 考 题

(1) 黄连为何种生物碱类化合物？

(2) 用索氏提取器连续提取黄连素，是否可行？

(3) 用回流和浸泡的方法提取天然产物与用索氏提取器连续萃取，哪种方法效果更好些？为什么？

(4) 作为生物碱，黄连素具有哪些生理功能？

(5) 蒸馏回收溶剂时，为什么不能蒸得太干？

(6) 滤饼为什么用冷水和丙酮洗涤？用不够冷的水洗会造成什么后果？

(7) 在实验条件 (回流 40min，浸泡 1h) 下，黄连素的提取量怎样？

(8) 实验最终得到的是黄连素吗？

(9) 如果实验的提取量不高，请分析原因。

(10) 上述实验是采取黄连的根茎为原料，试通过查阅资料阐述黄连的枝叶是否有提取黄连素的价值。

知识链接

(1) 石灰水提取法从黄连中提取黄连素　称取 10g 药黄连剪碎，磨烂，加入装有 100mL 0.5％ H_2SO_4 溶液的烧杯中加热煮沸约 5min 后静置浸取 20h，抽滤，提取液加食盐至饱和，用稀盐酸调 pH 至 1~2，放置 5h 即析出黄连素盐酸盐粗品。抽滤，将粗品加热水至刚好溶解，煮沸，用石灰乳调节 pH 为 8.5~9.8。冷却，滤除杂质，继续冷却至室温以下即有黄连素结晶析出。抽滤，得到黄色黄连素结晶，在 50~60℃的烘箱中烘干，称量。

(2) 微波提取法从黄连中提取黄连素　称取一定量黄连浸于水中，放入微波萃取仪，装好回流装置，在一定功率、一定时间下进行微波提取。滤除残渣，测定提取液的吸光值，考察提取率。也可将提取液加入一定量浓盐酸至溶液浑浊，放置冷却析出结晶，干燥，得黄连素结晶后称其质量，计算收率。

技能训练 3-18　从橙皮中提取柠檬油

【目的要求】

(1) 熟悉从植物中提取香精油的原理和方法；

(2) 掌握水蒸气蒸馏装置的安装与操作；

(3) 熟练掌握利用萃取和蒸馏提纯液体有机物的操作技术。

【实验原理】

香精油的主要成分为萜类，是广泛存在于动、植物体内的一类天然有机化合物。大多香精油具有令人愉快的香味，常用作食品、化妆品和洗涤用品的香料添加剂。由于其容易挥发，可通过水蒸气蒸馏进行提取。

柠檬、橙子和柑橘等水果的新鲜果皮中含有一种香精油，叫做柠檬油，为黄色液体，具有浓郁的柠檬香气,是饮料的香精成分。

工业上常用水蒸气蒸馏的方法从植物组织中获取挥发性成分。这些挥发性成分的混合物统称精油,大都具有令人愉快的香味。从柠檬、橙子和柚子等水果的果皮中提取的精油90%以上是柠檬烯。本实验中以橙皮为原料,利用水蒸气蒸馏提取香精油,馏出液用二氯甲烷进行萃取,蒸去溶剂后,即可得到柠檬油。

【实验用品】

(1) 仪器 三口烧瓶（500mL）、直形冷凝管、接液管、锥形瓶（50mL、100mL、250mL）、分液漏斗（125mL）、水蒸气发生器、梨形烧瓶（50mL）、蒸馏头、温度计（100℃）、水浴锅、减压水泵、安全管、电炉与调压器、蒸气导管、玻璃漏斗。

(2) 试剂 橙皮（新鲜）、二氯甲烷、无水 Na_2SO_4。

(3) 其他 剪刀、滤纸。

【实验步骤】

(1) 水蒸气蒸馏 将 50g 新鲜橙皮剪切成碎片后[1]（果皮应尽量剪切得碎些,最好直接剪入烧瓶中,以防精油损失）,放入 500mL 三口烧瓶中,加入 250mL 水。按图 3-12 所示安装水蒸气蒸馏装置[2],加热进行水蒸气蒸馏。控制馏出速度为每秒 2～3 滴。收集馏出液约 80mL 时（此时馏出液中可能还有油珠存在,但量已很少,限于时间,可不再继续蒸馏）,停止蒸馏。

(2) 溶剂萃取 将馏出液倒入分液漏斗中,用 30mL 二氯甲烷（二氯甲烷有毒,接收器应浸入冰浴中,以防其蒸气挥发。接液管的支管应连接一长橡胶导管,接入下水道）,分三次萃取。（有机相在哪一层?）

(3) 干燥除水 合并萃取液,放入 50mL 干燥的锥形瓶中,加入适量无水硫酸钠,振摇至液体澄清透明为止。

(4) 回收溶剂 将干燥后的萃取液滤入干燥的 50mL 梨形瓶中,安装低沸点蒸馏装置。用水浴加热蒸馏,回收二氯甲烷。当大部分溶剂基本蒸完后,再用水泵减压抽去残余的二氯甲烷（常压下用水浴加热,很难将残余的二氯甲烷蒸馏除尽,所以需用水泵减压将其抽出）。烧瓶中所剩余黄色油状液体即为柠檬油,可交给指导教师统一收存。

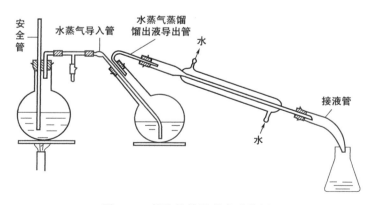

图 3-12 提取柠檬油的实验装置

【数据记录与处理】

记录操作步骤中根据实际情况与书本上方案变动的部分数据以及实验结果。

注释

[1] 橙皮最好是新鲜的，如果没有，干的亦可，但效果较差。

[2] 也可用 500mL 烧瓶加入 250mL 水，进行直接水蒸气蒸馏。

实验指南

(1) 各个接口要连接紧密，不要有缝隙。

(2) 进行水蒸气蒸馏时，当水加热接近沸腾后才能夹紧 T 形管，使蒸汽均匀浸润圆底烧瓶。

思 考 题

(1) 为什么可采用水蒸气蒸馏的方法提取香精油？还有其他方法吗？

(2) 干燥的橙皮中，柠檬油的含量大大降低，试分析原因。

(3) 蒸馏二氯甲烷时，为什么要用水浴加热？

(4) 二氯甲烷的性质如何？有哪些毒性？

(5) 可否用其他有机溶剂代替二氯甲烷？

(6) 水蒸气蒸馏装置中，水蒸气发生器中的安全管的作用是什么？

(7) 实验中有没有尝试将橙皮粉碎和不粉碎对产率有什么影响？

(8) 提出的柠檬油性状如何？

(9) 请查阅资料了解柠檬油有哪些用途。

(10) 柠檬皮中是否含柠檬油更多些，试验证明一下。

4 常用物理参数的测定技术

在检验化工产品时，通常用化工产品的纯度作为衡量其质量的指标，而纯度一般可通过测定化工产品的物理参数进行初步判断。这些常用的物理参数包括熔点、凝固点、沸点、密度、黏度、折射率、比旋光度和电导率等。

4.1 熔点的测定技术

测定熔点是在实验室或工厂检验有机化合物纯度、鉴别未知物的良好手段之一，同时通过测定若干高纯度标准有机化合物的熔点，还可以对温度计进行较正。

4.1.1 熔化、熔点与熔程

熔化是指对固体物质加热，使其从固态转变为液态的吸热过程。

固体物质在一定大气压力下，固态与熔融态达到平衡时的温度叫熔点。纯品不仅熔点有固定值，且熔程也很小，一般为 0.5～1℃。熔程（熔点范围）是指固体物质从开始熔化到完全熔化的温度范围。通常有机化工产品中的杂质含量越多，其熔点就会降低，熔程则显著增大。

大多数有机化合物的熔点较低，一般不会超过 400℃，比较便于测定。

4.1.2 熔点测定的意义

在鉴别未知物时，如果测得的熔点与某已知物的熔点相同（或接近），不能就此判断两者为同一物质。因为有些不同化合物具有相同或相近的熔点，如尿素和肉桂酸的熔点都是133℃。为了进一步确认，通常可将两种样品按不同的比例（1∶9，1∶1和9∶1）混合研细，再测定熔点，如测定结果比单一试样的熔点低或熔程加大，即为不同物质。如测定结果相同，则为同一化合物。

4.1.3　熔点测定的装置

将固体待测样品装在熔点管（一端封熔的毛细管）中，通过间接加热的方式进行。常用的熔点测定装置有双浴式熔点测定装置和提勒管式熔点测定装置。

4.1.3.1　双浴式熔点测定装置

用一侧面开口胶塞将试管固定在距离 250mL 圆底烧瓶底部约 1.5cm 处，烧瓶内盛放约占其容积 2/3 的浴液。用小橡胶圈将装好样品的熔点管固定在分度值为 0.1℃的测量温度计上，使样品部分紧靠水银球中部。再通过一侧面开口胶塞将上述温度计固定在距离试管底部约 1cm 处，试管中可加入浴液（或不加浴液，而使用空气浴）。最后用小橡胶圈将一辅助温度计固定在测量温度计的露茎部分，如图 4-1 所示。

该装置为国家标准中规定的熔点测定装置，主要用于权威性的测定。其特点为样品受热均匀，测量温度可进行露茎较正，精确度较高。

4.1.3.2　提勒管式熔点测定装置

提勒管（Thiele）也叫 b 形管，内部盛装浴液，其液面高度应高于上侧管 1cm 左右。加热部位为侧管顶端，以便于管内浴液形成良好的对流循环，保持均匀的温度分布。按照双浴式熔点测定装置中固定温度计和熔点管的位置与方法，用侧面开口塞将其安装在提勒管中两侧管中间，如图 4-2 所示。

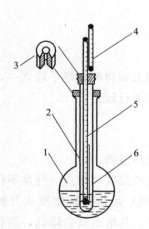

图 4-1　双浴式熔点测定装置

1—圆底烧；2—试管；3—侧面开口胶塞；

4—辅助温度计；5—测量温度计；6—熔点管

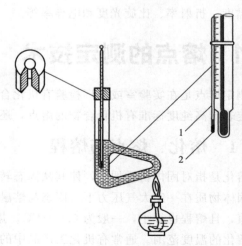

图 4-2　提勒管式熔点测定装置

1—熔点管；2—样品

目前，此装置为实验室中较为广泛使用的熔点测定装置。其特点为操作简便、浴液用量少、节省测定时间，可用于一般的产品鉴定。

4.1.4　熔点测定的方法

无论采用哪种装置，测定熔点的方法基本相同。下面以提勒管式熔点测定装置为例。

（1）填装样品　取约 0.1g 样品，放入干燥且洁净的表面皿中，用玻璃钉研成粉末，再聚成小堆。将熔点管开口端在粉末堆中插入几次，使样品进入管内。再将开口端向上，轻轻在桌面上敲击，使粉末落入管底。然后取一根长约 40 cm 的玻璃管，垂直竖立于一块洁净的表面皿上，将熔点管开口端向上，从玻璃管上端投入，使其自由落下，如图 4-3 所示。如此重复操作几次，使样品被紧密结实地填装在熔点管底部，高度为 2～3mm。

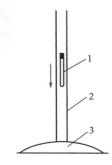

图 4-3　样品的填装
1—熔点管；2—玻璃管；
3—表面皿

（2）安装仪器　将装入浴液的提勒管固定在铁架台上，如图 4-2 所示安装好附有熔点管的温度计，熔点管应附于温度计侧面，温度计的刻度值应置于塞子开口一侧并朝向实验者，以便于观察。

（3）加热测熔点　先用酒精灯在侧管底部加热，开始时应控制升温速度为 5℃/min 左右。当温度升至约低于样品熔点 10℃ 时，控制升温速度为 1～2℃/min。接近熔点时，升温速度应更慢，约为 0.5℃/min。实验过程中，应密切关注熔点管内的固体变化情况。当样品出现潮湿或塌陷时，表明固体开始熔化，此时温度为初熔温度。当固体完全熔化，呈透明状时，此时温度为全熔温度。这两个温度就是该物质的熔程（熔点范围）。例如某化合物的初熔温度是78℃，全熔温度是 80℃，则该化合物的熔程应记录为 78～80℃。

测定熔点时，至少要有两组重复数据。每次测定都需重新更换熔点管，并将浴液冷却至低于样品熔点 10℃ 以下，才能重复操作。

（4）熔点测定值的校正　采用提勒管式熔点测定装置，通常只需将对测定结果进行温度计示值校正。而采用双浴式熔点测定装置进行较高精密度测定时，必须对测定结果进行温度计示值校正和露茎校正。

校正公式如下：

$$t = t_1 + \Delta t_2 + \Delta t_3 \qquad (4\text{-}1)$$
$$\Delta t_3 = 0.00016h(t_1 - t_4) \qquad (4\text{-}2)$$

式中　t_1——测量温度计的度数，℃；

　　　Δt_2——测量温度计的示值较正值，℃；

　　　Δt_3——测量温度计露茎较正值，℃；

　　　t_4——露茎平均温度（即辅助温度计的读数），℃；

　　　h——测量温度计露茎部分的水银柱的高度，℃。

4.1.5　熔点测定的仪器——数字熔点仪

熔点测定仪在化学工业、医药研究中占据重要地位，是检验药物、香料、染料及其他有机晶体物质的必备仪器。WRS-1B 数字熔点仪（图 4-4、图 4-5）采用光电检测、数字温度显示等技术，具有初熔、全熔自动显示，熔化曲线自动记录等功能。初熔温度可自动储存，具有无需实验人员监视的功能。

图 4-4　WRS-1B 数字熔点仪

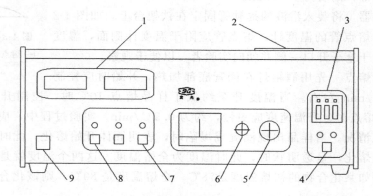

图 4-5　WRS-1B 数字熔点仪正面视图

1—温度显示窗口；2—毛细管插口；3—起始温度设定单元；4—起始温度设定按钮；
5—线性速度选择开关；6—调零旋钮；7—初熔读出开关；8—线性升温按钮；9—电源开关

4.1.5.1　操作步骤

① 开启电源开关，预热 20min。此时，保温灯及初熔灯亮，电表偏向右方。

② 通过起始温度按钮，设定起始温度，此时预置灯亮。

③ 选择升温速度，将波段开关调至需要位置。

④ 预置灯熄灭时，起始温度设定完毕，可插入样品毛细管。此时，电表基本指零，初熔灯熄灭。

⑤ 调零，使电表完全指零。

⑥ 按下升温钮，升温指示灯亮，如忘记插入带有样品的毛细管而按升温钮时，读数屏将出现随机数提示纠正操作。

⑦ 数分钟后，初熔灯先闪亮，然后出现终熔读数显示，欲知初熔读数，按初熔钮即可。

⑧ 只要电源未切断，上述读数值将一直保留至测下一个样品。

⑨ 用 R232 电缆连接熔点仪与计算机，将随机软盘插入计算机，执行 WRS 程序。

4.1.5.2　注意事项

① 样品必须按要求焙干，在干燥和洁净的研钵中研碎，用自由落体法敲击毛细管，使样品填结实，样品填装高度应不高于 3mm。样品高度应一致，以确保测量结果一致性。

② 毛细管插入仪器前应用干净软布将外面沾污的物质清除，否则日久插座下面会积垢。

③ 仪器开机后自动预置到 50℃，炉温高于或低于此温度都可用拨盘快速设定。

④ 设定起始温度切勿超过仪器使用范围（室温～300℃），否则仪器将会损坏。

⑤ 达到起始温度附近时，预置灯交替发光，这是炉温缓冲过程，平衡后二灯熄灭。

⑥ 先测高熔点样品再测低熔点样品，可直接用起始温度设定按钮实现快速降温。

⑦ 样品起始温度与线性升温速度对样品测定结果有一定影响，需要严格控制温度。

 # 技能训练 4-1　苯甲酸熔点的测定

【目的要求】

（1）了解熔点测定的原理及意义；

（2）初步掌握提勒管式熔点测定装置测定固体熔点的操作方法。

【实验原理】

实验中用甘油作为浴液，采用提勒管式熔点测定装置，分别测定苯甲酸和未知物的熔点。再根据未知物的熔点，推测化合物的可能性，并向指导教师索取该化合物，然后将其与未知样品 1：1 混合测定熔点，最后确认测定结果。

【实验用品】

（1）仪器　提勒管、熔点管、表面皿、酒精灯、开口橡胶塞、玻璃钉、火柴、测量温度计（150℃、100℃、分度值 0.1℃）、玻璃管（40cm）。

（2）试剂　苯甲酸（A.R.）、萘（A.R.）、甘油（C.P.）。

【实验步骤】

（1）测定苯甲的熔点

① 填装样品　取约 0.1g 苯甲酸，放入干燥洁净的表面皿中，用玻璃钉研细，如图 4-3 所示操作，填装 2 支熔点管。

② 安装仪器　向提勒管中装入甘油，液面与上侧管平齐即可[1]。如图 4-2 所示，将附有熔点管的温度计安装在提勒管的两侧管之间[2]。将提勒管固定在铁架台上，用酒精灯火焰对准侧管处进行加热。

③ 加热测熔点　先用酒精灯在侧管底部加热，升温速度控制为约 5℃/min；当温度升至接近 112℃时，移动酒精灯，使降低升温速度至约 1℃/min；接近 122℃时，将酒精灯移至侧管边缘处缓慢加热，使温度上升更慢些。注意观察熔点管中样品变化，记录初熔和全熔的温度。待样品全熔后，撤离并熄灭酒精灯。待温度下降至 110℃左右时，取出温度计，弃去熔点管[3]，换上另一盛有样品的熔点管，重复测定一次。

（2）测定未知样品的熔点　取未知样品一份，在洁净干燥的表面皿上研细后，填装 3 支熔点管。待甘油浴的温度降到 100℃以下时，按上述方法测定未知样品熔点。先快速升温粗测一次，记录粗略熔点后，稍冷却，再精确测定两次。

根据测得的熔点，推测化合物的种类，再向指导教师索取该化合物，测定其熔点。如测得熔点与未知样品相同，再将其与未知样品混合后，测定混合样品的熔点，观察其熔程，并确认测定结果。

（3）拆除装置　测定结束后，应等浴液冷却至接近室温，再拆除装置，将甘油和样品分别装入指定的回收容器中，最后将所用仪器清洗干净。

【数据记录与处理】

将实验数据填入表 4-1 中。

表 4-1　苯甲酸熔点的测定

样品	测定值/℃		平均值/℃	文献值/℃
苯甲酸	第一次			
	第二次			
未知样品	第一次			
	第二次			
确认样品	第一次			
	第二次			
混合样品	第一次			
	第二次			

注释

[1] 由于甘油黏度较大，沿着管壁流下后即可使液面超过侧管。另外，浴液受热膨胀也会使液面升高。

[2] 由于侧管内浴液的对流循环作用，使提勒管中部温度稳定变化，熔点管在此处受热较均匀。

[3] 对于已测定过熔点的样品，虽经冷却后已固化，但不能重复测定。因为有些物质受热后，会发生部分分解，还有些物质会转变成具有不同熔点的其他结晶形式。

实验指南

(1) 若熔点管不洁净、样品不干燥或含有杂质，会使所测熔点偏低、熔程增大。

(2) 样品一定要研细、装实，否则空隙会影响测定结果的准确性。样品量要适当，太少不便观察，太多熔程会增大。

(3) 固定熔点管的橡胶圈不能浸没在浴液中，以免被浴液溶胀而导致熔点管脱落。

(4) 测量结束后，温度计不宜立即用冷水冲洗，浴液应冷却至室温后再倒回试剂瓶中，否则将造成温度计或试剂瓶炸裂。

思　考　题

(1) 为什么通过测定熔点可以检验晶体物质的纯度？

(2) 如果测得某一未知物质的熔点与某已知物质的熔点相同，能否确认它们为同一化合物？为什么？

(3) 测定熔点时，如发生下列情况会产生什么结果？

① 熔点管壁太厚；

② 熔点管不洁净；

③ 样品未完全干燥或含有杂质；

④ 样品研得不细或装得不紧密；

(4) 判断下列说法是否正确。

① 已测定过熔点的样品，冷却后，可用于第二次测定。（　　）

② 含有杂质的固体物质，熔点会降低，熔程则显著增大。（　　）

③ 装有同一种样品的熔点管，可同时放于热浴中测量。（　　）

④ 测熔点时，使用的是直接加热的方式。（　　）

⑤ 鉴别物质时，如果两种化合物的熔点相同或相近，可按不同比例混合，测其混合物的熔点，再进一步加以判断。（　　）

⑥ 测量结束后，温度计应立即用冷水冲洗。（　　）

⑦ 测定熔点时，升温速度应保持恒定。（　　）

熔点测定技能考核评价表见表 4-2。

表 4-2　熔点测定技能考核评价表

项　目		操作标准	分值	扣分	得分
准备实验（1分）		清点仪器	0.5		
		检查试剂是否齐全	0.5		
熔点的测定（14分）	样品填装（4.5分）	提勒管中甘油液面是否高于上侧管 1cm	1		
		熔点管内样品高度是否为 2～3mm	1		
		装样前,样品是否研磨得很细	1		
		熔点管选择是否洁净、管壁厚度合适	0.5		
		装样是否紧密	1		
	仪器安装（3分）	样品位置是否固定在温度计水银球中间	1		
		温度计水银球是否位于两个侧管中间	1		
		固定熔点管的橡胶圈是否浸没在浴液中	1		
	加热（6.5分）	测量前提勒管是否预热	0.5		
		酒精灯外焰是否对准提勒管支管尖端加热	1		
		酒精灯点燃、添加酒精、熄灭是否正确	3		
		初熔温度测量是否准确	1		
		全熔温度测量是否准确	1		
文明操作（1.5分）		实验过程中仪器、试剂摆放是否整齐有序	1		
		实验完毕,是否整理实验台	0.5		
数据处理（1.5分）		测量结果是否准确	1.5		
报告（1分）		报告规范（完整、明确、清晰）	1		
合计（19分）					

4.2　凝固点的测定技术

液体物质降温或冷却，从液态转变为固态的过程叫凝固。对同一种物质而言，在标准大气压下，熔化与凝固的温度相同，只是过程相反，即凝固为熔化的逆过程。

4.2.1　凝固点

凝固点是指液体物质在大气压力下，液-固两态达到平衡时的温度。在一定压强下，任何晶体的凝固点均与其熔点相同。不同晶体具有不同的凝固点，非晶体没有固定的凝固点和熔点。

同一种晶体，凝固点与压强有关。凝固时体积膨胀的晶体，凝固点随压强的增大而降低；凝固时体积缩小的晶体，凝固点随压强的增大而升高。在凝固过程中，液体转变为固体，同时放出热量。因此，当物质的温度高于凝固点时为液态，低于凝固点时为固态。

4.2.2　凝固点测定的意义

凝固点为物质的特征常数，如果物质中含有杂质，则凝固点偏低。因此，可根据凝固点的测定值来检验物质的纯度。

4.2.3　凝固点测定的装置

测定凝固点的装置由一支带有套管的大试管、温度计和烧杯组成，如图 4-6 所示。烧杯用来盛装冷却浴液，可根据被测物质的凝固点不同选择不同的冷却浴。当凝固点在 0℃ 以上时，通常选用冰-水混合物做冷却浴；当凝固点在 −20℃ ～ 0℃ 时，可选用盐-冰混合物做冷却浴；当凝固点在 −20℃ 以下时，常用酒精-固体二氧化碳（干冰）混合物做冷却浴。

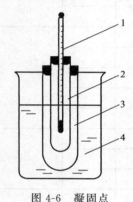

图 4-6　凝固点
测定装置
1—温度计；2—试管；
3—套管；4—冷却浴

4.2.4　凝固点测定的方法

（1）装入样品　如果样品为液体，应量取 15mL 置于大试管中，直接进行测定。如果样品为固体，应称取 20g 左右置于大试管中。再将试管放入适当的热浴中加热熔化，并使熔化后的液体继续升温 10℃ 以上。

（2）安装仪器　将配好塞子的温度计插入装有待测样品的大试管中，温度计的水银球应浸入液面下，再按图 4-6 所示进行安装。

（3）测定凝固点　仔细观察试管中的液体及温度计示值变化，当液体出现凝固现象且温度保持不变维持 1 min 以上时，即判断此温度为该物质的凝固点。

4.2.5　凝固点测定的仪器——自动凝固点测定仪

自动凝固点测定仪（图 4-7）在实验教学与科研工作中应用广泛，它实现了控制、读数自动化，减小人为误差，具有实验结果重现性好、准确度高的特点。

4.2.5.1　操作步骤

① 将 95％无水乙醇注入冷浴槽，液面应距离冷浴槽上沿边约 1cm，以防流出。

② 打开电源开关，均匀搅拌浴液，数秒钟后，温控表上显示浴内温度，按动温控表上的"设置"键，显示 SP 字符，再按动"递增"或"递减"键，设定所需温度，再按动"设置"键，设置完毕，此时"制冷"指示灯亮。

③ 开启"制冷"开关，浴液温度下降，待"制冷"指示灯灭，"加热"灯闪动，表示冷浴开始恒温。

④ 开启"计时"开关，数字显示"000"，观察试样是否凝固，拉动试管至 45°，计时 60s，报警声响过再将试管从浴中抽出观察。

⑤ 凝固点试管内注入到达刻线的试样，将凝固点套圈放入浴槽孔中，将试管插入槽孔

中，将温度计插入试管胶塞上。

⑥ 确定凝固点温度范围后，试样的凝固点必须重复测定，第二次测定时的起始温度需比第一次所测凝固点高 2℃。

4.2.5.2 注意事项

① 仪器不能在潮湿和有腐蚀性气体的环境中存放。

② 仪器工作室温度应控制在 30℃ 以下。

③ 当冷浴槽中无介质情况下，严禁开机，以防烧坏加热管。

④ 停电或停机时，应至少等待 30min，再重新开机。

图 4-7　NGD-01 型自动凝固点测定仪

⑤ 仪器 24h 以上停用时，应将乙醇吸入瓶中以防挥发，如发现制冷效果差或乙醇使用时间较长，应及时更换。

⑥ 制冷机组应摆放在通风处，且保持室温不超过 24℃。

技能训练 4-2　凝固点降低法测定萘的相对分子质量

【目的要求】

（1）了解凝固点降低法测定相对分子质量的原理及意义；

（2）初步掌握凝固点的测定技术。

【实验原理】

凝固点降低法是一种既简单又准确的测定物质相对分子质量的方法。

当稀溶液凝固析出纯固体时，则溶液的凝固点低于纯溶剂的凝固点，其降低值 $\Delta T = T_f^* - T_f$ 与溶质的质量摩尔浓度成正比，即

$$\Delta T = T_f^* - T_f = K_f b_B \tag{4-3}$$

$$b_B = 1000 m_B / (M_B m_A) \tag{4-4}$$

式中　ΔT——凝固点降低值，℃；

T_f^*——纯溶剂的凝固点，℃；

T_f——溶液的凝固点，℃；

K_f——溶剂的凝固点降低常数，其数值仅与溶剂性质有关；

b_B——溶质 B 的质量摩尔浓度，mol/g；

m_A——溶剂 A 的质量，g；

m_B——溶质 B 的质量，g；

M_B——溶质 B 的摩尔质量，g/mol。

根据已知某溶剂的凝固点降低常数 K_f 值，通过实验测定此溶液的凝固点降低值 ΔT，

即可计算溶质的相对分子质量，其数值与 B 的摩尔质量相等。

$$M_B = 1000K_f m_B / (\Delta T m_A) \tag{4-5}$$

本实验通过测定纯溶剂与溶液的温度，得到两者的凝固点之差 ΔT，进而计算待测物的相对分子质量。

【实验用品】

（1）仪器　凝固点测定仪、电子分析天平、贝克曼温度计、温度计（50℃）、移液管（25mL）、洗耳球、烧杯、滤纸。

（2）试剂　环己烷（A.R.）、萘（A.R.）、冰。

（3）其他　滤纸。

【实验步骤】

（1）开启凝固点测定仪电源开关，显示初始温度，在冰浴槽中放入碎冰和水，将传感器放入冰槽中调节温度为 3.5℃，再将空气套管插入冰浴槽内，同时按下"锁定"键，锁定基温选择量程。

（2）用移液管吸取 25mL 环己烷，放入洁净、干燥的凝固点测量管中，同时放入磁力转子，再将温度传感器插入橡胶塞中。将盛有环己烷的凝固点管插入冰浴槽中，平稳搅拌使之冷却，当开始有晶体析出时放在空气套管中冷却，观察样品管的降温过程，记录最高及最低点温度，其中最高点温度即为环己烷的初测凝固点。

（3）取出凝固点测定管，用掌心握住加热，待凝固点测定管内固体全部熔化后，将凝固点测定管直接插入冰浴槽中，缓慢搅拌。当温度降至高于初测凝固点 0.5℃时，迅速将凝固点测定管取出，插入空气套管中，记录下温度差值；当温度低于初测凝固点 0.2℃时，加速搅拌，等固体析出、温度上升时，再缓慢搅拌，直至温度稳定为止，重复测定三次，其平均值为纯环己烷的凝固点。

（4）溶液凝固点的测定　取出凝固点测定管，待管中固体完全熔化后，用分析天平精确称取萘 0.15g，加入凝固点管使其完全溶解于环己烷中，用前面的测定方法，先测初测凝固点，再精确测定，重复三次，取平均值。

（5）实验完成后，关闭电源，清洗测定管，擦干搅拌器，整理实验台。

【数据记录与处理】

（1）将实验数据填入表 4-3 中。

表 4-3　凝固点降低法测定萘的相对分子质量

室温：＿＿＿＿＿＿＿℃　　　　大气压力：＿＿＿＿＿＿＿Pa

物质	质量		凝固点 T_f/℃		凝固点降低值 $(\Delta T = T_f^* - T_f)$/℃	萘的相对分子质量 $M_B = 1000K_f m_B / (\Delta T m_A)$
			测量值	平均值		
环己烷	第一次					
	第二次					
	第三次					
萘	第一次					
	第二次					
	第三次					

(2) 由所得数据计算萘的相对分子质量，并计算与理论值的相对误差。

实验指南

(1) 用凝固点降低法测定相对分子质量只适用于非挥发性溶质且非电解质的稀溶液。

(2) 在测量过程中，析出的固体越少越好，以减少溶液浓度的变化，准确测定溶液的凝固点。如过冷太甚，溶剂凝固过多，溶液的浓度变化太大，会导致所测凝固点偏低。在测量过程中可通过控制过冷温度、加速搅拌和加入晶种等控制过冷。

(3) 搅拌速度的控制为实验关键，每次测定应按要求的速度搅拌，并且测定溶剂与溶液凝固点的搅拌条件应完全一致。

(4) 准确读取温度，应读准至小数点后第三位。

(5) 贝克曼温度计插入时不要碰壁与触底。

思考题

(1) 测凝固点时，纯溶剂温度回升后有一个恒定阶段，而溶液则没有，为什么？

(2) 溶液浓度太浓或者太稀对实验结果有什么影响，为什么？

(3) 影响凝固点精确测量的因素有哪些？

(4) 判断下列说法是否正确。

① 如果物质中含有杂质，则凝固点升高。（　　　）

② 凝固点装置中的温度计水银球不能浸入液面以下。（　　　）

③ 贝克曼温度计能精密测量温度的绝对值。（　　　）

④ 所有固体都有凝固点。（　　　）

⑤ 使用电子分析天平称量前，应调整天平水平。（　　　）

附 4-2-1　贝克曼温度计

贝克曼温度计（图 4-8）是精密测量温度差值的温度计，温度计水银球与贮汞槽由均匀的毛细管连通，其中除水银外是真空。刻度尺上的刻度一般只有 5℃ 或 6℃，最小刻度为 0.01℃，可以估计到 0.001℃。

(1) 操作步骤

① 根据被测温度高低，调节水银球中的汞量。如果毛细管内的水银面在所要求的合适刻度附近，不必调整，否则应按下述三个步骤进行调整：

a. 水银丝的连接；

b. 调节水银球中的汞量；

c. 调好后的贝克曼温度计最好插入冰水溶液中，不能倒置，以免毛细管中的水银与贮汞槽中的水银相连。

② 可根据需要分别使用恒温浴和标尺读数法进行量程调节。

③ 读数前必须先用手指轻敲水银面处，消除黏滞现象后用放大镜读取数值。读数时，贝克曼温度计必须垂直，且将水银球全部浸入所测温度的体系，视线要与水银面平行。

(2) 注意事项

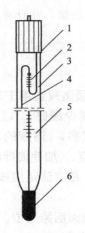

图 4-8 贝克曼温度计

1—贝克曼温度计保护帽；2—备用泡（圆形小球及其下 U 形部分）；3—副标尺；

4—毛细管（内径最小的玻璃管部分）；5—主标尺；6—感温泡（温度计末端，充满水银时呈银白色）

① 贝克曼温度计由薄玻璃制成，比一般水银温度计长得多且易损，所以一般应放置于温度计盒中、安装在使用仪器架上或握在手中，不应任意放置。

② 调节时，注意勿让它受剧热或剧冷，还应避免重击。

③ 调节好的温度计，注意勿使毛细管中的水银柱再与贮槽里的水银相连接。

④ 贝克曼温度计不能用来准确测量待测物温度的绝对值。

附 4-2-2　SWC-Ⅱ_D 精密数字温度温差仪（电子贝克曼温度计）

SWC-Ⅱ_D 精密数字温度温差仪（图 4-9）为电子贝克曼温度计的一种，该仪器采用了全集成电路设计，可同时测量体系的温度和温差，且具有精度高、测量范围宽和操作简单等优点，此外还设有可调报时、读数保持、基温自动选择、读数采零及超量程显示等功能，并配备 RS-232C 通信输出口，可以实现温度和温差检测与控制自动化。

SWC-Ⅱ_D 精密数字温度温差仪的操作面板如图 4-10 所示。

图 4-9　SWC-Ⅱ_D 精密数字温度温差仪

（1）操作步骤

① 将传感器探头对准槽口，插入到后盖板上的传感器接口内。

② 将传感器插入待测物中，插入深度大于 50mm；打开电源开关，仪器显示待测物的实时温度。

③ 温度显示值稳定时，按"采零"键，使温度显示为"0.000"；当待测物温度变化时，显示为采零后的温差相对变化值。

④ 实验时，按"采零"键后，再按"锁定"键，防止由于待测物温度变化过大，仪器自动选择基温造成的不能正确反映温度变化值。

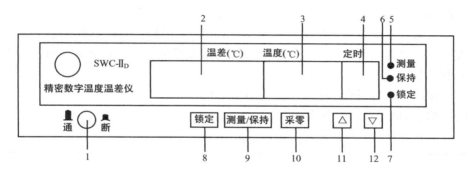

图 4-10 SWC-Ⅱ_D 精密数字温度温差仪面板示意图

1—电源开关；2—温差显示窗口；3—温度显示窗口；4—定时窗口；5—测量指示灯；

6—保持指示灯；7—锁定指示灯；8—锁定键；9—测量、保持功能转换键；10—采零键；11，12—数字调节键

⑤ 为防止温度和温差变化太快而导致无法读数，按"测量/保持"键置于"保持"位置；读数完毕，按"测量/保持"键置于"测量"位置，进行跟踪测量。

⑥ 按"△"或"▽"键，设定所需报时间隔，应大于 5s，否则定时读数不发挥作用；设定完毕，"定时"显示倒计时，当完成一个计数周期时，蜂鸣器鸣叫且读数保持约 5s，"保持"指示灯亮，此时可观察和记录数据；若不想报警，应将"定时"读数设为"0"。

（2）注意事项

① 测量过程中，慎用"锁定"键，因为按"锁定"键后，基温自动选择和"采零"将不起作用，直至重新开机。

② 仪器的显示窗杂乱无章或显示"OUL"时，表明仪器测量的温差超过量程，应检查待测物的温度或传感器是否连接好，且应重新"采零"。

③ 仪器数字不变时，检查仪器是否处于"保持"状态。

附 4-2-3 电子分析天平

电子分析天平（图 4-11）为精确称量的仪器，可精确称量至 $0.0001g$（即 $0.1mg$）以上。它具有精度高、称量方便、迅速、读数准确、自动校正和自动去皮重等特点。

（1）操作步骤

① 检查调整天平是否水平。

② 打开天平开关，预热，等待显示稳定标志。

③ 称量时，将洁净的称量瓶或称量纸放在秤盘上，关上侧门，按"去皮"键，等待天平自动归零。

④ 放入待称量试样，读出显示屏所示实际数值。

⑤ 称量结束时，取出秤盘上物品，关上侧门，切断电源。

图 4-11 电子
分析天平

（2）注意事项

① 根据称量物的不同性质，将其放在称量纸、表面皿或称量瓶内，不能直接放在秤盘上，且不能称超过天平的最大载重的物品。

② 过冷、过热或具有挥发性、腐蚀性的试样不能放入天平内称量。

③ 每次称量时，应关闭天平门，且中途不可更换天平，以免产生相对误差。

④ 称量结束，应检查有无药品撒落到天平内，天平门是否关紧，布罩是否罩好。

⑤ 天平室内温度应保持在（20±2）℃，避免阳光晒射、涡流侵袭或单面受冷受热，框罩内应放置硅矾干燥剂。

⑥ 天平使用一段时期后，应送计量部门检定和调修。

凝固点测定技能考核评价见表 4-4。

表 4-4 凝固点测定技能考核评价表

项 目		操作标准	分值	扣分	得分
准备实验(1分)		清点仪器	0.5		
		检查试剂是否齐全	0.5		
凝固点的测定 (10分)	贝克曼温度计 (4.5分)	检查温度计各部件是否完好	0.5		
		水银丝是否连接	0.5		
		是否根据被测温度调节水银球的汞量	1		
		调好后的贝克曼温度计是否插入冷却浴中	0.5		
		量程调节是否准确	1		
		读数是否正确	1		
	电子分析天平 (5.5分)	检查天平各部件是否完好	0.5		
		使用前，是否清扫天平	0.5		
		使用前，是否调节水平及零点	1		
		称量物是否放置在秤盘中央	0.5		
		称量过程是否洒落样品	0.5		
		读数时两侧门是否关闭	1		
		称量是否迅速、准确	1		
		天平罩放置是否正确	0.5		
文明操作(1.5分)		实验过程中仪器、试剂摆放是否整齐有序	1		
		实验完毕，是否整理实验台	0.5		
数据处理(1.5分)		结果是否准确	1		
		单位表示是否正确	0.5		
报告(1分)		报告规范(完整、明确、清晰)	1		
合计(15分)					

4.3 沸点的测定技术

沸点是液体物质的特征物理参数，准确地测定沸点，不仅能够用于判断液体的纯度，而且对液体混合物的分离、提纯也具有重要的指导意义。

4.3.1 沸腾、沸点与沸程

沸腾是指液体受热超过其饱和温度时，在液体内部和表面同时发生剧烈汽化的现象。

液体的蒸气压与外界压力相等时液体沸腾的温度叫沸点。通常把液体在标准大气压（101 325 Pa）下沸腾时的温度称为这种液体物质的沸点，不同液体的沸点不同。

液体物质沸点的高低与其承受的外界压力有关。液体物质受热时，其蒸气压随温度的升高而增大。因此随着大气压力的变化，同一液体的沸点也会发生改变。

纯液体在一定压力下具有固定的沸点，此时蒸气与液体处于平衡状态且组成不变。蒸馏时，第一滴馏分流出时的温度为初馏温度，蒸馏接近完毕时的温度为末馏温度，两个温度之差为沸程。一般纯液体物质的沸程为 0.5～1℃；如果液体含有杂质，则沸程加大。

4.3.2　沸点测定的意义

沸点为检验液体物质纯度的重要标志，因此准确测定液体沸点，对于物质的鉴定、分离、提纯具有重要意义。值得注意的是，由几种液体物质形成的恒沸物通常有固定的沸点，因此，不能说有固定沸点的物质一定是纯净物。

4.3.3　沸点测定的装置

用一侧面开口胶塞将盛有待测液体的试管固定在距离 250mL 三口烧瓶底部约 1.5cm 处，三口烧瓶内盛放浴液的液面应略高于试管中待测试样液面。将分度值为 0.1℃的精密测量温度计通过一侧面开口胶塞固定在距离试管底部约 1cm 处，用小橡胶圈将该温度计的露茎部分与一辅助温度计用小橡胶圈固定在一起。三口烧瓶的两个侧口一个放入辅助温度计，用来测定浴液温度，另一侧口用橡胶塞塞住，如图 4-12 所示。

此装置为国家标准中规定的沸点测定装置，所测的沸点经温度、压力、纬度和露茎校正以后，准确度较高，主要用于准确度要求较高的实验。另外，还可以采用普通蒸馏装置测定液体物质的沸点。

4.3.4　沸点测定的方法

（1）安装仪器　将盛有甘油（或浓硫酸）浴液的三口烧瓶固定在铁架台上，浴液约占三口烧瓶容积的 1/2。如图 4-12 所示安装好盛装待测液的试管、测量温度计和辅助温度计，用橡胶圈将辅助温度计固定在测量温度计侧面，其水银球应位于测量温度计露出胶塞的水银柱中部，然后在三口烧瓶的两个侧口分别装上另一辅助温度计和胶塞，温度计的刻度值应置于塞子开口一侧并朝向实验者，以便于观察。

（2）测定沸点　选择适当的热源进行加热，当试管中样品开始沸腾，测量温度计示值 1min 内保持恒定时，该温度即为待测液体的沸点。记录测量温度计和辅助温度计的读数、露茎高度、室温和大气压。

（3）沸点测定值的校正　实验中所测沸点的校正公式如下：

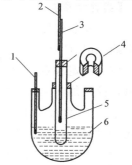

$$t = t_1 + \Delta t_2 + \Delta t_3 + \Delta t_p \tag{4-6}$$

$$\Delta t_3 = 0.000\,16h(t_1 - t_4) \tag{4-7}$$

$$\Delta t_p = CV(1013.25 - p_0) \tag{4-8}$$

图 4-12　沸点测定装置
1，2—辅助温度计；
3—测量温度计；
4—侧面开口塞；5—试管；
6—三口烧瓶

$$p_0 = p_t - \Delta p_1 + \Delta p_2 \qquad (4\text{-}9)$$

式中　　t——校正后沸点值，℃；

t_1——测量温度计读数，℃；

Δt_2——测量温度计本身示值的校正值，℃；

Δt_3——测量温度计的露茎校正值，℃；

Δt_p——沸点随气压变化的校正值，℃；

t_4——测量温度计露茎部分的平均温度（即辅助温度计的读数），℃；

h——测量温度计露茎部分的水银柱高度，℃（以温度计的刻度数值表示）；

CV——沸点随气压的变化率，℃/hPa，可由附录 14 查出；

p_0——0℃时的气压，hPa；

p_t——室温时的气压，hPa；

Δp_1——由室温时气压换算至 0℃时气压的校正值，hPa，可由附录 12 查出；

Δp_2——纬度重力的校正值，hPa，可由附录 13 查出；

0.00016——水银对玻璃的膨胀系数。

技能训练 4-3　无水乙醇沸点的测定

【目的要求】

（1）了解沸点测定的方法和意义；

（2）初步掌握液体沸点测定装置的安装和操作方法；

（3）掌握温度计校正的方法和意义。

【实验用品】

（1）仪器　三口烧瓶（250mL）、测量温度计（100℃，分度值 0.1℃）、辅助温度计（50℃、200℃，分度值 1℃）、试管、开口橡胶塞、电加热套。

（2）试剂　甘油（C.P.）、环己烷（A.R.）、无水乙醇（A.R.）。

【实验步骤】

（1）安装仪器　向 250mL 三口烧瓶中加入占其一半体积的甘油作为浴液，再向试管中加入约 2mL 环己烷，如图 4-12 所示安装沸点测定装置。

（2）测定沸点　用电加热套作为热源，控制升温速度为 4～5℃/min，直至试管中液体沸腾，控制加热温度，如果测量温度计的示值在 1min 内保持恒定，记录此时测量温度计读数（t_1），辅助温度计读数（t_4），露茎高度（h），停止加热。然后测量并记录室温（$t_{室}$）与气压计读数（p_t）。

（3）测定无水乙醇的沸点　按上述方法测定无水乙醇的沸点。

（4）拆除装置　测定结束后，将浴液冷却至接近室温，再拆除装置，将甘油和样品分别装入指定的回收容器中，然后将所用仪器清洗干净。

【数据记录与处理】

将实验中测得各项数据填入表 4-5 中。

表 4-5　无水乙醇沸点的测定

室温：_____℃　　　大气压力：_____hPa

样品	测量温度计读数 t_1/℃	辅助温度计读数 t_4/℃	露茎 h	实测沸点/℃	校正沸点/℃	文献值/℃
环己烷						
无水乙醇						

实验指南

(1) 从安全角度考虑，实验中可采用甘油作为浴液。

(2) 每次更换被测物质时，应将测量温度计洗净并擦干，以免影响下一待测样品测量的准确性。

(3) 盛装待测液体的试管应洁净干燥，以免由于含有杂质而影响测定结果的准确性。

(4) 实验结束后，不能立即用冷水冲洗热温度计，防止温度计炸裂。

(5) 测量温度计应在使用前进行示值校正，其方法是在高精密度的恒温槽中，将测量温度计与具有同样量程的标准温度计进行比较，得出校正值。

思　考　题

(1) 测量温度计应安装在什么位置？可否插入液面以下？为什么？

(2) 为什么使用有侧面开口的胶塞固定试管和测量温度计？

(3) 测定几种液体物质沸点时，为什么要等浴液降温后再更换被测物质？

(4) 实验过程中，升温过快或过慢，会对测定结果造成什么影响？

(5) 如果测得某种液体有固定的沸点，可否认为该液体为纯净物？为什么？

(6) 判断下列说法是否正确。

① 沸点是液体物质纯度的重要标志，含有杂质时，沸程会减小。（　　）

② 测量沸点时测量温度计应插入液面以下。（　　）

③ 当外界压力改变时，同一液体的沸点会发生变化。（　　）

④ 国家标准规定的沸点测定装置对温度、压力、纬度和露茎都进行了校正。（　　）

沸点测定技能考核评价表见表 4-6。

表 4-6　沸点测定技能考核评价表

项目		操作标准	分值	扣分	得分
准备实验(1分)		清点仪器	0.5		
		检查试剂是否齐全	0.5		
沸点的测定 (9分)	试剂 (3分)	试管内待测液量是否约为2mL	0.5		
		浴液量是否占三口烧瓶容积的1/2	0.5		
		待测液是否略低于浴液液面	1		
		测量前是否用待测液润洗试管	1		
	仪器安装 (4分)	装置安装是否正确	1		
		测量温度计是否固定在距离待测液液面上约1cm处	1		
		测定浴液温度的辅助温度计水银球是否在浴液液面下	1		
		温度计刻度是否朝向操作者	1		
	加热(2分)	升温速度控制是否为 4～5℃/min	1		
		是否准确把握液体沸腾的时机	1		

项　　目	操作标准	分值	扣分	得分
文明操作(1.5分)	实验过程中仪器、试剂摆放是否整齐有序	1		
	实验完毕,是否整理实验台	0.5		
数据处理(3.5分)	测量温度计读数是否准确	1		
	辅助温度计读数是否准确	0.5		
	露茎高度的测量是否准确	1		
	气压计读数是否正确	0.5		
	单位表示是否正确	0.5		
报告(1分)	报告规范(完整、明确、清晰)	1		
合计(16分)				

4.4　密度的测定技术

密度是一种反映物质特性的物理参数,不随物质的质量和体积的变化而变化,只随温度和压力变化而变化。在实际生产中,根据密度的不同可以鉴别物质组成,计算难称量物体质量、形状复杂物体体积、液体内部压力以及浮力,判断物体是否为实心。

4.4.1　密度与相对密度

密度指的是单位体积物质在一定温度下的质量,常用符号 ρ 表示。

$$\rho = \frac{m}{V} \tag{4-10}$$

式中　ρ——物质的密度,kg/m^3 或 g/cm^3;

　　　m——物质的质量,kg;

　　　V——物质的体积,m^3。

相对密度指的是在一定温度下,物质密度与参考物质密度规定条件下的比值。符号为 d,空气或水可以作为参考物质。

当以水作为参考密度时,通常以 $4℃$ 时水的密度 $1g/cm^3$ 作为参考密度,另一种物质的密度与它相除而得该物质的相对密度。

4.4.2　密度测定的原理

使用天平测量物质的质量,再用比较法测得其体积,便可求出物质的密度。

比较法是指一定温度下,以纯水作为参比物质,通过精确称量等体积的水和待测物质的质量,再根据水的密度,计算出待测物质的密度。

计算公式如下:

$$\rho_{测} = \frac{m_{测}}{m_{(水)}}\rho_{(水)} \tag{4-11}$$

式中　$\rho_{测}$——待测物质的密度,kg/m^3;

ρ（水）——测量温度下水的密度（水在不同温度下的密度可查阅相关手册），kg/m³;

$m_{测}$——待测物质的质量，kg;

m（水）——水的质量，kg。

4.4.3 密度测定的意义

测量密度在计量、科研和工业生产中有着重要意义，根据密度可以鉴别化合物的种类、检验化合物的纯度，因此测定密度在萃取和分离物质的过程中具有重要指导作用。

4.4.4 密度测定的方法

液体物质密度的测定方法通常有五种：常规法、浮力法、浮体法、密度计法和密度瓶法。

4.4.4.1 常规法

（1）实验用品：天平、量筒、待测液体。

（2）实验步骤

① 用天平称量烧杯盛装的适量待测液体质量 m_1;

② 用量筒测量从烧杯中倒出的部分待测液体的体积 V;

③ 用天平称量烧杯中剩余待测液体的质量 m_2。

（3）计算公式如下：

$$\rho（液）=\frac{m_2-m_1}{V} \tag{4-12}$$

4.4.4.2 浮力法

（1）实验用品：弹簧测力计、水、待测液体、金属块。

（2）实验步骤

① 用弹簧测力计测出金属块在空气中的重力 G_0;

② 用弹簧测力计测出金属块浸没在水中的浮力 G_1;

③ 用弹簧测力计测出金属块浸没在待测液体中的浮力 G_2。

（3）计算公式如下：

$$\rho（液）=\frac{G_0-G_2}{G_0-G_1}\rho（水） \tag{4-13}$$

4.4.4.3 浮体法

（1）实验用品：刻度尺、待测液体、水、正方体木块。

（2）实验步骤

① 使木块在水中漂浮，测出木块浸在水中部分的深度 h_1;

② 使木块在待测液体中漂浮，测出木块浸在液体中部分的深度 h_2。

（3）计算公式如下：

$$\rho（液）=\frac{h_1}{h_2}\rho（水） \tag{4-14}$$

4.4.4.4 密度计法

工业上常用密度计法测定液体的相对密度，其特点为操作方便、读数简单，适用于测量除氢氟酸外的各种化学试剂、液体食品饮料（含碳酸的要先消除气泡）、石油液体产品及其他各种化工液体产品的密度。

密度计是一种测定液体密度的仪器，分为振动式密度计、放射性同位素密度计、浮力式密度计、静压式密度计、重力式密度计和声速式密度计等。密度计是根据物体浮在液体中所受的浮力等于重力的原理制造与工作的。密度计是一支中空的玻璃浮柱，上部标有刻度线，下部装有铅粒，能直立于液体中。液体密度越大，密度计就会在液体中漂浮得越高。密度计具有不同的量程，可根据待测液体的密度大小不同进行选择，见图4-13。

使用密度计时，应将密度计垂直插入待测溶液中，注意不能与容器壁接触。读数时，视线应与液面及密度计刻度在同一水平线上，见图4-14。

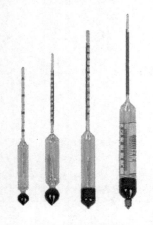

图4-13 不同量程的密度计

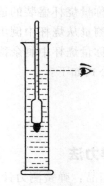

图4-14 密度计的使用方法

（1）实验用品：密度计、量筒、待测液体。

（2）实验步骤

① 在量筒中放适量的水，使密度计漂浮在水中，测出其在水中的体积 V（水）；

② 在量筒中放适量的待测液体，使密度计漂浮在液体中，测出其在液体中的体积 V（液）。

（3）计算公式如下：

$$\rho（液）=\frac{V（水）}{V（液）}\rho（水）\qquad\qquad(4-15)$$

4.4.4.5 密度瓶法

密度瓶法是用来准确测定固体及非挥发性液体密度的方法。密度瓶分为精密密度瓶和普通密度瓶。精密密度瓶是国家标准中规定的密度瓶，可用于权威性鉴定，见图4-15（a）。普通密度瓶是实验室常用的密度测定装置，见图4-15（b）。

（1）实验用品：分析天平、密度瓶、待测液体、水。

（2）实验步骤

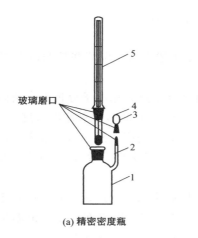

(a) 精密密度瓶　　　　(b) 普通密度瓶

图 4-15　密度瓶

1—密度瓶主体；2—侧管；3—侧孔；4—侧孔罩；5—温度计

① 用分析天平精确称量洁净干燥密度瓶（连同磨口塞）的质量 m_0；

② 用刚煮沸且冷却至 15℃ 左右的蒸馏水先冲洗、再注满密度瓶，要求不能有气泡，然后盖好磨口塞，将密度瓶置于（20±0.1）℃的恒温槽中恒温 15min 以上，取出后擦干外壁，再用滤纸吸去磨口塞上毛细孔溢出的水，迅速称量其质量 m（水）；

③ 将密度瓶中水倒出，迅速干燥后用待测液体代替水，重复以上操作，称量其质量为 $m_{测}$。

（3）计算公式如下：

$$\rho_{测}^{20}=\frac{m_{测}-m_0}{m（水）-m_0}\times998.2017 \tag{4-16}$$

式中　998.2017——20℃时蒸馏水的密度，kg/m^3；

　　　$\rho_{测}^{20}$——20℃时待测液体的密度，kg/m^3。

技能训练 4-4　乙酸正丁酯密度的测定

【目的要求】

（1）了解密度瓶法测定液体密度的原理及测定技术；

（2）初步掌握电子分析天平与恒温槽的使用方法。

【实验原理】

20℃时，分别测定充满同一密度瓶的水及乙酸正丁酯的质量，再由水的密度确定乙酸正丁酯的密度。

【实验用品】

（1）仪器　501 型超级恒温槽、电子分析天平、普通密度瓶（25mL）、烘箱（或电吹风机）。

（2）试剂　乙酸正丁酯（A.R.）、蒸馏水。

【实验步骤】

（1）调节恒温水浴温度　按附4-4-1所述方法，调节并控制恒温槽的水浴温度为（20±0.1)℃。

（2）称量密度瓶质量　将密度瓶洗净并干燥，用电子分析天平精确称量其质量m_0。

（3）称量蒸馏水质量　用煮沸并冷却至15℃的蒸馏水冲洗密度瓶2～3次，再注满并塞上磨口塞，同时保证密度瓶内无气泡，然后将密度瓶浸入恒温水浴中，注意不能使恒温槽中水没过磨口塞。恒温15min后取出，用滤纸吸去磨口塞上毛细孔溢出的水，并擦干外壁，同时称量其质量m（水）。

（4）称量乙酸正丁酯质量　倒掉密度瓶中水后，用热风吹干或置于烘箱中烘干，待冷却后用少量乙酸正丁酯洗涤2～3次，再注满并塞上磨口塞，浸入恒温槽中恒温15min。取出密度瓶后擦净密度瓶外壁，迅速称量其质量m（乙酸正丁酯）。

【数据处理】

按下面公式(4-17)计算乙酸正丁酯的密度。

$$\rho^{20}_{(乙酸正丁酯)} = \frac{m_{(乙酸正丁酯)} - m_0}{m_{(水)} - m_0} \times 998.2017 (kg/m^3) \tag{4-17}$$

 实验指南

(1) 为减少温度变化造成的误差，称量操作应尽可能迅速。

(2) 若实验使用精密密度瓶，不能烘烤带温度计的磨口塞，可用热风吹干。

？思考题

(1) 测定密度时为什么要用恒温水浴？为什么要用参比液体？

(2) 密度瓶中如有气泡，会使测定结果偏高还是偏低？为什么？

(3) 注满样品的密度瓶如恒温时间过短，对实验结果会造成什么影响？

(4) 判断下列说法是否正确。

① 实验时，若盛有蒸馏水的密度瓶未经恒温或时间过短会使测量结果偏高。（　　　）

② 称量时密度瓶外壁的水需用滤纸擦干。（　　　）

③ 液体物质密度的测定方法只有密度计法和密度瓶法。（　　　）

附 4-4-1　501型超级恒温槽

（1）仪器构造及作用　501型超级恒温槽是实验室常用的控温装置，一般由浴槽、加热器、搅拌器、温度计、感温元件和恒温控制器等组成，见图4-16。

① 继电器　一种电控制器件，通常在电路中起着自动调节、安全保护、转换电路等作用。在恒温槽中常与接触温度计、加热器一起控制浴液温度。

② 温度计　恒温槽中常用分度值为0.1℃的精密温度计测量浴液的温度，用贝克曼温度计测量恒温槽的灵敏度，因此使用前所用温度计都必须进行校正。

③ 接触温度计　恒温槽常用接触温度计、继电器和控制电路一起组成控温系统。从接

触温度计发来的信号，经控制电路放大，推动断电器去开关电热器；当接触温度计内电路接通时，继电器断开，停止加热；当接触温度计内断路时，继电器再接通电热器线路，重新加热。接触温度计可用来调节和控制浴液的温度，其示意图如图 4-17 所示。图 4-17 中接触温度计此时温度为 26℃，读数时以调节温度指示的上沿所对的刻度为准。

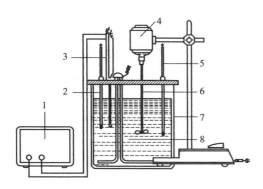

图 4-16　501 型超级恒温槽

1—电子继电器；2—分度值为 0.1℃的温度计；
3—接触温度计；4—电动机；5—贝克曼温度计；
6—搅拌器；7—浴槽；8—加热器

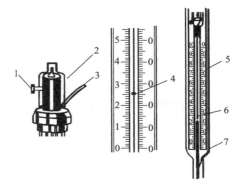

图 4-17　接触温度计示意图

1—锁定螺丝；2—磁性螺旋调节帽；
3—接触金属丝引出线；4—调节温度指示；
5—温度标尺；6—可调金属丝触点；7—金属丝

④ 搅拌器　恒温槽一般采用功率为 40W 的电动搅拌器，并用可调变压器调节搅拌速度。搅拌器的作用能使恒温槽各处的温度尽可能地相同，进而保证恒温槽整体温度的均匀性。

⑤ 浴槽　恒温槽采用 $10dm^3$ 的圆柱形玻璃容器，超级恒温槽为玻璃纤维作保温材料的金属桶。根据温度控制范围选择浴槽中介质，一般 5~95℃采用水浴，温度超过 100℃采用液体石蜡和甘油，加入浴液量应为浴槽容积的 2/3~3/4。

⑥ 加热器　电加热器是根据浴槽的直径大小把电阻丝弯成圆环放入环形玻璃管中制作而成的，其作用是使加热丝所放热能均匀地分布在圆形恒温槽周围。电加热器由电子继电器进行自动调节，以实现恒温。

（2）操作步骤

① 轻轻转动接触温度计调节帽，将指示铁调至低于恒定温度 1~2℃处。

② 缓慢开动搅拌器，以中速搅拌。

③ 接通加热器电源，开始加热，此时继电器红色指示灯亮。

④ 观察温度计示数，当继电器绿色指示灯亮时，停止加热。如温度未达到需要值时，需向上微调接触温度计的指示铁，使铂丝与水银柱断开，继电器红色指示灯亮，加热器继续加热，直到继电器绿色指示灯亮，测量温度计示值恰好为所需温度。反之，继电器红色指示灯亮，浴液达到所需温度值时，则向下微调接触温度计的指示铁，使之停在绿灯刚亮的位置上。

⑤ 当浴液正好处于所需要的温度时，左右微调接触温度计的调节帽，如继电器指示灯红绿交替闪烁，表明温度基本恒定（±0.1℃），此时应旋紧调节帽上的固定螺丝，以防实验过程中不慎触及调节帽，使恒定温度发生改变。

密度测定技能考核评价表见表4-7。

表 4-7　密度测定技能考核评价表

项　目		操作标准	分值	扣分	得分
准备实验(1分)		清点仪器	0.5		
		检查试剂是否齐全	0.5		
密度的测定 (13.5分)	密度瓶 (2.5分)	检查密度瓶是否完好	0.5		
		密度瓶注满样品后是否有气泡	1		
		更换溶液时密度瓶是否用待测样润洗	1		
	超级恒温槽 (4.5分)	检查恒温槽各部件是否完好	0.5		
		水箱注水量是否为浴槽容积的 2/3～3/4	1		
		搅拌器搅拌速度调节是否合适	1		
		接触温度计指示铁是调至比欲恒定温度低1～2℃处	1		
		恒温槽的温度是否稳定控制在(20±0.1)℃	1		
	电子分析 天平(6.5分)	检查天平各部件是否完好	0.5		
		使用前,是否清扫天平	0.5		
		使用前,是否调节水平及零点	1		
		称量物是否放置在秤盘中央	0.5		
		称量过程是否洒落样品	0.5		
		读数时两侧门是否关闭	1		
		称量是否迅速、准确	1		
		读数是否正确	1		
		天平罩放置是否正确	0.5		
文明操作(1.5分)		实验过程中仪器、试剂摆放是否整齐有序	1		
		实验完毕,是否整理实验台	0.5		
数据处理(1.5分)		结果是否准确	1		
		单位表示是否正确	0.5		
报告(1分)		报告规范(完整、明确、清晰)	1		
合计(18.5分)					

4.5　黏度的测定技术

黏度是液体物质的另一重要物理参数,用来衡量流体的黏滞性。物质的黏度与其化学成分密切相关,在工业生产和科学研究中,常用来监控物质的成分或品质。黏度大小与温度有关,不同温度下测得黏度差异较大,液体黏度随温度升高而减小,气体黏度随温度升高而增大,但通常黏度随压力不同变化较小。

4.5.1　黏度与相对黏度

黏度,又称黏性系数、剪切黏度或动力黏度。液体在流动时,其分子间产生内摩擦的性质,称为液体的黏性,其值大小用黏度表示。黏度是流体内部阻碍其相对流动的一种特性，以阻力的形式表现出来。这种阻力来自液体的内摩擦力或黏滞力，内摩擦力或黏滞力越大，分子量越大，碳氢结合越多，黏度越大。黏度常用符号 η 表示，单位为 Pa·s(帕·秒)。

相对黏度是整个溶液的行为，其物理意义为溶液黏度 η 与纯溶剂黏度 η_0 的比值，公式表示如下：

$$\eta_r = \eta / \eta_0 \qquad\qquad (4\text{-}18)$$

4.5.2　黏度测定的意义

黏度对鉴别和确定各种润滑油的质量、用途以及各种燃料用油的燃烧性能等具有重要意义。

4.5.3　黏度测定的装置

测定液体黏度的仪器有：按测量参数分为测转矩式黏度计和测转速式黏度计；按装置结构不同分为同轴圆筒式黏度计和锥板式黏度计；按工作方式分为毛细管黏度计、旋转式黏度计和振动式黏度计，其中振动式黏度计又有扭转振动式黏度计、振动片式黏度计、振球式黏度计和超声波黏度计；按测量产品种类分为锡膏黏度计、便携式黏度计和黏度控制仪。工业上有时用特定形式的黏度计来测量特定条件下的黏度，如炼油工业常用恩氏黏度计（或恩格拉黏度计）测定石油产品，橡胶工业常用门尼黏度计衡量橡胶平均分子量及可塑性。

实验室常用毛细管黏度计，它根据液体在毛细管里的流出时间计算黏度。

4.5.3.1　毛细管黏度计

毛细管黏度计（图 4-18）通常分为乌式黏度计（图 4-19）、平式黏度计、逆流黏度计、运动黏度计、品氏黏度计、赛氏黏度计和坎农·芬斯克黏度计。所测黏度范围在 $0.0004\sim16$Pa·s 之间，具有结构简单、价格低廉、样品用量少和测定精度高等特点。

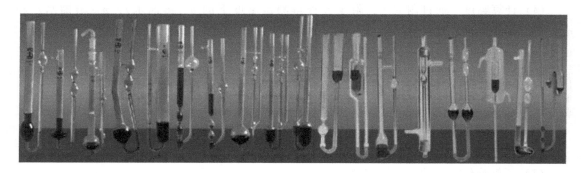

图 4-18　各种毛细管黏度计

4.5.3.2　测定原理

同一温度下，等体积待测液体和参比液体靠自身重力作用，分别流经同一支毛细管黏度计，待测液体的黏度（$\eta_{测}$）与参比液体的黏度（$\eta_{参}$）之间存在下列关系式：

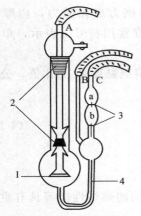

图 4-19 乌式黏度计

1—玻璃砂漏斗；2—磨口；

3—刻度线；4—毛细管

$$\frac{\eta_测}{\eta_参} = \frac{\rho_测 \, t_测}{\rho_参 \, t_参} \tag{4-19}$$

即 $\eta_测 = \eta_参 \dfrac{\rho_测 \, t_测}{\rho_参 \, t_参}$。

式中　$\rho_测$——待测液体在测定温度下的密度，kg/m^3；

　　　　$\rho_参$——参比液体在测定温度下的密度，kg/m^3；

　　　　$t_测$——待测液体在毛细管黏度计中流过相同体积时所用
　　　　　　　的时间，s；

　　　　$t_参$——参比液体在毛细管黏度计中流过相同体积时所用
　　　　　　　的时间，s。

$t_测$ 和 $t_参$ 可由液体流经图 4-19 中 a～b 两个刻度区间测得，$\rho_测$ 可由密度计或密度瓶测得，也可从相关手册中查得。一般在实验室测量时，常以纯水作为参比液体，水在不同温度下的 η 和 ρ 可由附录 6 和附录 8 查得。

4.5.4　黏度测定的方法

以乌式黏度计为例，黏度测定的方法如下。

（1）调节温度　调节恒温槽水浴温度。

（2）测量 $t_测$　如图 4-19 所示，在洁净干燥的黏度计 B、C 管口分别套上短橡胶管，将 B 管上的橡胶管用夹子夹紧。从 A 管向黏度计中加入适量待测液体，然后将黏度计垂直放入恒温槽中，注意应使黏度计的上面刻度线（a 刻度线）浸入水浴液面下，用铁夹固定。恒温 10min 后，在 C 管上用洗耳球将液体吸至高于 a 刻度线约 2cm 处，再同时放开洗耳球和 B 管上的夹子，使液体自然流下。当液面降至 a 刻度线时，立即按动秒表记录液面由 a～b 刻度区间的时间 $t_测$。重复操作 3 次，偏差应小于 0.3s，取 3 次的平均值。

（3）测量 $t_参$　将黏度计中液体倒出，洗净黏度计后，装入与被测液体相同体积的蒸馏水，在恒温槽中恒温 10min，再按上述方法测量水流经 a～b 刻线区间的时间 $t_参$。

（4）计算黏度　通过附录 6、附录 8 查得测量温度下的 ρ（蒸馏水）、η（蒸馏水）和 $\rho_测$，按公式（4-19）计算 $\eta_测$。

技能训练 4-5　乙二醇黏度的测定

【目的要求】

（1）了解液体黏度的测量原理及方法；

（2）学会使用乌氏黏度计测量液体黏度。

【实验原理】

本实验以纯水作为参比液体，用毛细管黏度计测定乙二醇的黏度。

在 25℃时，分别测出乙二醇和水流经毛细管黏度计中 a～b 刻线区间所用的时间 t（乙二醇）和 t（水），再测定同一温度下 ρ（乙二醇），最后根据公式（4-19）计算出 η（乙二醇）。水在此温度下的 η（水）和 ρ（水）可由附录 6 和附录 8 查得。

【实验用品】

（1）仪器　乌氏黏度计（50mL，毛细管直径 0.4mm）、量筒（10mL、100mL）、501 型超级恒温槽、密度计、秒表、电吹风、洗耳球、胶管。

（2）试剂　乙二醇（A.R.）、蒸馏水。

【实验步骤】

（1）调节恒温水浴温度　调节并控制恒温槽的水浴温度为（25.0±0.1）℃。

（2）测量 t（乙二醇）　在洁净干燥的黏度计 B、C 管口分别套上短橡胶管，将 B 管上的橡胶管用夹子夹紧。量取 10mL 乙二醇，从 A 管注入黏度计，然后将黏度计垂直放入恒温槽中固定。恒温 10min 后，按 4.5.4 节所述方法测定乙二醇流经黏度计中 a～b 刻度线区间的时间 $t_测$。重复操作 3 次，偏差小于 0.3s，取 3 次的平均值。

（3）测量 $t_水$　将黏度计中乙二醇倒出，洗净黏度计后，装入 10mL 蒸馏水，在恒温槽中恒温 10 min，再按上述方法测量水流经 a～b 刻度线区间的时间 $t_水$。

（4）测量 ρ（乙二醇）　在洁净干燥的 100mL 量筒中加入 80mL 乙二醇，将量筒浸入恒温槽中固定。恒温 10 min 后，用密度计测量乙二醇的相对密度。

【数据记录与处理】

（1）将实验中测得各项数据填入表 4-8 中。

表 4-8　乙二醇黏度的测定

恒温槽温度：＿＿＿＿＿＿＿℃　　ρ（水）＿＿＿＿＿＿＿kg/m³　　η（水）＿＿＿＿＿＿＿Pa·s

项目	第一次	第二次	第三次	平均值	文献值
t（乙二醇）s					—
t（水）s					—
ρ（乙二醇）/（kg/m³）					

（2）按公式（4-20）计算乙二醇的黏度：

$$\eta(乙二醇) = \eta(水)\rho(乙二醇)t(乙二醇)/[\rho(水)t(水)] \tag{4-20}$$

实验指南

（1）由于温度对黏度的影响较大，实验中应注意保证恒温时间，并确保黏度计刻度线及其以上 2cm 部位完全浸入水浴液面以下。

（2）黏度计使用之前必须用洗涤剂（如铬酸洗液）充分洗涤，应特别注意清洗毛细管部位，洗净后再用蒸馏水冲洗 2～3 次，烘干备用。

（3）黏度计一定要垂直放置在恒温槽中，由于黏度计极易折断，操作时必须格外小心。

（4）由于不同黏度计的毛细管直径不同，实验过程中始终要使用同一支黏度计，中途不可更换。

（5）实验中按动秒表的时机是影响测定结果准确性的关键，当液面接近刻线时，应仔细观察，准确把握按动秒表的时间。

(1) 液体的黏度与温度有什么关系？

(2) 为什么使用洁净干燥的乌式黏度计？

(3) 实验中可以使用不同的黏度计同时定参比液体和待测液体的 $t_{参}$ 和 $t_{测}$ 吗？为什么？

(4) 实验中若黏度计刻度线没有浸入水浴液面下，会对测定结果造成什么影响？

(5) 判断下列说法是否正确。

① 使用乌式黏度计时，一般以纯水作为参比液体。（ ）

② 液体的内摩擦力或黏滞力越大，黏度越小。（ ）

③ 液体黏度随温度升高而增大。（ ）

黏度测定技能考核评价表见表 4-9。

表 4-9　黏度测定技能考核评价表

项　目		操作标准	分值	扣分	得分
准备实验(1分)		清点仪器	0.5		
		检查试剂是否齐全	0.5		
黏度的测定 (11分)	密度计(1分)	密度计使用是否正确	1		
	超级恒温槽 (4.5分)	检查恒温槽各部件是否完好	0.5		
		水箱注水量是否为浴槽容积的 2/3～3/4	1		
		搅拌器搅拌速度调节是否合适	1		
		接触温度计指示铁是否调至比欲恒定温度低 1～2℃处	1		
		恒温槽的温度是否稳定控制在(25±0.1)℃	1		
	乌式黏度计 (5.5分)	黏度计使用前是否检查洁净干燥	0.5		
		测量时,黏度计是否垂直放置在恒温槽	1		
		测量时,是否始终使用同一黏度计	1		
		是否在液面接近刻线时按动秒表	1		
		黏度计刻度线是否浸入水浴液面下	1		
		参比溶液与待测溶液是否体积相等	1		
文明操作(1.5分)		实验过程中仪器、试剂摆放是否整齐有序	1		
		实验完毕,是否整理实验台	0.5		
数据处理(1.5分)		结果是否准确	1		
		单位表示是否正确	0.5		
报告(1分)		报告规范(完整、明确、清晰)	1		
合计(16分)					

4.6　折射率的测定技术

折射率也称折光率，它和沸点、密度等一样也是物质的重要物理常数之一。折射率是食品生产中常用的工艺控制指标，通过测定液态食品的折射率，可以鉴别食品组成、确定食品浓度和糖度、判断食品纯度及品质，以及测定以糖为主要成分的果汁、蜂蜜等食品的可溶性固形物含量，还可以鉴别油脂的组成和品质。

4.6.1　折射与折射率

折射是指当单色光从一种介质射入另一介质时，光的速度和传播方向均发生变化的现象，如图 4-20 所示，其中 α 为入射角，β 为折射角。

折射率，是指当光从真空射入介质发生折射时，入射角 α 的正弦值与折射角 β 的正弦值的比值 n。

$$n = \sin\alpha / \sin\beta \tag{4-21}$$

折射率用来表示光在介质中传播时，介质对光的一种特征。当温度一定、两种介质固定时，折射率 n 为常数。文献中记录的物质的折射率数据一般是在 20℃时，以钠灯为光源（D 线）测定出来的，所以用 n_D^{20} 表示。

4.6.2　阿贝折射仪

常用阿贝折射仪测定液体的折射率，见图 4-21。

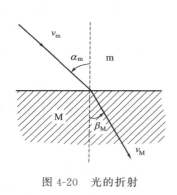

图 4-20　光的折射　　　　　　　　　　　　图 4-21　阿贝折射仪

4.6.2.1　测定原理

如图 4-22 所示，阿贝折射仪的主要组成部分为两块可闭合直角棱镜，上面光滑的为测量棱镜，下面磨砂的为辅助棱镜，两者间可铺展薄层液体。光线由仪器下部的反射镜射入，在磨砂面上发生漫反射，以不同角度射入棱镜间的液层，再折射到上面的测量棱镜。此时在目镜视场中出现一条彩色且没有清晰分界线的光带，调节消除色散旋钮，使色散光线消失、出现清晰的明暗分界线，当分界线与交叉点相切时，可以从目镜中读出折射率，如图 4-23 所示。此时测得的液体折射率相当于用钠灯（D 线）测得的折射率 n_D。

4.6.2.2　折射率测定的方法

以阿贝折射仪为例，液体折射率测定的方法如下。

（1）安装　将折射仪置于远离热源且避免阳光直射的光线明亮处，以免液体试样受热而迅速蒸发。用橡胶管连接恒温槽与折射仪恒温器接口，调节温度，一般为（20±0.1）℃或（25±0.1）℃，实际温度以折射仪上的温度计读数为准。

（2）清洗　旋开测量棱镜和辅助棱镜间的闭合旋钮，使辅助棱镜的磨砂斜面处于水平位

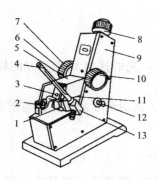
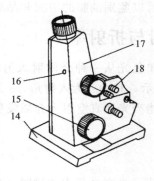

图 4-22　阿贝折射仪结构示意图

1—反射镜；2—棱镜座连接转轴；3—遮光板；4—温度计；5—进光棱镜座；6—消除色散旋钮；
7—色散值刻度圈；8—目镜；9—盖板；10—闭合旋钮；11—折射棱镜座；12—照明刻度盘聚光镜；
13—温度计座；14—底座；15—折射率刻度调节旋钮；16—校正螺丝孔；17—壳体；18—恒温器接口

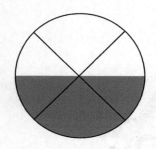

图 4-23　阿贝折射仪
目镜视野图

置；用胶头滴管滴加少量丙酮或乙醇清洗镜面，注意不能使管尖碰触镜面；再用擦镜纸轻轻吸干镜面，注意要沿单一方向，不能过分用力，更不能使用滤纸擦拭。

（3）校正　采用与"清洗"同样的方式滴加 1~2 滴蒸馏水于辅助棱镜的磨砂面上，迅速合上棱镜，并旋紧闭合旋钮。转动折射率刻度调节旋钮，使目镜内读数为蒸馏水在此温度下的折射率，不同温度下纯水的折射率见附录 7。调节反射镜，使测量望远镜中的视场最亮，再调节目镜焦距，使视野中"×"形线最清晰。转动消除色散旋钮，使目镜中彩色光带消失。最后调节校正螺丝，使明暗分界线与视野中"×"形线的

交点对齐。

（4）测量　采用与上面同样的方式滴加数滴待测液体于辅助棱镜的磨砂面上，迅速合上棱镜，并旋紧闭合旋钮，注意如待测液体易挥发或防止液层中有气泡，可用胶头滴管从加液槽加样。再采用与"校正"同样的方法调节折射仪，使明暗分界线与视野中"×"形线的交点对齐。最后从目镜中读出折射率，读数精确至小数点后的第四位，且每次差值不超过 ±0.0002，一般重复测定 2~3 次，取平均值。

（5）维护　折射仪使用完毕，应用丙酮或乙醇清洗棱镜，并用擦镜纸擦干。拆下连接恒温器接口的橡胶管和温度计，排尽仪器夹套内水，再将仪器擦拭干净，放入盒内，置于干燥处存放。

4.6.3　数字笔式折射仪

数字笔式折射仪能快速测定含糖溶液的浓度、果酒的密度，通过换算还可以测量其他非糖溶液的浓度或折射率，是制糖、食品、饮料、酿酒、农业科研、纺织及矿山机械等行业必不可少的检测仪器。PEN-PRO 数字笔式折射仪（图 4-24）是一种新型的光学系统数字化应用仪器，通过溶液的折射率与其溶度的对应关系的换算来测量试液的浓度，具有测量范围广、读数方便、轻巧、

图 4-24　数字笔式折射仪

便于携带、避免外部光线干扰等特点。

4.6.3.1 操作步骤

(1) 打开电池箱盖，放入干电池，关闭电池箱盖。

(2) 将棱镜浸没于 60℃蒸馏水中，按"零"键进行调零，直到显示屏出现"0000"，并闪烁两次，此时校正完毕。

(3) 用待测液润洗棱镜几次，再将棱镜浸没于待测液中，按"开始"键测量，等显示屏上数值稳定，读数。

(4) 使用完毕，取出电池，清洗棱镜，用擦镜纸擦拭干净，放入盒内，置于干燥处存放。

4.6.3.2 注意事项

(1) 使用时，应将棱镜浸没于溶液液面以下。

(2) 待测溶液温度不能超过 100℃，各个试样的温度应接近。

(3) 仪器应远离热源且避免阳光直射，不能在过冷、环境温度变化较大、灰尘多或剧烈震动的环境下使用。

技能训练 4-6 丙酮-水混合物折射率的测定

【目的要求】

(1) 了解折射率测定的原理及意义；

(2) 掌握阿贝折射仪的使用方法；

(3) 学会用图解法处理实验数据，掌握折射率-组成曲线的绘制方法。

【实验原理】

两种液体完全互溶形成混合溶液时，其组成和折射率之间近似于线性关系。因此测定若干已知组成混合溶液的折射率，可以绘制出该混合溶液的折射率-组成曲线，再测定未知组成的该混合物试样折射率，便可以在该曲线中查出其组成。

【实验用品】

(1) 仪器 阿贝折射仪、501 型超级恒温槽、滴瓶（60mL）、橡胶管、擦镜纸、胶头滴管。

(2) 试剂 丙酮（A.R.）、蒸馏水、丙酮-水待测溶液。

【实验步骤】

(1) 配制系列溶液[1] 配制丙酮体积分数分别为 0%、20%、40%、60%、80%、100%的丙酮-水溶液各 50mL，混匀后分装倒入 6 只洁净干燥的滴瓶，贴上写有对应浓度的标签。

(2) 安装 调节并控制恒温槽的水浴温度为（20±0.1）℃，然后用橡胶管连接恒温槽与阿贝折射仪恒温器接口。

(3) 清洗 旋开测量棱镜和辅助棱镜间的闭合旋钮，使辅助棱镜的磨砂斜面处于水平位置；用胶头滴管滴加 2～3 滴丙酮，迅速合上棱镜，并旋紧闭合旋钮。片刻后打开，用擦镜纸轻轻吸干镜面，再改用蒸馏水重复上述操作 2 次。

（4）校正　滴加 2～3 滴蒸馏水于辅助棱镜的磨砂面上，迅速合上棱镜，并旋紧闭合旋钮。转动折射率刻度调节旋钮，使目镜内读数为蒸馏水在 20℃的折射率 $n_D^{20} = 1.3330$。调节反射镜，使测量望远镜中的视场最亮，再调节目镜焦距，使视野中"×"形线最清晰。转动消除色散旋钮，使目镜中彩色光带消失。最后调节校正螺丝，使明暗分界线与视野中"×"形线的交点对齐。

（5）测量　打开辅助棱镜，用 0%的溶液清洗镜面二次，待干燥后滴加 2～3 滴该溶液，迅速合上棱镜，并旋紧闭合旋钮，采用与"校正"同样的方法调节折射仪，使明暗分界线与视野中"×"形线的交点对齐。最后从目镜中读出折射率，记录数据。读数精确至小数点后的第四位，且每次差值不超过±0.0002，重复测定 2 次，取平均值。

用同样方法依次测定其余浓度和未知组成溶液的折射率，记录数据。

（6）结束工作　测量结束后，用丙酮清洗镜面，并用擦镜纸擦干。拆下连接恒温器接口的橡胶管和温度计，排尽仪器夹套内水，再将仪器擦拭干净，装入盒中，置于干燥处存放。

【数据记录与处理】

（1）将实验中测得各项数据填入表 4-10 中。

表 4-10　丙酮-水混合物折射率的测定

恒温槽温度：_____℃

折射率＼组成	0%	20%	40%	60%	80%	100%	未知样
第一次							
第二次							
平均值							

（2）以溶液组成为横坐标，折射率为纵坐标，在坐标纸上绘制丙酮-水混合溶液的折射率-组成曲线。

（3）从折射率-组成曲线中查得未知样的组成，填入上表。

注释

［1］实验中一系列不同组成溶液可由实验指导教师统一配制。

实验指南

（1）阿贝折射仪不能用来测定酸性、碱性和具有腐蚀性的液体。保持仪器的清洁，严禁用油手或汗手接触光学零件，尤其是棱镜部位。使用胶头滴管滴加试样时，管尖不能碰触棱镜的镜面，以免留下划痕。

（2）使用时仪器应远离热源且避免阳光直射，以免液体试样受热而迅速蒸发，并置于通风、干燥、防潮的室内。

（3）阿贝折射仪的量程为 1.3000～1.7000，绝对误差为±0.0001。测量时恒温槽水浴温度应保持在（20±0.1）℃，并注意保持恒温槽与棱镜夹套循环水的畅通，以免影响恒温效果，进而影响测量数据的准确性。

(1) 什么是折射率？其数值受哪些因素影响？

(2) 使用阿贝折射仪的注意事项有哪些？

(3) 超级恒温水浴在测定折射率中的作用是什么？

(4) 判断下列说法是否正确。

① 液体的折射率不随温度、介质的改变而发生变化。（　　　）

② 使用滤纸擦拭折射仪棱镜镜面。（　　　）

③ 读数时应精确至小数点后的第三位。（　　　）

④ 折射仪使用前不必用蒸馏水校正。（　　　）

折射率测定技能考核评价表见表 4-11。

表 4-11　折射率测定技能考核评价表

项　　目		操作标准	分值	扣分	得分
准备实验(1.5分)		清点仪器	0.5		
		配制一系列体积比浓度的标准溶液	1		
折射率的测定(9.5分)	阿贝折射仪 (5分)	检查折射仪各部件是否完好	0.5		
		测量前后是否用丙酮清洗棱镜镜面	0.5		
		测量前是否准确校正仪器	1		
		测量时,待测样是否均匀布满棱镜镜面	1		
		数据记录是否正确	1		
		棱镜上残留液是否用擦镜纸擦拭	1		
	超级恒温槽 (4.5分)	检查恒温槽各部件是否完好	0.5		
		水箱注水量是否为浴槽容积的 2/3～3/4	1		
		搅拌器搅拌速度调节是否合适	1		
		接触温度计指示铁是否调至比欲恒定温度低 1～2℃处	1		
		恒温槽的温度是否稳定控制在(20±0.1)℃	1		
文明操作(1.5分)		实验过程中仪器、试剂摆放是否整齐有序	1		
		实验完毕,是否整理实验台	0.5		
数据处理(1.5分)		结果是否准确	1		
		单位表示是否正确	0.5		
曲线与数据处理(2分)		绘制标准曲线是否准确	1		
		查找未知样组成是否正确	1		
报告(1分)		报告规范(完整、明确、清晰)	1		
合计(17分)					

4.7　比旋光度的测定技术

比旋光度是旋光物质的特性常数之一，它与物质的结构及测定条件密切相关。通过测定物质的比旋光度，可以确定物质的浓度、含量及纯度。

4.7.1　自然光、偏振光、旋光度与比旋光度

光的振动方向和光波前进方向构成的平面叫做振动面。

自然光，也叫天然光，指的是垂直于光波传播方向的所有可能方向振动的光，其振动的光波强度都相同，即光的振动面均匀分布在各个方向，如图 4-25 所示。

偏振光，也叫平面偏振光，指的是只在一个方向上振动的光，即光的振动面只限于某一固定方向，如图 4-26 所示。

图 4-25　自然光

图 4-26　偏振光

旋光度指的是当偏振光通过具有旋光性的物质时，使其振动平面发生旋转的角度，用符号 α 来表示。旋光度与样品本身的性质有关，还与样品溶液的浓度、溶剂、光线穿过的旋光管的长度、温度及光线的波长有关。为了比较不同物质的旋光性，人们定义了比旋光度的概念。

比旋光度指的是旋光管长度为 1dm、溶液浓度为 1g/mL 时所测得的旋光度，可用于比较不同物质的旋光性，常用符号 $[\alpha]$ 来表示。

溶液的比旋光度为：

$$[\alpha]_\lambda^t = \frac{100\alpha}{lc} \tag{4-22}$$

纯液体的比旋光度为：

$$[\alpha]_\lambda^t = \frac{\alpha}{l\rho} \tag{4-23}$$

式中　$[\alpha]$——比旋光度，(°)；

α——旋光度，(°)；

t——测定时的温度，℃；

λ——光源的波长，通常用钠光 D 线，标记为 D，nm；

l——旋光管的长度，dm；

c——溶液浓度，g/100mL；

ρ——液体在测定温度下的密度，g/mL。

比旋光度是物质的特征常数之一，通过旋光仪测定旋光度，然后按照公式（4-22）或公式（4-23）计算可得比旋光度。旋光法可用于各种光学活性物质的定量测定或纯度检验，确定旋光性物质的纯度或溶液的浓度，也可以进行化合物的定性鉴定，测定比旋光度值可用来鉴别药物或判断药物的纯度。

4.7.2　旋光仪及其工作原理

旋光性物质的旋光度和旋光方向可用旋光仪进行测定。

旋光仪（图 4-27）主要由一个光源、一个起偏镜（第一尼科尔棱镜）、一个盛装待测试样的旋光管和一个检偏镜（第二尼科尔棱镜）组成。旋光仪的主要部件为起偏镜和检偏镜，其基本结构见图 4-28。

两个棱镜的晶轴平行时，偏振光可全部通过；当旋光管中有旋光性物质的溶液时，由于旋光性物质使偏振光的振动平面旋转了一定的角度，所以偏振光就不能完全通过检偏镜，只有将检偏镜也相应地旋转一定角度后，才能使偏振光全部通过。此时检偏镜旋转的角度即为该旋光性物质的旋光度，可通过刻度盘读出。如果旋转方向是顺时针，称为右旋，α 取正值；反之称为左旋，α 取负值。

图 4-27　圆盘旋光仪

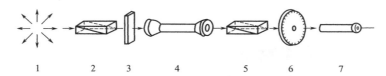

图 4-28　旋光度测定原理的示意图

1—光源；2—起偏镜；3—石英片；4—旋光管；5—检偏镜；6—刻度盘；7—目镜

为了提高观测准确性，减少误差，起偏镜后放置一块狭长的石英片，使目镜中能观察到三分视场，见图 4-29。

如图 4-29 所示，视场 1 为中间暗，两边亮；视场 2 为明暗程度相同，无三分视场；视场 3 为中间亮，两边暗。调节时，视场 2 会在视场 1 和视场 3 之间出现，视场明暗度相同，三分视场消失，在此情况下即可读数。

旋光仪的读数系统包括刻度盘和放大镜，采用消除刻度盘偏心差的双游标读数方式。刻度盘共 360 格，每格 1°，游标共 20 格，能读数到 0.05°，例如图 4-30 中读数为右旋 9.30°。

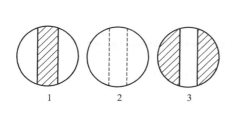

图 4-29　三分视场

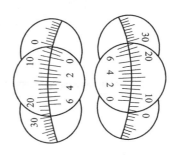

图 4-30　刻度盘读数

4.7.3　旋光度测定的方法

（1）仪器预热　接通电源，开启电源开关，预热 5 min，使钠光灯发光强度稳定。

（2）零点校正　先用蒸馏水洗净旋光管，再装满蒸馏水。旋紧螺帽，擦干外壁后放入旋光仪。注意，如果管内有气泡，务必将其赶至旋光管突起处。转动刻度盘，使目镜中三分视场界线消失。观察刻度盘读数是否归零，如不为零点，说明仪器存在零点误差，需测量三次取平均值作为零点校正值。

（3）样品测定　取出旋光管，倒出蒸馏水，用待测溶液洗涤 2～3 次。在旋光管中装满待测溶液，擦干外壁后放入仪器。转动刻度盘，使目镜中三分视场消失，记录此时刻度盘的读数，加上或减去零点校正值，即为该溶液的旋光度。

（4）结束测定　测定结束后，取出旋光管，倒出溶液，洗净备用，关闭旋光仪电源。

4.7.4　旋光度测定的仪器——自动旋光仪

旋光仪是测定物质旋光度的仪器，广泛应用于化工、石油等工业生产以及科研、教学部门的化验分析或过程质量控制。通过对样品旋光度的测量，可以分析确定物质的浓度、含量及纯度等。WRZZ-2B 型自动旋光仪（图 4-31，图 4-32）采用光电自动平衡原理，进行旋光度测量，测量结果由数字显示，它具有体积小、稳定可靠、无人为误差、灵敏度高且读数方便等特点。

图 4-31　WRZZ-2B 自动旋光仪

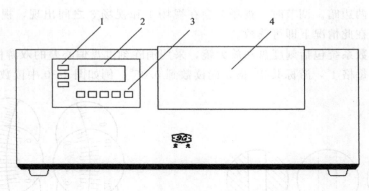

图 4-32　WRZZ-2B 自动旋光仪正面视图
1—指示灯；2—显示窗；3—操作键盘；4—样品室

4.7.4.1　操作步骤

（1）打开电源开关，钠光灯在交流工作状态下起辉，经 5min 钠光灯激活后，钠光灯才发光稳定，打开测量开关，显示数字。

（2）将装有蒸馏水或其他空白溶剂的旋光管放入样品室，盖上箱盖，待示数稳定后，按清零按钮。试管中若有气泡，应先让气泡浮在凸颈处，记住旋光管安放的位置和方向。

（3）取出装有空白试剂的，用待测样品润洗旋光管数次，按相同的位置和方向放待测样品的旋光管放入样品室内，盖好箱盖，仪器显示窗将显示出该样品的旋光度。逐次按复测键，重复读几次数，取平均值为样品旋光度的测定结果。

（4）仪器使用完毕，应依次关闭测量、光源、电源开关，并取出旋光管洗净、晾干，样品室内放硅胶吸潮，登记仪器使用记录。

4.7.4.2 注意事项

（1）仪器应放在干燥通风处，防止潮气侵蚀，尽可能在 20℃的工作环境中使用仪器。移动仪器应小心轻放，避免震动。

（2）钠光灯连续使用一般不超过 4h，并且不能在瞬间反复开关，如果钠光灯积灰或损坏，可打开机壳进行擦净或更换。

（3）旋光管两端的玻璃盖玻片应用软布或擦镜纸擦干，旋光管样两端的螺帽应旋至适中的位置，过紧容易产生应力损坏盖玻片，过松容易漏液。洗涤时，防止丢失旋光管护片和橡皮垫圈。

（4）测定前应以空白校正，测定后再校正一次，以确定在测定时零点有无变化。如果第二次校正时发现零点有变动，则应重新测定供试品的旋光度。

（5）测定零点或停点时，必须按动复测键数次，使检偏镜分别向左或向右偏离光学零点，减少仪器的机械误差。同时通过观察左右复测数次的停点，检查仪器的重复性和稳定性。必要时也可用旋光标准石英管校正仪器的准确度。

（6）样品超过测量范围，仪器在 ± 45 °处来回振荡，应取出试管，仪器回零，将试液稀释一倍再测；当放入小角度样品（小于 0.5°）时，示数可能变化，这时只要按复测键，就会出现新的数字。

（7）旋光曲线应用同一台仪器，同一支旋光管来做。

（8）打开样品室前，应关闭示数开关；关闭样品室盖后、测定前，应开启示数开关。

（9）测样结束后，仪器必须归零。

 # 技能训练 4-7　蔗糖比旋光度的测定

【目的要求】

（1）了解旋光度、比旋光度的测定原理及方法；

（2）初步掌握旋光仪的使用方法。

【实验原理】

蔗糖（$C_{12}H_{22}O_{11}$）为右旋性物质，其比旋光度为 $[\alpha]_D^{20} = +66.6°$。本实验通过旋光仪测定蔗糖溶液在不同浓度下的旋光度，计算其比旋光度。

$$[\alpha]_\lambda^t = \frac{\alpha}{l\rho}$$

式中　$[\alpha]$——比旋光度，(°)；

α——旋光度，(°)；

t——测定时的温度，℃；

λ——光源的波长，通常用钠光 D 线，标记为 D，nm；

l——旋光管的长度，dm；

ρ——溶液浓度，g/100mL。

【实验用品】

(1) 仪器　旋光仪、501 型超级恒温槽、电子分析天平、容量瓶（100mL）、烧杯（100mL）、软布或擦镜纸。

(2) 试剂　蔗糖（A.R.）、蒸馏水。

【实验步骤】

(1) 调节恒温水浴温度　调节并控制恒温槽的水浴温度为（20±0.1）℃，将实验用蒸馏水于恒温槽恒温 10～15min。

(2) 配制试样溶液　分别准确称取 1g、5g、10g 左右（称准至 0.0001g）蔗糖于 3 个烧杯中，加入适量蒸馏水，溶解后转移至 100mL 容量瓶中。用少量水淋洗烧杯两次，淋洗液并入容量瓶，再用水稀释至刻度，混匀，置于恒温槽中恒温 10～15min。

(3) 仪器预热及零点校正　接通电源，开启电源开关，预热 5min。将旋光管用恒温至（20±0.1）℃的蒸馏水洗净，再装满该蒸馏水，擦干外壁后放入旋光仪。按 4.7.4 节所述方法对仪器进行零点校正，并记录零点校正值。

(4) 样品测定　取出旋光管，倒出蒸馏水，用恒温至（20±0.1）℃的蔗糖溶液洗涤 2～3 次。在旋光管中装满此蔗糖溶液，擦干外壁后放入仪器，测定旋光度，记录旋光度，每次测定的读数必须减去蒸馏水的零点校正值。

(5) 结束工作　测定结束后，倒出溶液，将旋光管内外用蒸馏水洗净、擦干，关闭旋光仪电源，盖好防尘罩。

【数据记录与处理】

将实验中测得各项数据填入表 4-12 中。

表 4-12　蔗糖比旋光度的测定

恒温槽温度：＿＿＿＿＿＿＿＿℃

$\rho_{蔗糖}/(\text{g}/100\text{mL})$	$1^{\#}$	$2^{\#}$	$3^{\#}$
$\alpha/(°)$			
$[\alpha]_{\text{D}}^{20}/(°)$			
$\overline{[\alpha]_{\text{D}}^{20}}/(°)$			

实验指南

(1) 保持旋光仪的各个镜面清洁，防止酸、碱、油污等造成沾污，且不与硬物接触。不能随意拆卸仪器，以免影响精度。

(2) 目镜中三分视场消失时，如所观察到的视场十分明亮，且无论向左或向右旋转刻度盘，都不能立即出现三分视场，即为"假零点"现象，此时不能读数。

(3) 如果旋光仪管中盛装的待测液体有气泡，会影响测定结果的准确性。

(4) 由于蔗糖的比旋光度会随水解的进行而发生改变，所以蔗糖水溶液应配制完立即使用。

(5) 旋光度易受温度影响，使用 λ＝589.3nm(钠光)，温度每升高 1℃，大多数物质的旋光度约减少 0.3%，因此旋光度最佳的温度条件一般为恒温（20±0.1）℃。

(6) 连续使用旋光仪的时间不能超过 4h。

(1) 偏振光与自然光有什么区别?

(2) 什么是旋光度? 物质的旋光度的测定原理是什么?

(3) 向旋光管中加入待测液体时, 为什么不可带进气泡?

(4) 判断下列说法是否正确。

① 比旋光度与温度无关。(   )

② 数字笔式折射仪受外部光线干扰。(   )

③ 使用滤纸擦拭旋光管外壁。(   )

④ 读数时应精确至小数点后的第三位。(   )

比旋光度测定技能考核评价表见表 4-13。

表 4-13　比旋光度测定技能考核评价表

项　　目		操作标准	分值	扣分	得分
准备实验(1分)		清点仪器	0.5		
		检查试剂是否齐全	0.5		
比旋光度的测定(18.5分)	电子分析天平(6.5分)	检查天平各部件是否完好	0.5		
		使用前,是否清扫天平	0.5		
		使用前,是否调节水平及零点	1		
		称量物是否放置在秤盘中央	0.5		
		称量过程是否洒落样品	0.5		
		读数时两侧门是否关闭	1		
		称量是否迅速、准确	1		
		读数是否正确	1		
		天平罩放置是否正确	0.5		
	容量瓶(3分)	使用前,是否试漏	0.5		
		向溶液容量瓶内转移溶液时,是否洒出	1		
		定容时,溶液凹液面最低点是否超过刻度线	1		
		定容后,溶液是否充分混匀	0.5		
	旋光仪(4.5分)	检查旋光仪各部件是否完好	0.5		
		使用前,是否进行零点校正	1		
		向旋光管加入待测液体时,是否有气泡	1		
		旋光仪调节方法是否正确	1		
		读数是否准确	1		
		测量前旋光管是否用待测溶液润洗	0.5		
	超级恒温槽(4.5分)	检查恒温槽各部件是否完好	0.5		
		水箱注水量是否为浴槽容积的 2/3~3/4	1		
		搅拌器搅拌速度调节是否合适	1		
		接触温度计指示铁是否调至比欲恒定温度低 1~2℃ 处	1		
		恒温槽的温度是否稳定控制在(20±0.1)℃	1		
		实验后清理台面	0.5		

项　目	操作标准	分值	扣分	得分
文明操作（1.5分）	实验过程中仪器、试剂摆放是否整齐有序	1		
	实验完毕，是否整理实验台	0.5		
数据处理（1分）	结果是否准确	0.5		
	单位表示是否正确	0.5		
报告（1分）	报告规范（完整、明确、清晰）	1		
合计（23分）				

4.8　电导率的测定技术

电导率是物质的重要特征物理常数之一，广泛应用于电力、化工、冶金、环保、制药、食品等方面溶液的连续监测，同时在水处理、水产养殖试验方面也有重要应用。

4.8.1　电导率

电导率指的是处于两个相距 1m、面积均为 $1m^2$ 的平行电极间体积为 $1m^3$ 的电解质溶液所表现出来的导电能力。作为描述电解质溶液的导电能力的物理常数，电导率与电解质的性质、溶液的浓度及测量温度有关，常用符号 κ 表示，单位为 S/m（西门子/米），常用单位为 $\mu S/cm$。

4.8.2　电导率测定的意义

电导率是描述物质导电能力的物理常数，电导率越大则导电性能越强。在化学实验中通过测定电导率可以求出弱电解质的解离度和解离平衡常数、强电解质的极限摩尔电导率，测量难溶电解质的溶度积及鉴定水的纯度等。此外，还广泛用于电厂、石油化工、矿山冶金、环保水处理、轻工电子、水厂及饮用水分布网、食品饮料、医院以及生物发酵工艺过程等行业。

4.8.3　电导率测定的装置

4.8.3.1　电导率仪

电导率仪是测定电解质溶液电导率的仪器，由测量电源、测量电路、放大器和指示电表等组成。目前实验室广泛使用 DDS-11A 型电导率仪，具有读数简单、操作简便、测量范围广泛等特点，其面板视图见图 4-33。

4.8.3.2　测定原理

DDS-11A 型电导率仪的测定原理如图 4-34 所示，稳压电源将输出的直流电压供给振荡器和放大器，使其在稳定状态下工作。振荡器的输出电压不随电导池电阻 R_x 的改变而变化，为电阻分压回路提供一稳定的标准电势 E。电阻分压回路是由电导池的 R_x 和测量电阻箱 R_m 串联而成，E 加在该回路 A、B 两端，可以产生测量电流 I_x，根据欧姆定律有公式（4-24）：

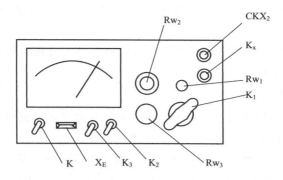

图 4-33 DDS-11A 型电导率仪正面视图

K—电源开关；K_1—量程选择开关；K_2—校正、测量开关；K_3—高周、低周开关；

K_x—电极插口；X_E—指示灯；Rw_1—电容补偿调节器；Rw_2—电极常数调节器；

Rw_3—校正调节器；CKX_2—10mV 输出插口

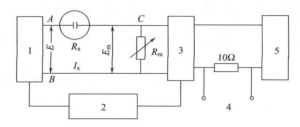

图 4-34　DDS-11A 电导率仪测定原理示意图

1—振荡器；2—稳压器；3—放大器；4—记录仪；5—指示器

$$I_x = \frac{E}{R_x + R_m} = \frac{E_m}{R_m} \tag{4-24}$$

所以
$$E_m = \frac{ER_m}{R_m + R_x} = \frac{ER_m}{R_m + 1/G} \tag{4-25}$$

式中，G 为电导池溶液的电导。式（4-25）中 E 不变，R_m 经设定后也不变，因此电导 G 只是 E_m 的函数。E_m 经放大检波后，在显示仪器上换算成电导率的数值显示出来。

4.8.4　电导率测定的方法

4.8.4.1　操作步骤

以 DDS-11A 型电导率仪为例，电导率测定的操作步骤如下。

（1）观察指针是否归零，如不指零可调整仪器上的校正螺丝使指针归零。

（2）由于无法预知被测溶液电导率的大小，应将量程选择开关 K_1 扳至最大电导率测量挡，使用时可逐挡下降，以防表针打弯。

（3）将校正、测量开关 K_2 扳至"校正"位置。

（4）接通电源，打开电源开关 K，预热 3min，调节校正调节器 Rw_3，使表盘指示在最大刻度处。

（5）将选定的电导电极插头插入电极插口，旋紧插口上的紧固螺丝，再将电极浸入待测溶液，按电极上所示的电极常数调节电极常数调节器。

（6）将校正、测量开关 K_2 扳至"测量"，此时如果表盘指针不在量程刻度范围内，应逐挡调节量程选择开关 K_1，直到指针指在刻度范围内。此时表盘指示数乘以 K_1 的倍率，即为待测溶液的实际电导率。

（7）当待测溶液的电导率低于 $300\mu S/cm$ 时，将低周、高周开关 K_3 扳至"低周"；高于 $300\mu S/cm$ 时，扳至"高周"。

4.8.4.2　注意事项

（1）电解质溶液的电导率受温度影响，测量时应保持待测溶液的恒温条件。

（2）不能松动或弄湿电极接线，以免造成测量误差。

（3）根据待测溶液的不同电导率，应选择不同类型的电极。方法如下：

① 当被测溶液的电导率低于 $10\mu S/cm$ 时，使用 DJS-1 型铂光亮电极；

② 当被测溶液的电导率在 $10\sim 10^4\mu S/cm$ 时，使用 DJS-1 型铂黑电极；

③ 当被测溶液的电导率大于 $10^4\mu S/cm$ 时，使用 DJS-10 型铂黑电极，此时应调节 Rw_2 至为所用电极电极常数的 1/10。

4.8.5　电导率测定的仪器——工业电导率仪

工业用电导率仪能广泛用于软化水、蒸汽冷凝水、海水蒸馏、原水以及去离子水电导率的连续监测。DDG-5205A 型工业用电导率仪（图 4-35、图 4-36）具备模拟量输出、数字通信、上下限报警和控制功能，具有一定的测量精度、环境适应能力强、抗干扰能力强的特点，因此在工作时稳定、可靠。

图 4-35　DDG-5205A 型
工业电导率仪

图 4-36　DDG-5205A 型
工业电导率仪正面视图

4.8.5.1　操作步骤

（1）接好电子单元与电导池的连线，接通电源，设定仪器显示日期、时间、待测溶液的温度和电导率。

（2）如果需修改工作参数，应按面板上"模式"键，仪器显示参数菜单，按"▲"或"▼"键选择相关参数；按"输入"键，进入此参数修改状态，再按"▲"或"▼"键修改参数值；修改好后按"输入"键保存参数值，回到参数菜单状态，可继续修改其他参数。如果不需继续修改，则按"复位"键回到测量状态。

（3）通入水样，选择合适的电导池，测量其电导率，确定读数。

（4）测量完毕应清洗电导池，先用 50% 温热洗涤剂（或家用肥皂粉）清洗，再用蒸馏水彻底冲洗。

4.8.5.2 注意事项

（1）不能松动或弄湿电极引线，以免造成测量误差。

（2）由于空气中 CO_2 溶于水里生成 CO_3^{2-}，会导致电导率很快增大，因此高纯水进入仪器后应迅速测量。

 技能训练 4-8　水的电导率的测定

【目的要求】

（1）了解电导法测定水的纯度的原理及方法；

（2）初步掌握电导率仪与恒温槽的使用方法。

【实验原理】

由于水中一般含有 Na^+、K^+、Ca^{2+}、Mg^{2+}、CO_3^{2-}、Cl^-、SO_4^{2-} 等多种离子，所以它是一种极稀的电解质溶液，具有导电能力，而水的纯度取决于其中可溶性电解质的含量。通过测定电导率可以鉴定水的纯度，因为水的纯度越低，离子浓度愈大，导电能力越强，电导率越大。

【实验用品】

（1）仪器　DDS-11A 型电导率仪、DJS-1 型铂黑电极、501 型超级恒温槽、具塞锥形瓶（100mL）。

（2）试剂　自来水、蒸馏水、去离子水。

【实验步骤】

（1）调节恒温水浴温度：调节并控制恒温槽的水浴温度为（25±0.1）℃。

（2）将实验用自来水、蒸馏水和去离子水分别置于 3 只具塞锥形瓶中，取样前应用待测水样清洗锥形瓶 2～3 次，再放入恒温槽中恒温 10～15 min。

（3）按 4.8.4.1 节所述方法调节电导率仪，依次测出上述水样的电导率。

【数据记录与处理】

将实验中测得各项数据填入表 4-14 中。

表 4-14　水的电导率的测定

恒温槽温度：＿＿＿＿＿＿＿℃

水样	自来水	蒸馏水	去离子水
$\kappa/(\mu S/cm)$			

实验指南

(1) 铂黑电极在浸入不同水样前，必须用待测样反复冲洗电极。

(2) 测量不同水样电导率时，每次测量读数之前都必须对电导率仪进行满刻度校正。

(3) 不同水质的电导率参考值如表 4-15 所示，可将所测电导率与之对照，进行水质评价。

表 4-15　不同水质的电导率参考值

水质类型	特纯水	优质蒸馏水	普通蒸馏水	最优天然水	优质灌溉水	劣质灌溉水	海水
$\kappa/(\mu S/cm)$	$10^{-2}\sim10^{-1}$	$10^{-1}\sim1$	$1\sim10$	$10\sim10^2$	$10^2\sim10^3$	$10^3\sim10^4$	$10^4\sim10^5$

？ 思 考 题

(1) 使用电导率仪测定水纯度的根据是什么？

(2) 测定不同溶液电导率时，如何进行仪器校正？

(3) 下列情况对电导率测定有何影响？

① 测定电导率时，电导电极的铂片未全部浸入待测水样。

② 测定电导率时，电导电极或烧杯不干净。

(4) 判断下列说法是否正确。

① 水的纯度越低，电导率越大。（　　）

② 电导率仪使用前，量程应调节至最小电导率测量挡。（　　）

③ 更换待测试样不必冲洗电导电极铂片。（　　）

④ 测量高纯度水电导率时，操作快慢对结果无影响。（　　）

电导率测定技能考核评价表见表 4-16。

表 4-16　电导率测定技能考核评价表

项　目	操作标准	分值	扣分	得分
准备实验(1 分)	清点仪器	0.5		
	检查试剂是否齐全	0.5		
电导率的测定(12 分)　电导率仪(7.5 分)	检查电导率仪各部件是否完好	0.5		
	检查电导电极是否完好	0.5		
	电导率仪是否进行零点校正	0.5		
	是否设置电池常数	1		
	是否进行满刻度校正调节	1		
	电极是否完全浸入待测液中	1		
	高、低周设置是否合理	1		
	数据记录是否准确	1		
	测量前电极是否用待测样润洗	1		
超级恒温槽(4.5 分)	检查恒温槽各部件是否完好	0.5		
	水箱注水量是否为浴槽容积的 2/3～3/4	1		
	搅拌器搅拌速度调节是否合适	1		
	接触温度计指示铁是否调至比欲恒定温度低 1～2℃处	1		
	恒温槽的温度是否稳定控制在(25±0.1)℃	1		

项　目	操作标准	分值	扣分	得分
文明操作(1.5分)	实验过程中仪器、试剂摆放是否整齐有序	1		
	实验完毕,是否整理实验台	0.5		
数据处理(1.5分)	结果是否准确	1		
	单位表示是否正确	0.5		
报告(1分)	报告规范(完整、明确、清晰)	1		
合计(17分)				

5

物质的定量分析技术

 知识目标

1. 了解物质化学成分的检测原理，掌握常用的定量分析方法
2. 掌握定量分析结果的表示以及数据处理方法
3. 了解常见分析仪器的工作原理，初步掌握利用电位分析法、吸光光度法和色谱法进行定量分析的操作方法
4. 熟练掌握定量分析技术和数据处理方法

 技能目标

1. 能正确操作与使用分析天平、滴定管、容量瓶和吸管
2. 会使用酸度计、分光光度计、原子吸收光谱仪和色谱仪

物质的分析技术包括定性分析技术和定量分析技术。定性分析研究试样组分的检出与鉴定，而定量分析研究组分的含量。通常情况下化工产品的生产或实验室制备的物质原料和产品的组成是已知的，不需要进行定性分析，主要对原料、中间产物和成品进行定量分析，以检验原料和产品的质量是否符合国家标准规定的质量指标，监督生产或商品流通过程是否正常。

5.1 定量分析的意义和过程

在化工生产过程中，物料的基本组成是已知的，化工分析主要是对原料、中间产物和最终产品进行定量分析，以评定原料和产品的质量，监控生产工艺过程是否正常进行。从而达到能最经济地使用原料和燃料，减少废品和次品，避免生产事故发生，保护环境。

进行定量分析，首先要从批量的物料中采出少量有代表性的试样，并将试样处理成可供分析的状态。固体样品通常需要溶解制成溶液。若试样中含有影响测定的干扰物质，还需要预先分离，然后才能对指定成分进行测定。

因此，定量分析的全过程一般包括采样与制样、试样分解和分析试液的制备、分离及测定、分析结果的计算及评价等四个步骤。

（1）采样与制样　采样的基本原则是分析试样要有代表性。对于固体试样一般经过粉碎、过筛、混匀、缩分，得到少量试样，烘干保存于干燥器中备用。

（2）试样分解和分析试液的制备　定量分析常采用湿法分析。对于水不溶性的固体试样，可以采用酸、碱溶解或加热熔融的方法制成分析试液。

$$\text{固体试样} \begin{cases} \text{溶解} \begin{cases} \text{酸溶：} HCl、HNO_3、H_2SO_4、HClO_4、HF、混合酸 \\ \text{碱溶：} NaOH、KOH \end{cases} \\ \text{熔融} \begin{cases} \text{酸性：} K_2S_2O_7 \\ \text{碱性：} Na_2CO_3、NaOH、Na_2O_2 \end{cases} \end{cases}$$

（3）分离及测定　常用的分离方法有沉淀分离、萃取分离、离子交换、层析分离等。要求分离过程中被测组分不丢失。

分离干扰组分之后得到的溶液，就可以按指定的分析方法测定待测组分的含量。分离或掩蔽是消除干扰的重要方法。

（4）分析结果的计算及评价　根据分析过程中有关反应的计量关系及分析测量所得数据，计算试样中待测组分含量；并对分析结果可靠性进行评价。

5.2　定量分析方法的分类

化工分析的内容十分丰富，涉及的领域非常广泛，可根据化工生产过程、样品用量、取样方式、测定原理等进行分类。

（1）按化工生产过程　分为原材料分析、中间产物控制分析和产品分析。

（2）按试样用量　分为常量分析、半微量分析和微量分析。需要的试样量为常量分析＞0.1g、半微量分析 0.01～0.1g、微量分析 0.0001～0.01g。

（3）按取样方式　分为在线分析和离线分析。在线分析是分析仪器安装在生产线上，在线取样分析。这种方法因为在线，容易实现从取样到分析的自动化。离线分析是取样后到实验室进行分析，再报告分析结果。

（4）按待测组分含量　分为常量组分分析，含量在 1％以上；微量组分分析，含量在 0.01％～1％之间；痕量组分分析，含量在 0.01％以下。

（5）按分析原理不同　分为化学分析和仪器分析两大类。

① 化学分析　化学分析是以物质的化学反应为基础的分析方法。对于所采用的化学反应可用通式表示为：

$$a\text{A（滴定剂）} + b\text{B（待测物）} \longrightarrow c\text{C（反应产物）}$$

由于采取的测定方法不同，又分为滴定分析法和称量分析法。

a. 滴定分析法又称容量分析。将一种已知准确浓度的试剂溶液 A 滴加到待测物质溶液中，直到所加试剂恰好与待测组分 B 定量反应为止。根据试剂溶液 A 的用量和浓度计算待测组分 B 的含量。例如，工业硫酸纯度的测定，就是把已知准确浓度的 NaOH 溶液滴加到试液中，直到全部 H_2SO_4 都生成 Na_2SO_4 为止（这时指示剂变色）。由 NaOH 溶液的浓度和用去的体积计算出工业硫酸的纯度。

b. 称量分析法又称重量分析。通过加入过量的试剂 A，使待测组分 B 完全转化成一难溶的化合物，经过滤、洗涤、干燥及灼烧等一系列步骤，得到组成固定的产物 C，称量产物 C 的质量，就可以计算出待测组分 B 的含量。例如，试样中 SO_4^{2-} 含量的测定，样品溶解后，在试液中加入过量的 $BaCl_2$ 试剂，使 SO_4^{2-} 生成难溶的 $BaSO_4$ 沉淀，经过滤，洗涤，灼烧后，称量 $BaSO_4$ 的质量，就可以计算出试样中 SO_4^{2-} 的含量。

② 仪器分析　仪器分析是以物质的物理或物理化学性质为基础的分析方法。通过专用仪器来测定其含量，故称为仪器分析法。它包括光学分析、电化学分析、色谱分析等方法。

a. 电化学分析法。以物质的电学或电化学性质为基础建立起来的分析方法称为电化学分析法。如果一项滴定分析不是以指示剂变色来指示滴定终点而是借助于溶液电极电位的变化关系确定滴定终点，则称为电位滴定法。属于电化学分析法的还有直接电位法、库仑分析法和极谱分析法等。

b. 光学分析法。以物质的光学性质为基础建立起来的分析方法称为光学分析法。如高锰酸钾溶液，浓度越大，颜色越深，吸收光的程度越大，利用溶液的这种吸光性质可作锰的比色分析和分光光度分析。属于光学分析法的还有紫外分光光度法、红外分光光度法和原子吸收光谱法等。

c. 色谱分析法。以物质在不同的两相（流动相和固定相）中吸附或分配特性为基础建立起来的分析方法称为色谱分析法。例如，流动的氢气携带少量空气样品通过一根装有分子筛吸附剂的柱管后，可将空气分离为氧和氮，并能对各组分进行定性、定量分析，这种方法就是气相色谱法。属于色谱分析法的还有高效液相色谱法、纸层和薄层色谱法等。

化学分析历史悠久，方法成熟，准确度高（误差≤0.1%），灵敏度较低，适用于试样中常量组分（1%以上）的测定，尤其是滴定分析操作简便、快速，准确度亦较高，是广泛应用的一种定量分析技术。仪器分析速度快，灵敏度高，适宜于低含量组分的测定。从整体看，化学分析是仪器分析的基础，仪器分析中关于试样预处理和方法准确度的校验等往往需要应用化学分析来完成；而仪器分析是化学分析的发展，二者之间必须互相配合、互相补充。

本章主要讨论在化工分析中普遍应用的两大定量分析方法——化学分析法和仪器分析法。

5.3 误差和分析数据处理

5.3.1 定量分析中的误差

定量分析的目的是通过一系列的分析步骤获得待测组分的准确含量。事实上，在对同一试样进行多次重复测定时，测定结果并不完全一致，即使对已知成分的试样用最可靠的分析方法和最精密的仪器，并由技术十分熟练的分析人员进行多次重复测定，测得数值与已知值也不一定完全吻合。这种差别在数值上的表现就是误差。

5.3.1.1 误差的分类及产生的原因

误差按其性质和来源可分为系统误差和随机误差。

（1）系统误差　由一些固定的因素引起的误差，造成测定结果偏高或偏低，具有单向性。系统误差按其来源分为以下几种。

① 方法误差　由于测定方法不完善而带来的误差，例如滴定反应不完全产生的误差。

② 试剂误差　由于试剂不纯带来的误差。

③ 仪器误差　由于仪器本身不精密、不准确引起的误差。例如，玻璃容器刻度不准确，天平砝码不准确等。

（2）随机误差　由于某些难以控制的偶然因素所造成的误差，是随机出现的。如环境的温度、湿度、压力等突然有变化，或仪器的性能有微小波动。其特点符合正态分布。

5.3.1.2　定量分析的准确度与精密度

（1）准确度与误差　分析结果的准确度是指试样的测定值与真实值之间的符合程度。它说明测定值的正确性，通常用误差的大小表示。

$$绝对误差（E）＝测定值（x_i）－真实值（\mu） \tag{5-1}$$

$$相对误差（E'）＝\frac{绝对误差（E）}{真实值（\mu）}\times100\% \tag{5-2}$$

显然，绝对误差和相对误差越小，测定值与真实值越接近，测定结果越准确。

绝对误差和相对误差都有正、负之分。正值表示分析结果偏高，负值表示分析结果偏低。

在定量分析中，待测组分的真实值一般是不知道的，这样，衡量测定结果是否准确就有困难。因此常用测定值的精密度来表示分析结果的可靠性。

（2）精密度与偏差　精密度是指在同一条件下，对同一试样进行多次测定的各测定值之间相互符合的程度。通常用偏差的大小表示精密度。

① 绝对偏差　简称偏差，它等于单次测定值与 n 次测定值的算术平均值之差。

$$d_i＝x_i－\overline{x} \tag{5-3}$$

式中　d_i——绝对偏差；

　　　x_i——单次测定值；

　　　$\overline{x}$——n 次测定值的算术平均值。

② 平均偏差　平均偏差等于绝对偏差绝对值的平均值，用下式表示：

$$\overline{d}＝\frac{\sum|d_i|}{n} \tag{5-4}$$

式中　d_i——单次测定的绝对偏差；

　　　$\overline{d}$——平均偏差；

　　　n——测定次数。

③ 相对平均偏差　指平均偏差在算术平均值中所占的百分率，用下式表示：

$$相对平均偏差＝\frac{\overline{d}}{\overline{x}}\times100\% \tag{5-5}$$

【例 5-1】　测定某溶液浓度的四次结果是：0.2041mol/L，0.2049mol/L，0.2039mol/L 和 0.2043mol/L。计算其测定结果的平均值、平均偏差、相对平均偏差。

解　$\overline{x}＝\dfrac{0.2041＋0.2049＋0.2039＋0.2043}{4}\text{mol/L}＝0.2043\text{mol/L}$

$\overline{d}＝\dfrac{|0.0002|＋|0.0006|＋|0.0004|＋|0.0000|}{4}\text{mol/L}＝0.0003\text{mol/L}$

相对平均偏差 $＝\dfrac{0.0003}{0.2043}\times100\%＝0.15\%$

滴定分析测定常量组分时，分析结果的相对平均偏差一般＜0.2%。

（3）准确度与精密度关系　　从上面叙述可知，表征系统误差的准确度与表征随机误差的精密度是不同的，二者的关系可用下面的靶图加以解释。

A. 准确且精密　　　　　　　　B. 不准确但精密　　　　　　　C. 不准确且不精密

A. 测定的精密度好，准确度也好，这是测定工作中要求的最好结果，它说明系统误差和随机误差都小。也就是说在消除系统误差的情况下，操作人员规范操作会得到较好的准确度和精密度。

B. 测定的精密度好，但准确度不好，这是由于系统误差大，随机误差小造成的。

C. 测定的精密度不好，准确度也不好，这是由于系统误差和随机误差都大引起的

在确定消除了系统误差的前提下，精密度可表达准确度。通常要求常量分析结果的相对误差小于 0.1%～0.2%。

（4）提高分析结果准确度的方法　　由误差产生的原因看出，要提高分析结果的准确度，必须减小整个测定过程中的误差。

① 做对照试验　　对照试验是检验系统误差的有效方法。将已知准确含量的标准样，按照待测试样同样的方法进行分析，所得标准值与测定值比较，求出校正值，将待测试样的测定值乘以校正值，就可使测定结果更接近真值。

② 做空白试验　　在不加试样情况下，按有试样时同样的操作进行的试验，叫做空白试验。所得结果称为空白值。从试样的测定值扣除空白值，就能得到更准确的结果。例如，确定标准溶液准确浓度的试验，国家标准规定必须做空白试验。

③ 校准仪器　　对于分析的准确度要求较高的场合，应对测量仪器进行校正，利用校正值计算分析结果。例如，用未加校正的滴定管滴定就会引入终点滴定误差，若用校正后的滴定管即可加以补正。

④ 增加平行测定份数　　取同一试样几份，在相同的操作条件下对它们进行测定，叫做平行测定。增加平行测定次数，可以减小随机误差。对同一试样，一般要求平行测定 3～4份，以获得较准确的结果。

⑤ 选择合适的分析方法　　化学分析法准确度高，用于常量组分测定；仪器分析法灵敏度高，用于微量组分分析。

⑥ 减少测量误差　　一般分析天平称量的绝对偏差为 ±0.0001g。为减少相对偏差，试样的质量不宜过少。为使滴定管读数造成的相对偏差小于 0.07%，消耗标准溶液的体积应在 35mL 左右，在数据记录和计算过程中，必须严格按照有效数字的运算和修约规则进行。

5.3.2　定量分析结果的表示

按照我国现行国家标准的规定，定量分析的结果分别用质量分数、体积分数或质量浓度表示。

（1）质量分数（w_B）　　物质中某组分 B 的质量（m_B）与物质总质量（m）之比，称为 B 的质量分数（通常以%表示）。

$$w_B = \frac{m_B}{m} \times 100\%$$ (5-6)

例如，某铁矿中含 Fe 为 34.98%。

（2）**体积分数**（φ_B）　气体或液体混合物中某组分 B 的体积（V_B）与混合物总体积（V）之比，称为 B 的体积分数（以%表示）。

$$\varphi_B = \frac{V_B}{V} \times 100\%$$ (5-7)

例如，工业乙醇中乙醇的体积分数为 95.0%。

（3）**质量浓度**（ρ_B）　气体或液体混合物中某组分 B 的质量（m_B）与混合物总体积（V）之比，称为 B 的质量浓度。

$$\rho_B = \frac{m_B}{V}$$ (5-8)

其常用单位为克每升（g/L）或毫克每升（mg/L）。例如，乙酸溶液中乙酸的质量浓度为 360g/L。

不同的分析任务，对分析结果准确度要求不同，平行测定次数和分析结果的报告也不同。

5.3.3　有效数字和运算规则

定量分析结果是通过测量和数据的记录与处理获得的。这不仅需要准确地测定，而且还需要正确地记录和计算。实际上，要求记录的数字不仅能够表示数量的大小，还要正确地反映出测定时的准确程度。所以，在记录实验数据和计算分析结果时应当注意有效数字处理问题。

（1）**有效数字的意义**　有效数字是指在测量中实际能测量到的数字，在有效数字中只有最末一位数字为估计值，其余数字都是准确的。因此，有效数字的位数取决于测量仪器、工具和方法的精度。例如，用万分之一分析天平称量物质的质量为 0.5180g，这样记录正确，与该天平称量所达到的准确度相适应。在数字"0.5180"中，小数点后三位是准确的，第四位"0"是可疑的，可能有上下一个单位的误差，它表明试样实际质量在（0.5180±0.0001）g 之间。如果把结果记为 0.518g 则是错误的，因为它表明试样实际质量在（0.518±0.001）g 之间，显然与仪器的自身测量精度不符。可见，数据的位数不仅表示数据的大小，而且反映了测量的准确程度。下面列出在分析测量中能得到的有效数字及位数：

试样的质量 m	1.1430g	五位有效数字（万分之一天平称量）
溶液的体积 V	22.06mL	四位有效数字（分度值 0.1mL 滴定管读数）
量取试液 V	25.00mL	四位有效数字（移液管）
标准溶液浓度 c	0.1000mol/L	四位有效数字
吸光度 A	0.356	三位有效数字
质量分数	98.97%	四位有效数字
pH 值	4.30	两位有效数字
离解常数 K	1.8×10^{-5}	两位有效数字
电极电位 φ	0.337V	三位有效数字

"0"在数据中具有双重意义。当用来表示与测量精度有关的数字时，是有效数字；当用它只起定位作用与测量精度无关时，则不是有效数字。即在数据首位不是有效数字，在数据之间的"0"和小数上末尾的"0"都是有效数字。

关于有效数字及位数应说明下面几个问题。

① 有效数字首位数≥8时，可多计算1位有效数字。例如，0.0998mol/L的浓度可看成4位有效数字。

② pH值的有效数字的位数，取决于小数部分的位数，整数部分不计算为有效数字。因为pH＝－lg[H^+]，对数的整数部分为[H^+]数据10的多少次方，起定位作用，只有小数部分才是[H^+]数据的有效数字的位数，因此pH＝4.30是两位有效数字。

③ 单位换算时要注意有效数字的位数，不能混淆。例如，1.25g≠1250mg，应为1.25×10^3mg。

④ 非测量数据应视为有足够多位的有效数字，例如测定次数$n＝4$，溶液稀释10倍等，此处的4和10应视为有无穷多位的有效数字。

(2) 有效数字运算规则　有效数字运算规则包括两方面内容，即数字修约规则和数据运算规则。

① 数字修约规则　在处理数据过程中，常会遇到各测量值的数字位数不同的情况，根据有效数字的要求，常常要弃去多余的数字，然后再进行计算。把弃去多余数字的处理过程称为数字的修约。国家标准规定采用"四舍六入五留双"的规则进行修约。当尾数≥6时则入，尾数≤4时则舍。当尾数恰为5，而其后面的数均为0时，若5的前一位是奇数则入，是偶数（包括"0"）则舍；倘若5后面还有不为0的任何数时皆入。例如将下列数据修约到两位有效数字：

3.148－3.1；　　0.736－0.74；

2.549－2.5；　　76.51－77；

75.50－76；　　7.050－7.0。

修约数字时，只能对原始数据进行一次修约到需要的位数，不能逐级积累修约。例如7.5489修约到两位有效数字应是7.5，不能修约成7.549－7.55－7.6。

② 运算规则　在用测量值进行运算时，每个测量值的误差都要传递到结果中去。于是，在处理数据时应做到合理取舍，既不能因舍弃某一尾数使准确度受到影响，又不能无原则地保留过多位数使计算复杂。在运算过程中应遵守下面规则。

a. 加减法。几个数据相加或相减时，它们的和或差的有效数字位数的保留，应以小数点后位数最少（绝对误差最大）的数据为准。例如，

$$0.015+34.37+4.3235$$
$$=0.02+34.37+4.32$$
$$=38.71$$

上面相加的三个数据中，34.37小数点后位数最少，绝对误差最大。故以34.37为准，将其他数据修约到小数点后两位，然后进行计算。如果在三个数据相加时，把小数点后第三、四位都加进去就毫无意义了。

b. 乘除法。几个数据相乘、除时，它们的积或商的有效数字位数的保留，应以各数据中有效数字位数最少（相对误差最大）的数据为准。

例如，0.1034×2.34，对于0.1034，其相对误差为：

$$\frac{\pm 0.0001}{0.1034} \times 100\% = \pm 0.1\%$$

而对于 2.34，其相对误差为：

$$\frac{\pm 0.01}{2.34} \times 100\% = \pm 0.4\%$$

因此这两个数相乘应以 2.34 的三位有效数字为准，即 $0.103 \times 2.34 = 0.241$。

在乘除运算中，有时会遇到某一数据的第一位有效数字>8，其有效数字的位数可多算一位。如 9.37 虽然只有三位，但它已接近于 10.00，故可按四位有效数字计算。对于高含量（>10%）组分，一般以四位有效数字报出结果，中等含量（1%～10%）组分一般要求以三位有效数字报出，而对于低含量（<1%）组分一般只以二位有效数字报出结果。

5.3.4 数据记录与实验报告

实验数据的记录与处理不仅能表达试样中待测组分的含量，而且还反映测定的准确度。因此，正确地记录实验数据，书写实验报告，报告分析结果，是分析检测人员必须具备的基本能力。

（1）实验数据的记录 实验数据的原始记录是实验工作中重要资料之一，对原始记录的具体要求如下。

① 数据应记录在专用的记录本上，并标有页码，记录本应妥善地保存。

② 记录内容要完整如日期、实验名称、测定次数、实验数据及实验者、特殊仪器的型号和标准溶液的浓度、温度等都应标明。

③ 记录数据要及时，且单位、符号符合法定计量单位的规定，杜绝拼凑或伪造数据。

④ 记录数字的准确度应与分析检验仪器的准确度相一致。例如用常量滴定管和吸量管的读数应记录至 0.01mL。

⑤ 记录的每一个数据都是测量结果。平行测定时，即使得到完全相同的数据也应如实记录下来。

⑥ 在实验过程中，对记错的数据需要改动时，可在被改动的数据上划一横线（不要涂改），然后在其数据的上方写出正确数字。

⑦ 实验结束后，应对记录进行认真的核对，判断所测量的数据是否正确、合理，平行测定结果是否超差，以决定是否需要进行重新测定。

（2）实验报告的书写 实验报告一般包括下列内容。

① 样品 样品名称、样品编号、检验日期及检验人。

② 目的 实验所要达到的目标。

③ 原理 原理通常用文字和反应式进行描述。

④ 试剂及仪器 写明仪器的型号、产地和标准溶液的浓度及配制方法。

⑤ 内容或步骤 内容或步骤一般按操作的先后顺序用箭头流程简图法表示。

⑥ 数据及处理 测量的数据可用表格形式记录，记录表格中一般包括测定次数、数据及其法定计量单位、平均值、平均偏差等。

⑦ 讨论 即对实验过程中所观察到的现象及数据记录与处理进行分析与判断，找出误差产生的原因，提出改进措施，若实验失败，也应找出失败原因，总结经验教训。

5.4 滴定分析法

将已知准确浓度的标准滴定溶液（滴定剂）通过滴定管滴加到试样溶液中，与待测组分进行定量的化学反应，当达到化学计量点时，根据消耗标准滴定溶液的体积和浓度计算待测组分含量的方法叫做滴定分析法。

为了确定化学计量点，常在试样溶液中加入少量指示剂，借助其颜色的变化指示化学计量点的到达。指示剂颜色发生明显变化而终止滴定时，称为滴定终点。

5.4.1 滴定分析的基本原理

滴定分析是以化学反应为基础的分析方法。在分析过程中，用滴定管将一种已知准确浓度的试剂（即**标准溶液或滴定剂**）滴加到待测物质的溶液中，直到标准溶液与待测组分刚好完全反应，然后根据标准溶液的浓度和滴定时消耗标准溶液的体积，计算待测组分的含量，这种分析方法称为**滴定分析法**。用滴定管将标准溶液滴入到待测物质溶液中的这一过程称为**滴定**。滴入的标准溶液与待测溶液物质刚好完全反应时的这一点称为**化学计量点**。为了确定化学计量点，使刚好在化学计量点时就停止滴定，常在被滴定的溶液中加入一种称为指示剂的辅助试剂，借助指示剂在化学计量点附近发生颜色的改变来指示滴定反应的完全，此时滴入的滴定剂刚好使指示剂变色的这一点称为**滴定终点**。在实际分析中滴定终点与化学计量点往往不一致，因此引起的误差称为**滴定误差**，也称**终点误差**。

例如，用 0.1mol/L NaOH 溶液滴定 HCl 溶液，其反应为：

$$NaOH + HCl == NaCl + H_2O$$

化学计量点为 pH=7，以酚酞为指示剂，滴定至微红色，停止滴定，此时的 pH=9，即终点。由此产生的化学计量点与终点的 pH 不一致所引起的误差为滴定误差。

5.4.1.1 滴定分析反应的基本条件和方法的分类

（1）滴定分析的基本条件　不是任何化学反应都能用于滴定分析，适用于滴定分析的化学反应必须具备以下基本条件。

① 反应按化学计量关系定量进行，即严格按一定的化学方程式进行，不发生副反应。如果有共存物质干扰滴定反应，能够找到适当方法加以排除。

② 反应进行完全，即当滴定达到终点时，被测组分有 99.9% 以上转化为生成物，这样才能保证分析的准确度。

③ 反应速率快，即随着滴定的进行，能迅速完成化学反应。对于速率较慢的反应，可通过加热或加入催化剂等办法来加速反应，以使反应速率与滴定速度基本一致。

④ 有适当的指示剂或其他方法，简便可靠地确定滴定终点。

（2）滴定分析的方法　按照所用化学定量分析法，滴定分析的方法可以分为以下几种。

① 酸碱滴定法　利用酸碱中和反应，常用强酸溶液作滴定剂测定碱性物质，或用强碱溶液作滴定剂测定酸性物质。

② 配位滴定法　利用配位反应。常用 EDTA（乙二胺四乙酸二钠）溶液作滴定剂测定一些金属离子。

③ 氧化还原滴定法　利用氧化还原反应。常用高锰酸钾、碘溶液或硫代硫酸钠溶液作滴定剂测定具有还原性或氧化性的物质。

④ 沉淀滴定法　利用沉淀反应。常用硝酸银溶液作滴定剂测定卤素离子。

5.4.1.2　标准滴定溶液

（1）标准滴定溶液浓度的表示方法　标准滴定溶液的浓度通常用物质的量浓度表示。在滴定分析中，为了便于计算分析结果，规定了标准滴定溶液和待测物质选取基本单元的原则：酸碱滴定反应以给出或接受一个 H^+ 作为基本单元，氧化还原滴定反应以给出或接受一个电子作为基本单元。这样，标准滴定溶液物质的量浓度的含义就完全确定下来了。例如，$c(\frac{1}{2}H_2SO_4)=1.0mol/L$，表示 1L 溶液中含硫酸 49.04g，基本单元是 $\frac{1}{2}$ 个硫酸分子。

在工厂控制分析中，为了快速得到分析结果，常用滴定度表示标准滴定溶液的浓度。滴定度是指 1mL 标准滴定溶液相当于被测组分的质量，用 T（被测组分/滴定剂）表示。例如 $T(NaOH/H_2SO_4)=0.04001g/mL$ 表示 1mL 硫酸标准溶液相当于 0.04001g NaOH。用滴定度乘以滴定用去的标准滴定溶液体积，就可得到分析结果。

（2）标准滴定溶液的配制　标准滴定溶液的配制方法有两种。

① 直接配制法　准确称取一定量物质，溶解后定量移入容量瓶中准确稀释至刻度，根据溶质的质量和溶液的体积计算出标准滴定溶液的浓度。

用于直接配制标准滴定溶液的物质称为基准物质。它应符合下列要求：

a. 纯度高，含量达 99.9% 以上；

b. 物质的组成与化学式完全符合；

c. 性质稳定。

常用的基准物质有无水碳酸钠、邻苯二甲酸氢钾、草酸钠、氧化锌等。

② 间接配制法　有些物质不符合基准物质的条件，如浓盐酸易挥发，氢氧化钠易吸收空气中水分和二氧化碳，这些物质的标准溶液必须采用间接法配制。首先配成接近所需浓度的溶液，然后用基准物质确定其浓度。这种确定标准滴定溶液准确浓度的操作称为"标定"。也可用另一种已知浓度的标准滴定溶液测定待标定溶液的准确浓度，这种操作称为"比较"。比较法不如直接标定可靠。

5.4.1.3　滴定方式

（1）直接滴定法　凡是能满足滴定分析的化学反应所必须的条件的反应都可以采用直接滴定法进行滴定，即标准溶液直接滴定被测物质溶液。不能满足滴定分析的化学反应所必须的条件的反应可采用返滴定、置换滴定和间接滴定法。

（2）返滴定法　返滴定法是在待测物质的溶液中先加入一定量过量的标准溶液 A，待反应完成后，再利用另一种标准溶液 B 滴定反应剩余量的标准溶液 A，根据标准溶液 A 和 B 的浓度及体积计算待测物质的含量。该方法适用于反应速率慢，或待测物质为固体，或没有合适的指示剂的情况。

例如，$CaCO_3$ 不溶于水，可采用此法进行滴定。测定时先在待测样中加入一定量已知浓度的 HCl 标准溶液，待反应完成后再加入 NaOH 标准溶液滴定剩余量的 HCl 标准溶液，根据滴定终点时滴定消耗的 NaOH 标准溶液的浓度和体积，以及加入的 HCl 标准溶液的浓度和体积，可计算 $CaCO_3$ 的含量。其反应式为：

$$CaCO_3 + 2HCl（过量）\Longrightarrow CaCl_2 + H_2O + CO_2\uparrow$$

$$NaOH + HCl（余量）\Longrightarrow NaCl + H_2O$$

（3）置换滴定　置换滴定是先用适当的试剂与待测物质反应，定量置换出一种能被滴定的物质，然后用适当的标准溶液进行滴定。适用于有些被测物质与滴定剂之间没有定量关系或伴有副反应发生的情况。

例如，硫代硫酸钠作为常用的标准溶液，不能直接滴定重铬酸钾，因为在酸性条件下，重铬酸钾或其他强氧化性物质与硫代硫酸钠反应没有一定量的计量关系（硫代硫酸钠的反应产物不是 $S_4O_6^{2-}$，而是 $S_4O_6^{2-}$ 和 SO_4^{2-} 的混合物），无法进行计算。但可以采用置换滴定的方式进行滴定。可在重铬酸钾试样中加入过量的试剂 KI，就会置换出一定量的 I_2，此时可用 $Na_2S_2O_3$ 标准溶液进行滴定，根据消耗的 Na_2SO_3 的体积和浓度计算 $K_2Cr_2O_7$ 含量。反应式如下：

$$\text{置换反应} \quad Cr_2O_7^{2-}+6I^-+14H^+ =\!=\!= 2Cr^{3+}+3I_2+7H_2O$$

$$\text{滴定反应} \quad 2S_2O_3^{2-}+I_2 =\!=\!= S_4O_6^{2-}+2I^-$$

（4）间接滴定法　一些不能与滴定剂直接反应的物质，可通过另一化学反应间接地进行滴定。例如铵盐含量的测定，首先将铵盐试样中加入甲醛使之转换成相当量的酸，然后用氢氧化钠标准溶液进行滴定，反应方程式为：

$$4NH_4^+ +6HCHO =\!=\!= (CH_2)_6N_4H^+ +3H^+ +6H_2O$$

$$(CH_2)_6N_4H^+ +3H^+ +4OH^- =\!=\!= (CH_2)_6N_4+4H_2O$$

5.4.1.4　滴定分析计算

为了简便计算，规定了选取基本单元的原则和等物质的量反应规则。

（1）选取基本单元的原则　酸碱滴定法以给出或接受一个质子的特定组合为基本单元；氧化还原反应滴定法以得失一个电子的特定组合为基本单元；配位滴定法和沉淀滴定法分别以参与反应的物质的本身为基本单元。

（2）等物质的量反应规则　在选取基本单元的前提下，当滴定剂与待测物恰好完全反应时，滴定剂 A 的物质的量 n_A 与待测物的物质的量 n_B 必然相等，即 $n_A=n_B$，这就是等物质的量反应规则。

例如，按照选取基本单元的原则，参加反应的硫酸物质的量 $n(\frac{1}{2}H_2SO_4)$ 等于参加反应的氢氧化钠物质的量 $n(NaOH)$。因此，滴定到化学计量点时，$n(\frac{1}{2}H_2SO_4)=n(NaOH)$。

若 c_A、c_B 分别代表滴定剂 A 和待测组分 B 两种溶液的浓度（mol/L）；V_A、V_B 分别代表两种溶液的体积（L），则当化学计量点时，

$$n_A=n_B$$

$$c_AV_A=c_BV_B \tag{5-9}$$

若 m_B、M_B 分别代表物质 B 的质量（g）和摩尔质量（g/moL），则物质 B 的物质的量为

$$n_B=\frac{m_B}{M_B} \tag{5-10}$$

当物质 B 与滴定剂 A 反应完全时，

$$c_AV_A=\frac{m_B}{M_B} \tag{5-11}$$

设试样质量为 m，则试样中物质 B 的质量分数为

$$w_B = \frac{m_B}{m} = \frac{c_A V_A M_B}{m} \tag{5-12}$$

若试样溶液体积为 V，则试样中物质 B 的质量浓度为

$$\rho_B = \frac{m_B}{V} = \frac{c_A V_A M_B}{V} \tag{5-13}$$

需要注意的是：在滴定分析中，有时不是滴定全部试样溶液，而是取其中一部分进行滴定，这种情况应将 m 或 V 乘以适当的分数（例如将质量为 m 的试样溶解后定容为 250mL，取出 25.00mL 进行滴定，则每份被滴定的试样质量应是 $m \times \frac{25}{250}$）；如果滴定试液的同时做了空白试验，则计算公式中 V_A 应减去空白试验消耗的体积。

【例 5-2】 称取工业磷酸 1.920g，以水定容于 250mL 容量瓶中，摇匀。移取 25.00mL，用 $c(NaOH) = 0.1025$mol/L 氢氧化钠溶液滴定，消耗氢氧化钠溶液 33.45mL。求试样中磷酸的质量分数。

解 磷酸的基本单元为 $\frac{1}{3}H_3PO_4$，实际被滴定的试样质量为 $m \times \frac{25}{250}$，于是

$$w(H_3PO_4) = \frac{c(NaOH)V(NaOH)M(\frac{1}{3}H_3PO_4)}{m \times \frac{25}{250}}$$

$$= \frac{0.1025 \times 33.45 \times 10^{-3} \times \frac{1}{3} \times 98.00}{1.920 \times \frac{25}{250}}$$

$$= 0.5833$$

【例 5-3】 用基准草酸钠标定高锰酸钾溶液。称取 0.3205g 草酸钠，溶于水后加入适量硫酸酸化，然后用高锰酸钾溶液滴定，用去 35.64mL。求高锰酸钾溶液物质的量浓度。

解 滴定反应为

$$5C_2O_4^{2-} + 2MnO_4^- + 16H^+ = 2Mn^{2+} + 8H_2O + 10CO_2$$

反应中 1 分子 $Na_2C_2O_4$ 给出 2 个电子，基本单元为 $\frac{1}{2}Na_2C_2O_4$；1 分子 $KMnO_4$ 获得 5 个电子，基本单元为 $\frac{1}{5}KMnO_4$。按式（5-11）有

$$c(\frac{1}{5}KMnO_4)V(KMnO_4) = \frac{m(Na_2C_2O_4)}{M(\frac{1}{2}Na_2C_2O_4)}$$

$$c(\frac{1}{5}KMnO_4) = \frac{0.3205}{35.64 \times 10^{-3} \times \frac{1}{2} \times 134.0} \text{mol/L}$$

$$= 0.1342 \text{mol/L}$$

练　习

（1）称取无水 Na_2CO_3 5.364g，用水溶解后准确稀释至 1000mL，求该溶液物质的量浓度？

（2）标定 HCl 溶液时，以甲基橙为指示剂，用 Na_2CO_3 为基准物，称取 Na_2CO_3 的质

量为 0.6130g，用去 HCl 溶液 24.90mL，求 $c(HCl)$？

（3）用 0.2000mol/L NaOH 溶液滴定 25.00mL H_2SO_4 溶液，终点时消耗 NaOH 26.50mL，计算 $c(H_2SO_4)$，$c(\frac{1}{2}H_2SO_4)$。

（4）称取浓 H_3PO_4 试样 2.0000g，溶于水后，用 1.000mol/L NaOH 溶液滴定至甲基橙变色时，消耗 NaOH 标准溶液 20.00mL，计算试样中 $w(H_3PO_4)$？

（5）配制 0.02mol/L $KMnO_4$ 溶液 250mL，应称取 $KMnO_4$ 多少克？若用基准物 $H_2C_2O_4 \cdot 2H_2O$ 来标定其浓度，欲使 $KMnO_4$ 溶液消耗量大于 25mL，需称取试剂 $H_2C_2O_4 \cdot 2H_2O$ 多少克？

（6）在 1.000g 不纯的 $CaCO_3$ 中加入 0.5100mol/L HCl 溶液 50.00mL，再用 0.4900mol/L NaOH 溶液回滴过量的 HCl，消耗 NaOH 溶液 25.00mL。求 $w(CaCO_3)$？

（7）称取某含铁试样 0.3365g，溶解后将溶液中的 Fe^{3+} 还原为 Fe^{2+}，然后用浓度 $c(\frac{1}{5}KMnO_4)=0.1002mol/L$ $KMnO_4$ 标准溶液进行滴定，消耗 23.55mL，求 $w(Fe)$，$w(Fe_2O_3)$？

（8）用甲醛法测定 NH_4NO_3 试样的含氮量，称取样品 0.2500g，加入甲醛后，用 0.2500mol/L NaOH 溶液滴定生成的酸，用去 21.10mL，求 $w(N)$？

5.4.2　常用滴定分析仪器的使用

5.4.2.1　分析天平

准确称量物质的质量是获得准确分析结果的第一步。分析天平是定量分析中最主要、最常用的衡量质量的仪器之一。正确熟练地使用分析天平进行称量是做好分析工作的基本保证。因此，分析工作者必须了解分析天平的构造、计量性能和使用方法。

常用的分析天平有半自动电光分析天平、全自动电光分析天平和电子天平，它们一般可准确称量至 0.1mg。我们重点学习半自动电光分析天平。

（1）分析天平的构造　杠杆式分析天平是根据等臂杠杆原理制成的。当等臂天平处于平衡状态时，被称物体的质量等于砝码的质量

半自动电光分析天平（TG-328B）的构造如图 5-1 所示。天平由外框、立柱、横梁部分、悬挂系统、制动系统、光学读数系统和机械加码装置构成。现将操作者经常触及的部件说明如下。

① 升降枢旋钮　升降枢旋钮起到天平开关的作用，顺时针转动升降枢旋钮，天平梁下降，启动天平；逆时针转动升降枢旋钮，天平梁托起，休止天平。

② 平衡螺丝　当分析天平的零点大幅度偏离

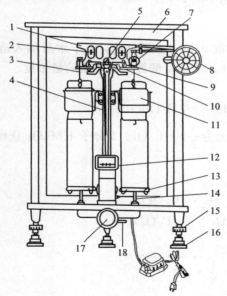

图 5-1　半自动电光分析天平（TG-328B）
1—横梁；2—平衡螺丝；3—吊耳；4—指针；
5—支点刀；6—框罩；7—环码；8—加码器刻度盘；
9—支力销；10—折叶；11—阻尼内筒；12—投影屏；
13—称盘；14—盘托；15—螺旋脚；16—垫脚；
17—升降旋钮；18—投影屏调节杆

时，用微调拨杆调节不了时用粗调平衡螺丝实现零点的调节。

③ 螺旋脚　螺旋脚用来调节天平水平。

④ 加码器刻度盘　用于加减 1g 以下的环码，旋转外圈能实现 100～900mg 环码的加减，旋转内圈出能实现 10～90mg 环码的加减。

⑤ 指针和投影屏　指针固定在天平梁的中央。在投影屏的中央有一条纵向固定刻线，微分标尺的投影与刻线重合处即为天平的平衡位置。通过微分标尺在投影屏上的投影，可直接读出 10mg 以下的质量，如图 5-2 所示。

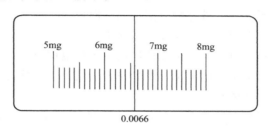

图 5-2　微分标尺上读数示意图

（读数为 6.6mg 或 0.0066g）

（2）使用方法　分析天平是精密仪器，使用时要认真、仔细，要预先熟悉使用方法，否则容易出错，使得称量结果不准确或损坏天平部件。

① 检查天平　取下防尘罩，叠平后放在天平右上方。检查天平各部件是否正常：秤盘是否洁净；是否水平；环码指数盘是否在"000"位；环码有无脱位、粘连；吊耳是否错位等。

② 调节零点　接通电源，完全打开升降旋钮（顺时针到底），此时在光屏上可以看到标尺的投影在移动。当标尺稳定后，如果屏幕中央的刻线与标尺上的"0"线不重合，可拨动调屏拉杆，移动投影屏的位置，使屏幕中央刻线恰好与标尺中的"0"线重合，即调定零点。如果屏幕移到尽头仍调不到零点，则需关闭天平，将调屏拉杆放在与自己平行的位置，调节横梁上平衡调节螺丝，再开启天平，若屏幕中央刻线在"0"线左右 3 格内，拨动调屏拉杆，调到零点，否则继续调节平衡调节螺丝，直至调定零点。调节零点需在天平各部件正常后进行，并且应在空载状态下进行。零点调好后关闭天平，准备称量。

③ 称量　将欲称物体先在托盘天平（简称为台秤）上粗称，然后放到天平左盘中心，根据粗称的数据在天平右盘上加克以上砝码，大砝码在盘的中央，小的集中在其周围且各砝码不能互相碰在一起。半开天平，观察标尺移动方向或指针的倾斜方向（标尺的投影向重盘方向移动、指针下端向轻盘方向倾斜）以判断所加砝码是轻还是重，直至多加 1g 砝码嫌重，关闭天平，减少 1g 砝码即调定克组砝码。关闭天平门后再依次调定百毫克组及十毫克组环码，每次从中间量（500mg、50mg）开始调节。十毫克环码调定后，完全开启天平，准备读数。

调整砝码的顺序是：由大到小、依次调定。砝码未完全调定时不可完全开启天平，以免横梁过度倾斜，以至于造成横梁错位或吊耳脱落！

④ 读数　当升降枢旋钮完全打开时，标尺刻线停稳在 0～10mg 之间即可读数，被称物的质量等于砝码的质量加上加码器刻度盘读数及微分标尺的读数。

⑤ 复原　称量、记录完毕，随即关闭天平，取出被称物，将砝码放回盒内并核对记录

数据，环码指数盘退回到"000"位，关闭两侧门，再完全打开天平观察屏幕中央刻线，屏幕中央刻线应在"0"线左右2格内，否则应重新称量。关闭天平，进行登记，盖上防尘罩。

（3）天平的使用规则

① 使用天平前应先检查天平是否正常：是否水平；秤盘是否洁净；硅胶（干燥剂）容器是否靠住秤盘；环码指数盘是否在"000"位；环码有无脱位；吊耳和横梁是否错位等。

② 被称物的大致质量应在托盘天平上粗称一下；称量不得超过该天平的最大载荷。

③ 只能用同一台天平和与之配套砝码完成实验的全部称量。

④ 不得随意开启天平前门，被称物只能从侧门取放。

⑤ 开、关天平时动作要轻、缓、连续，以保护刀口。

⑥ 被称物外形不能过高过大，重物和砝码应位于秤盘中央，大砝码应居中。

⑦ 取放物体和砝码时必须关闭天平，严禁在天平处于工作状态时取下物体和砝码。

⑧ 不能用手直接取放物体和砝码。

⑨ 严禁将化学品直接放在秤盘上称量，不得称量过热或过冷的物体，称量易吸潮和易挥发的物质必须加盖密闭。

⑩ 读数前要关好两边的侧门，防止气流影响读数。

（4）砝码的使用规则 砝码是和天平配套使用的称量器具，它是称量的基础，所以称量时必须注意以下事项。

① 砝码和天平必须配套使用，不得随意调换。

② 经常保持砝码的清洁，砝码表面灰尘应定期用无水乙醇或丙酮擦拭，擦拭时应使用真丝绸布或麂皮，并要避免使溶剂渗入砝码的调整腔。绝不可沾上水、油脂等。

③ 砝码只能放在砝码盒内相应的空位上或秤盘上，不得放在其他地方。

④ 取用砝码时要用专用镊子小心取放，这种镊子带有骨质或塑料尖，不能使用金属镊子，要防止摔落划伤或腐蚀砝码表面，严禁直接用手拿取砝码。

⑤ 称量时应遵循"最少砝码个数"的原则，不可用多个小砝码代替大砝码；称量时如用到面值相同的砝码时，应先使用无标记的砝码；同一物体前后两次称量时应使用同一组合的砝码，尽量少换。

⑥ 为了尽量减少添加砝码的次数，达到快速准确称量的目的，应按"由大到小、中间截取"的原则选用砝码。

⑦ 使用机械加码的刻度盘时，不要将尖头对着两个读数之间。刻度盘既可顺时针方向旋转，也可逆时针方向旋转，但应轻轻地逐旋转挡次地旋转，决不可用力快速转动，以免造成环码变形、互相重叠、环码脱钩，甚至吊耳移位等故障。加减环码后先微微开启天平进行观察。

（5）分析天平的称样方法 根据不同的称量对象，须采用相应的称量方法。对机械天平而言，大致有以下几种常用的称量方法。

① 直接称量法 天平零点调定后，将被称物直接放在秤盘上，所得读数即被称物的质量。这种称量方法适用于称量洁净干燥的器皿、棒状或块状的金属等。注意，不得用手直接取放被称物，而可采用戴细纱手套、垫纸条、用镊子或钳子等适宜的办法。

② 差减法 取适量待称样品置于一洁净干燥的容器（称固体粉状样品用称量瓶，称液体样品可用小滴瓶）中，在天平上准确称量后，转移出欲称量的样品置于实验器皿中，再次准确称量，两次称量读数之差，即所称取样品的质量。如此重复操作，可连续称取若干份样

品。这种称量方法适用于一般的颗粒状、粉状及液态样品。由于称量瓶和滴瓶都有磨口瓶塞，对于称量较易吸湿、氧化、挥发的试样很有利。

图 5-3　倾出试样的方法

图 5-4　固定质量称量法

称量瓶是差减法称量粉末状、颗粒状样品最常用的容器。用前要洗净烘干或自然晾干，称量时不可直接用手抓，而要用纸条套住瓶身中部，用手指捏紧纸条进行操作，这样可避免手汗和体温的影响。先将称量瓶放在托盘天平上粗称，然后将瓶盖打开放在同一秤盘上，根据所需样品量（应略多一点）向右移动游码或加砝码，用药勺缓慢加入样品至台秤平衡。盖上瓶盖，再拿到天平上准确称量并记录读数。取出称量瓶，在盛接样品的容器上方约 1cm 处，慢慢倾斜瓶身，使称量瓶身接近水平，瓶底略低于瓶口，切勿使瓶底高于瓶口，以防样品冲出。打开瓶盖并用瓶盖的下面轻敲瓶口的上沿或右上边沿，使样品缓缓落入容器（见图5-3）。估计倾出的样品已够量时，再边敲瓶口边将瓶身扶正，盖好瓶盖后方可离开容器的上方（在此过程中，称量瓶不得碰接受容器），再准确称量。如果一次倾出的样品量不到所需量，可再次倾倒样品，直到移出的样品质量满足要求（在欲称质量的 $\pm 10\%$ 以内为宜）后，再记录天平读数，但添加样品次数不得超过 3 次，否则应重称。在敲出样品的过程中，要保证样品没有损失，边敲边观察样品的转移量，切不可在还没盖上瓶盖时就将瓶身和瓶盖都离开容器上口，因为瓶口边沿处可能粘有样品，容易损失。务必在敲回样品并盖上瓶塞后才能离开容器。

③ 固定质量称量法（增量法）　这种方法是为了称取固定质量的物质，又称指定质量称量法。如直接用基准物质配制标准溶液时，有时需要配成一定浓度值的溶液，这就要求所称基准物质的质量必须是一定的，可用此法称取基准物质。此法只能用来称取不易吸湿，且不与空气作用、性质稳定的粉末状物质。称量方法是：准确称量一洁净干燥的小烧杯（50mL 或 100mL）或称量纸；读数后适当调整砝码；然后用左手持盛有试剂的药匙小心地伸向小烧杯的近上方，以手指轻击匙柄，将试剂弹入小烧杯中，半开天平进行试重，直到所加试剂质量只相差很小时（此值应小于微分标尺的满刻度），全开天平，极其小心地以左手拇指、中指及掌心拿稳药匙，以食指摩擦药匙柄，让药匙内的试剂以非常少的量慢慢抖入称量纸上（见图5-4），这时眼睛既要注意药匙，同时也要注意标尺的读数，待标尺正好移动到与所需刻度相差 1~2 个分度时，立即停止抖入试剂，在此过程中，右手不要离开天平的升降旋钮，以便及时开关天平；关闭天平，关上侧门，再次进行读数。

5.4.2.2　滴定管

滴定管是滴定时用来准确测量流出滴定剂体积的量器。常量分析使用的滴定管容积为 50mL 和 25mL，最小分度值为 0.1mL，读数可估计至 0.01mL。

实验室最常用的滴定管按用途不同分两种：①下部带有磨口玻璃活塞的酸式滴定管，如

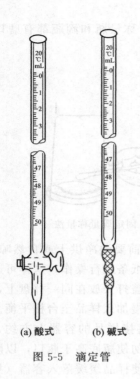

(a) 酸式　(b) 碱式

图 5-5　滴定管

图 5-5(a)所示;②下端连接一段橡皮软管,内放一玻璃球的碱式滴定管,如图 5-5(b)所示。酸式滴定管只能用来盛放酸性、中性或氧化性溶液,不能盛放碱性溶液,以防磨口玻璃活塞被腐蚀。碱式滴定管用来盛放碱性溶液,不能盛放氧化性溶液如高锰酸钾、碘或硝酸银等,避免腐蚀橡皮管。

（1）滴定管使用前的准备

① 洗涤　洗涤方法见 1.4.1.2 节玻璃仪器的洗涤。为了保持滴定剂浓度不变,最后一定要用滴定剂反复润洗三次。

② 涂油　酸式滴定管使用前需检查旋塞转动是否灵活且不漏。如不符号要求,则需重新涂油:倒净滴定管中的水,抽出旋塞,用滤纸擦干旋塞和旋塞孔道内的水及油污,用手指蘸少量凡士林在旋塞两端各均匀地涂上薄薄一层,将旋塞插入旋塞孔道内,然后向同一个方向旋转,直至全部透明为止。最后用小乳胶圈套在玻璃旋塞小头槽内。

③ 试漏　在涂好油的酸式滴定管中充水至 0 刻度,将其垂直夹在滴定管架上静置 2min,观察液面是否下降,滴定管下端管口及旋塞两端是否有水渗出。然后将旋塞转动 180°,再静置 2min,若前后两次均无漏水现象,即可使用,否则应重新处理。

碱式滴定管使用前要检查乳胶管长度是否合适,是否老化,要求乳胶管内玻璃珠大小合适,如发现不合要求,应重新装配玻璃珠和乳胶管。检查合格后,充满水直立 2min,若管尖处无水滴滴下即可使用。

④ 装溶液　先将滴定管用少量待装溶液润洗三次以上（注意润洗时滴定管出口、入口以及整个滴定管的内壁都要润洗到）,然后装入溶液至 0 刻度以上。

⑤ 赶气泡　滴定管装好溶液后,应检查出口管是否充满溶液,若有气泡,必须排除。酸式滴定管赶除气泡的方法:右手拿滴定管上部无刻度处,左手迅速打开旋塞使溶液冲出排除气泡。碱式滴定管赶除气泡的方法:用左手拇指和食指捏住玻璃珠所在部位稍偏上处,使乳胶管弯曲,出口管倾斜向上,然后轻轻捏挤乳胶管,溶液带着气泡一起从管口喷出（如图5-6 所示）,然后再一边捏乳胶管,一边将乳胶管放直。注意,待乳胶管放直后,才能松开左手拇指和食指,否则出口管仍会有气泡。排尽气泡后,补加溶液至 0 刻度以上,再调节液面在 0.00mL 刻度处,备用。

（2）滴定管的使用

① 滴定管的操作　将滴定管垂直夹在滴定管架上。酸式滴定管的操作如图 5-7(a)所示,左手无名指和小指向手心弯曲,轻轻贴着出口管,手心空握,用其余三指转动旋塞。其中大拇指在管前,食指和中指在管后,三指平行地轻轻向内扣住旋塞柄转动旋塞。注意,手心要内凹,以防触动旋塞造成漏液。

碱式滴定管的操作如图 5-7(b)所示,用左手无名指和小指夹住出口管,拇指在前,食指在后,捏住乳胶管

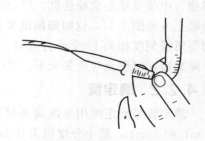

图 5-6　碱式滴定管赶气泡

内玻璃珠偏上部，往一旁捏乳胶管，使乳胶管与玻璃珠之间形成一条缝隙，溶液即从缝隙处流出。注意，不要用力捏玻璃珠；也不能捏玻璃珠下部的乳胶管，以免空气进入形成气泡，停止滴定时，应先松开大拇指和食指，然后再松开无名指和小指。

② 滴定操作　滴定一般在锥形瓶中进行。用右手前三指捏住瓶颈，无名指和小指辅助在瓶内侧，瓶底部离滴定台 2～3cm，使滴定管尖端伸入瓶口 1～2cm。左手按前述的规范动作滴加溶液，右手用腕力摇动锥形瓶，边滴定边摇动使溶液随时混合均匀，见图 5-7(c)。

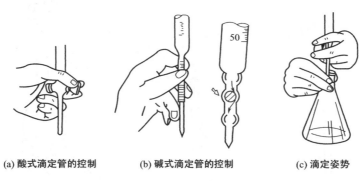

(a) 酸式滴定管的控制　　　　(b) 碱式滴定管的控制　　　　(c) 滴定姿势

图 5-7　滴定管与滴定操作

滴定开始前，应将滴定管尖挂着的液滴用锥形瓶外壁轻轻碰下。滴定操作时应注意速度要适当，刚开始可稍快，一般为每秒 3～4 滴，接近终点时速度要放慢，加一滴，摇几下，最后加半滴，摇动，直至到达终点。加半滴的方法是：微微转动旋塞，使溶液悬挂在管口尖嘴处形成半滴，用锥形瓶内壁将其靠落，再用洗瓶以少量水将附在瓶壁的溶液冲下。每次滴定开始前，都要装溶液调零点，滴定结束后停留 0.5～1min 再进行读数。

③ 滴定管读数　读数时将滴定管从滴定台上取下，用右手大拇指和食指捏住滴定管上部无刻度处，使滴定管自然下垂，眼睛平视液面，无色或浅色溶液读弯液面下缘实线最低点；有色溶液（如高锰酸钾、碘等）读液面两侧最高点；蓝线滴定管读溶液的两个弯液面与蓝线相交点，如图 5-8 所示。注意滴定管读数要读到小数点后第二位。

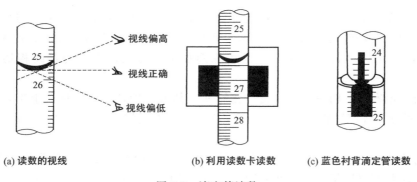

(a) 读数的视线　　　　　　(b) 利用读数卡读数　　　　(c) 蓝色衬背滴定管读数

图 5-8　滴定管读数

5.4.2.3　容量瓶

容量瓶主要用于配制标准滴定或试样溶液，也可用于将一定量的浓溶液稀释成准确体积的稀溶液。

（1）容量瓶的使用

① 试漏　容量瓶在使用前应先检查是否漏水,方法是加水至容量瓶的标线处,盖好瓶塞,一手用食指按住瓶塞,其余手指拿住瓶颈标线以上部分,另一手用指尖托住瓶底边缘,将瓶倒置 2min,如图 5-9(a)所示,然后用滤纸检查瓶塞周围是否有水渗出,如不漏水,将瓶直立,把瓶塞旋转 180°后,再试漏,如仍不漏水,即可使用。

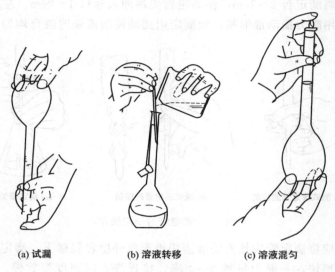

(a) 试漏　　　　　(b) 溶液转移　　　　　(c) 溶液混匀

图 5-9　容量瓶的操作

② 转移溶液　如用基准物质配制一定体积的标准滴定溶液,先将准确称取的固体物质置于小烧杯中,加水或其他溶剂使其完全溶解,再将溶液定量转移到容量瓶中。转移时,用右手将玻璃棒伸入容量瓶中,使其下端靠住瓶颈内壁,左手拿烧杯并将烧杯嘴边缘紧贴玻璃棒中下部,倾斜烧杯使溶液沿玻璃棒流入容量瓶,待溶液全部流完后,将烧杯沿玻璃棒轻轻上提,再直立烧杯,如图 5-9(b)所示。残留在烧杯内和玻璃棒上的少许溶液要用洗瓶自上而下吹洗 5～6 次,每次洗涤液都需按上述方法全部转移至容量瓶中。

③ 定容　完成定量转移后,加水至容量瓶容积三分之二左右时,拿起容量瓶按水平方向摇动几圈,使溶液初步混匀,继续加水至距标线 1cm 处,放置 1～2min,使附在瓶颈内壁的溶液流下,再用长滴管从容量瓶口沿边缘滴加水至弯液面下端与标线相切为止,盖紧瓶塞。

④ 摇匀　定容后,用一只手食指按住瓶塞,其余四指拿住瓶颈标线上部,另一只手的指尖托住瓶底边缘将容量瓶反复倒置振摇多次,使溶液混匀,如图 5-9(c)所示。

(2) 注意事项

① 摇匀溶液时,手心不可握住容量瓶的底部,以免使容量瓶内溶液受热发生体积变化。

② 容量瓶瓶塞要用橡皮筋系在瓶颈上,绝不能放在桌面上,以防沾污。

③ 容量瓶不得盛放热溶液,也不能放在烘箱内烘干。

5.4.2.4　吸管

吸管是用来准确移取一定体积液体的玻璃量器,分单标线的移液管和具有均匀刻度的吸量管两类,如图 5-10 所示。

(1) 吸管的润洗　用吸管移取溶液前,需先用该溶液润洗:将待移取溶液倒入一干燥洁净的小烧杯中，用吸管吸入其容积的三分之一左右，倾斜并慢慢转动吸管使溶液充分润洗吸管，然后从下口弃去溶液，如此重复操作 3 次。

（2）吸管的操作　先用滤纸将吸管尖内外水吸干，用右手拇指和中指拿住管颈标线上方，将吸管插入待吸液下 2～3cm 处，左手拿吸球，先将吸球内空气排出，然后把球尖端紧按到吸管口上，慢慢松开握球的手指，溶液便逐渐被吸入管内。待溶液超过吸管标线时，移开洗耳球，迅速用右手食指按住管口，将管向上提起，离开液面。另取一洁净的小烧杯，将管尖紧贴倾斜的小烧杯内壁，微微松动食指，同时用拇指和中指轻轻捻转吸管，使液面平稳下降直至溶液弯液面下端与标线相切时，立即用食指按住管口，使液滴不再流出。左手改拿接收容器（倾斜 30°），将管尖紧贴接收容器内壁，松开右手食指，使溶液自然流出，如图 5-11 所示，待液面下降到管尖后，再等待 15s 取出吸管。

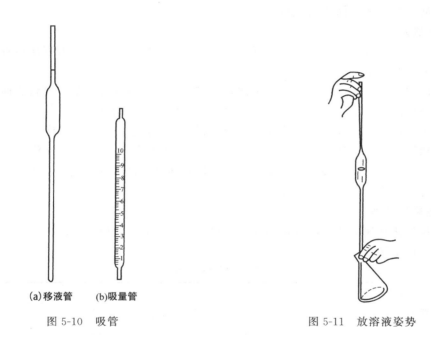

(a)移液管　(b)吸量管

图 5-10　吸管

图 5-11　放溶液姿势

有的吸量管上标有"吹"字，放完溶液后需用洗耳球将管尖溶液吹出。

？ 思　考　题

（1）使用分析天平称取试样时，什么情况下采用递减称样法？什么情况下选用固定质量称样法？

（2）称量时，若投影屏上微分标尺光标向负值偏移，应加砝码还是减砝码？

（3）用一半自动电光天平称量某一物体质量时，其砝码质量为 5g，环码质量为 170mg，投影屏读数为 5mg，请记录此物体的质量。

（4）使用滴定管和吸管时，为什么要用操作溶液润洗？容量瓶和锥形瓶是否需要润洗？

（5）滴定管中有气泡存在时对滴定结果有何影响？如何除去气泡？

（6）滴定操作应注意哪些事项？如何控制和判断滴定终点？

（7）滴定管中装无色溶液怎样读数？装有色溶液怎样读数？蓝线滴定管怎样读数？

（8）容量瓶如何试漏？用基准物质配制标准滴定溶液应如何转移、定容和摇匀？

【目的要求】

(1) 熟悉分析天平的结构，学会正确的称量方法；

(2) 初步掌握直接称样法和递减称样法（差减法）。

【实验用品】

(1) 仪器　半自动电光分析天平、锥形瓶、托盘天平、药匙、表面皿、称量瓶。

(2) 试剂　碳酸钠（固体）、铜片。

【实验步骤】

(1) 启动天平　观察分析天平，理解各部件的作用。按照称量的一般程序检查分析天平后，启动天平并调好零点。

(2) 直接称量法　先在托盘天平上粗称表面皿和已编号的铜片质量，再将表面皿放在分析天平上准确称出其质量。然后将铜片放在表面皿上称出二者的总质量。

(3) 递减称量法　在称量瓶中装入约 2g 碳酸钠，先在托盘天平上粗称其质量，再于分析天平上准确称其质量（精确至 0.0001g），记下 m_1。然后按递减称量法操作，向已编号的锥形瓶中敲入 0.2～0.3g 碳酸钠，再准确称出称量瓶和剩余试样的质量，记下 m_2。

以同样的方法连续称出 3 份试样。

【数据记录与处理】

将直接称量法和递减称量法数据与处理结果分别填入表 5-1 和表 5-2 中。

(1) 直接称量法

表 5-1　直接称量法

铜片编号	1#	2#
表面皿质量/g		
表面皿＋铜片质量/g		
铜片质量/g		

(2) 递减称量法

表 5-2　递减称量法

记录项目　　　　序号	1#	2#	3#
倾样前称量瓶加 Na_2CO_3 试样质量（m_1）/g			
倾样后称量瓶加 Na_2CO_3 试样质量（m_2）/g			
锥形瓶中 Na_2CO_3 试样质量（m_1-m_2）/g			

实验指南

(1) 使用分析天平动作要轻，避免损坏天平刀口。称量时，必须佩戴细纱手套，不可用手直接触及天平部件及砝码。

(2) 在分析天平中称量样品时，不要将试样洒落在秤盘上。

? 思 考 题

(1) 在分析天平上取放物体或加减砝码时，为什么必须先休止天平？

(2) 请将正确答案连线。

天平调水平　　　　调节升降枢旋钮下面的拨杆

天平调零　　　　　调节天平板下面的两个垫脚螺丝

分析天平技能考核评价表见表 5-3。

表 5-3　分析天平技能考核评价表

项目		操作要领	分值	扣分	得分
分析天平计量性能的检定（32分）	准备工作（5分）	天平罩折叠及摆放	0.5		
		检查水平并调好	0.5		
		检查天平横梁位置是否正常	0.5		
		检查天平吊耳是否挂好	0.5		
		检查天平中干燥剂是否碰秤盘	0.5		
		检查环码是否挂好	0.5		
		检查天平刻度盘是否在"000"位	0.5		
		清扫天平	0.5		
		调零点	1		
	性能测定（27分）	步骤是否正确	9		
		步骤是否齐全	6		
		砝码在秤盘中的位置是否正确	3		
		记录是否正确	2		
		记录是否用仿宋体书写	2		
		对天平的评价	2		
		计算是否正确	3		
差减法称量（61分）	称量操作（55分）	开启天平的动作是否"轻、缓"	5		
		称量瓶是否在秤盘中央	2		
		砝码及环码的使用	2		
		敲样动作是否正确	10		
		称量一份试样添加试样是否超过3次	4		
		试样有无洒落	5		
		称量质量是否在要求的范围内	2		
		未近平衡时天平是否半开	5		
		取放物品及砝码（环码）时天平是否休止	5		
		质量偏差符合要求	10		
		称量记录是否正确	3		
		称量记录是否用仿宋体书写	2		
	结束工作（6分）	是否取出物品及砝码	1		
		环码刻度盘是否回"000"位	1		
		是否复查零点	1		
		是否进行登记	2		
		全面检查天平，罩好天平罩	1		

技能训练 5-2　滴定管、容量瓶、吸管的使用练习

【目的要求】

（1）学习滴定管、容量瓶、吸管的使用方法；

（2）初步学会判断与控制滴定终点。

【实验用品】

（1）仪器　酸式滴定管（50mL）、碱式滴定管（50mL）、容量瓶（250mL）、吸管（移液管 25mL、吸量管 10mL）、锥形瓶（250mL）、洗耳球。

（2）试剂　Na_2CO_3（1mol/L）、NaOH（0.1mol/L）、HCl（0.1mol/L）、甲基橙指示剂（1g/L）、酚酞指示剂（10g/L）。

【实验步骤】

（1）清洗仪器　根据仪器沾污程度，酌情选用洗涤剂清洗滴定管、容量瓶和吸管。

（2）滴定管的使用练习

① 酸式滴定管　涂油→试漏→装溶液（以水代替）→赶气泡→调零→滴定→读数。

② 碱式滴定管　试漏→装溶液（以水代替）→赶气泡→调零→滴定→读数。

（3）容量瓶的使用练习　试漏→转移溶液（以水代替）→稀释→平摇→稀释→调液面→摇匀。

（4）吸管的使用练习

① 25mL 移液管　润洗→吸液（以容量瓶中的水代替）→调液面→放液至锥形瓶。

② 10mL 吸量管　润洗→吸液（以容量瓶中的水代替）→调液面→放液（按不同刻度把溶液放至锥形瓶）。

（5）滴定终点的练习　用 HCl 溶液和 NaOH 溶液分别润洗酸式、碱式滴定管，再分别装满溶液，赶去气泡，调好零点。

① 以酚酞为指示剂，用碱滴定酸　从酸式滴定管中放出 20.00mL 盐酸溶液于已洗净的 250mL 锥形瓶中，加入 2 滴酚酞指示剂，用 NaOH 溶液滴定至溶液由无色变为浅粉红色 30s 内不褪为终点。记录 NaOH 溶液用量，准确至 0.01mL。

再往锥形瓶中放入 HCl 溶液 2.00mL，继续用 NaOH 溶液滴定。注意碱液应逐滴或半滴地滴入，挂在瓶壁上的碱液可用洗瓶中蒸馏水淋洗下去，直至被滴定溶液呈现浅粉红色。如此重复操作，每次放出 2.00mL HCl 溶液，继续用 NaOH 溶液滴定，直到放出 HCl 溶液达 30.00mL 为止，记下每次滴定的终点读数。

② 以甲基橙为指示剂，用酸滴定碱　用移液管吸取 Na_2CO_3 溶液 25.00mL，放入 250mL 容量瓶中，用水稀释至刻度，摇匀。移取 25.00mL 稀释后的 Na_2CO_3 溶液，放入 250mL 锥形瓶中，加 1 滴甲基橙指示剂，用 HCl 溶液滴定至橙色，记下消耗的 HCl 溶液体积。平行测定 3 次，绝对偏差不得大于 0.05mL。

实验指南 🧪

（1）使用酸或碱溶液时应注意安全，不要接触到皮肤和衣物！

（2）滴定终点练习时应反复练习滴入 1 滴和半滴的操作，以提高滴定结果的准确性。

❓ 思　考　题

（1）酸式滴定管和碱式滴定管赶气泡的操作方法有什么不同？读数时应注意哪些事项？

（2）滴定管装液时为什么必须从试剂瓶中直接将溶液加入滴定管？

5.4.3 酸碱滴定法

酸碱滴定法是利用酸碱中和反应进行滴定分析的方法，其反应实质是 H^+ 与 OH^- 中和生成难解离的水。

$$H^+ + OH^- \Longrightarrow H_2O$$

酸碱滴定法的特点是反应速率快，反应过程简单，可供选用的指示剂较多。一般的酸、碱以及能与酸、碱直接或间接发生反应的物质，几乎都能用酸碱滴定法进行测定，因此在生产实际中应用比较广泛。

5.4.3.1 酸碱指示剂

（1）指示剂变色原理　酸碱滴定法要用酸碱指示剂来指示滴定终点是否到达。酸碱指示剂一般是结构较为复杂的有机弱酸或弱碱，它们的酸式体和碱式体具有不同的颜色。在一定 pH 时，酸式体给出 H^+ 转化为碱式体，或碱式体接受 H^+ 转化为酸式体，所伴随的是溶液颜色的变化。

例如，甲基橙在水溶液中存在如下解离平衡：

$$(CH_3)_2\overset{+}{N} = \underset{\substack{|\\H}}{\overset{}{N}} - N - \!- SO_3^- \Longrightarrow (CH_3)_2N - \!\!\!\!\!\!\!\!\!\!\!\!\!\!\!- N = N - \!\!\!\!\!\!\!\!\!\!\!\!\!\!\!- SO_3^- + H^+$$

酸式(红色)   碱式(黄色)

当溶液的 $pH \leqslant 3.1$ 时，甲基橙主要以酸式体存在，显红色；当 $pH \geqslant 4.4$ 时主要以碱式体存在，显黄色；而在 $pH = 3.1 \sim 4.4$ 时显示过渡的橙色。指示剂由酸式色转变为碱式色的 pH 范围，叫做指示剂的变色范围。

（2）常用酸碱指示剂的变色范围　酸碱指示剂种类较多，表 5-4 列出了常用酸碱指示剂的变色范围及其使用性能。表 5-5 列出了常用的混合指示剂。变色范围很窄的混合指示剂用于某些酸碱滴定中，它们使滴定终点指示更加敏锐。

表 5-4　常用的酸碱指示剂

指示剂	变色域 pH	颜色变化	质量浓度	用量/(滴/10mL 试液)
甲基黄	2.9～4.0	红～黄	1g/L 乙醇溶液	1
溴酚蓝	3.0～4.4	黄～紫	1g/L 乙醇(1+4)溶液或其钠盐水溶液	1
甲基橙	3.1～4.4	红～黄	1g/L 水溶液	1
溴甲酚绿	3.8～5.4	黄～蓝	1g/L 乙醇(1+4)溶液或其钠盐水溶液	1～2
甲基红	4.4～6.2	红～黄	1g/L 乙醇(3+2)溶液或其钠盐水溶液	1
溴百里酚蓝	6.2～7.6	黄～蓝	1g/L 乙醇(1+4)溶液或其钠盐水溶液	1
中性红	6.8～8.0	红～橙黄	1g/L 乙醇(3+2)溶液	1
酚酞	8.0～9.8	无色～红	10g/L 乙醇溶液	1～2
百里酚酞	9.4～10.6	无色～蓝	1g/L 乙醇溶液	1～2

5.4.3.2 滴定曲线与指示剂的选择

为选择酸碱滴定中适用的指示剂，需要研究滴定过程中溶液 pH 的变化。以加入的滴定剂体积 V 为横坐标，溶液的 pH 为纵坐标，描述滴定过程溶液 pH 变化情况的曲线称滴定曲线。

从滴定曲线上可以发现，在化学计量点附近有很明显的 pH 突跃，这个滴定突跃就是选择指示剂的依据。凡指示剂变色点在滴定突跃范围以内或指示剂变色范围在滴定突跃范围以内或占据一部分均可选用。

表 5-5 常用的混合指示剂

指示剂溶液的组成	变色时 pH 值	颜色		备注
		酸色	碱色	
1 份 1g/L 甲基黄乙醇溶液 1 份 1g/L 亚甲基蓝乙醇溶液	3.25	蓝紫	绿	pH 值 3.4 绿色;3.2 蓝紫色
1 份 1g/L 甲基橙水溶液 1 份 2.5g/L 靛蓝二磺酸钠水溶液	4.1	紫	黄绿	
1 份 1g/L 溴甲酚绿钠盐水溶液 1 份 2g/L 甲基橙水溶液	4.3	橙	黄绿	pH 值 3.5 黄色;4.05 绿色;4.3 浅绿
3 份 1g/L 溴甲酚绿乙醇溶液 1 份 2g/L 甲基红乙醇溶液	5.1	酒红	绿	
3 份 2g/L 甲基红乙醇溶液 2 份 1g/L 亚甲基蓝乙醇溶液	5.4	红紫	绿	pH 值 5.3 红紫;5.4 暗蓝;5.6 绿色
2 份 1g/L 溴甲酚绿钠盐水溶液 2 份 1g/L 氯酚红钠盐水溶液	6.1	黄绿	蓝紫	pH 值 5.4 蓝绿色;5.8 蓝色;6.0 蓝带紫;6.2 蓝紫
2 份 1g/L 中性红乙醇溶液 2 份 1g/L 亚甲基蓝乙醇溶液	7.0	紫蓝	绿	pH 值 7.0 紫蓝
2 份 1g/L 甲酚红钠盐水溶液 3 份 1g/L 百里酚蓝钠盐水溶液	8.3	黄	紫	pH 值 8.2 玫瑰红;8.4 清晰的紫色
1 份 1g/L 百里酚蓝乙醇(1+1)溶液 3 份 1g/L 酚酞乙醇(1+1)溶液	9.0	黄	紫	从黄到绿,再到紫
1 份 1g/L 酚酞乙醇溶液 1 份 1g/L 百里酚酞乙醇溶液	9.9	无	紫	pH 值 9.6 玫瑰红;10 紫色
2 份 1g/L 百里酚酞乙醇溶液 1 份 1g/L 茜素黄 R 乙醇溶液	10.2	黄	紫	

（1）强酸或强碱的滴定 图 5-12 是以 $c(NaOH)=0.1000mol/L$ NaOH 溶液滴定 20.00mL $c(HCl)=0.1000molL$ 盐酸溶液的滴定曲线。从图 5-12 中可知，在化学计量点附近 pH 突跃很大，能在 pH 突跃范围内变色的指示剂，酚酞和甲基橙原则上都可以选用。

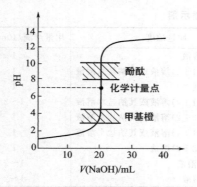

图 5-12 盐酸溶液的滴定曲线
（0.1000mol/L 氢氧化钠溶液
滴定 20.00mL 0.1000mol/L 盐酸）

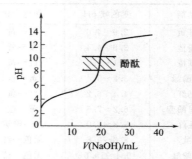

图 5-13 醋酸溶液的滴定曲线
（0.1000mol/L 氢氧化钠溶液
滴定 20.00mL 0.1000mol/L 醋酸）

用强酸滴定强碱时，可以得到恰好与上述 pH 变化方向相反的滴定曲线，其 pH 突跃范围和指示剂选择，与强碱滴定强酸的情况相同。

（2）弱酸或弱碱的滴定 图 5-13 是以 $c(NaOH)=0.1000mol/L$ NaOH 溶液滴定 20.00mL $c(HAc)=0.1000mol/L$ 醋酸溶液的滴定曲线。

由于醋酸是弱酸($K_a = 1.8 \times 10^{-5}$)，与 NaOH 反应生成 NaAc，其水溶液呈碱性，导致滴定曲线的突跃范围较窄，并且落入碱性区，因此应选用碱性区内变色的指示剂，如酚酞等。

用强酸滴定弱碱时，其滴定曲线 pH 变化方向与强碱滴定弱酸恰好相反，即化学计量点附近 pH 突跃较小且处于酸性区内，应选用酸性区内变色的指示剂，如甲基橙、甲基红等。

像 Na_2CO_3 这样的水解性盐，其水溶液呈明显的碱性，相当于弱碱，也可以用标准酸溶液直接滴定。

5.4.3.3 酸碱滴定方式及应用

（1）直接滴定 酸类一般可用标准碱溶液直接滴定，如盐酸、硫酸、硝酸、乙酸、磷酸等。碱类一般可用标准酸溶液直接滴定，如氢氧化钠、碳酸钠、硼砂等。

不同强度的酸碱溶液在滴定过程中，产生的 pH 突跃大小也不同。只有 pH 突跃足够大时，才可以用指示剂或仪器方法观察到滴定终点。因此，为使直接滴定能够顺利进行，被滴定的溶液要满足一定的条件。表 5-6 归纳了不同类型酸碱溶液的直接滴定可行性。其中，水解性盐用组成它的弱酸或弱碱的解离常数来衡量。

表 5-6 不同类型酸碱溶液的直接滴定可行性

酸碱溶液类型	产生 pH 突跃范围	直接滴定可行性条件
强酸或强碱	较大	一般条件都可进行
弱酸	较小	$c_a K_a \geqslant 10^{-8}$
弱碱	较小	$c_b K_b \geqslant 10^{-8}$
多元酸	多级解离，多处突跃点	$K_{a1}/K_{a2} \geqslant 10^4$ 能分步滴定
多元碱	多级解离，多处突跃点	$K_{b1}/K_{b2} \geqslant 10^4$ 能分步滴定
水解性盐	较小	对应的 K_a（或 K_b）$\leqslant 10^{-6}$

（2）返滴定 有些具有酸性或碱性的物质，易挥发或难溶于水。在这种情况下可先加入一种过量的标准滴定溶液与被测组分反应，待反应完全后，再用另一种标准滴定溶液滴定过量部分。这种滴定方式称为返滴定。例如碳酸钙的测定，由于碳酸钙不溶于水，应先把试样溶于过量的标准酸中，再用标准碱回滴过剩的酸。

采用返滴定时，试样中被测组分物质的量等于加入第一种标准滴定溶液物质的量与返滴定所用第二种标准滴定溶液物质的量之差值。

应用示例：蛋壳中碳酸钙含量的测定

蛋壳的主要成分为 $CaCO_3$，将其研碎并加入已知浓度的过量 HCl 标准溶液，即发生下述反应：

$$CaCO_3 + 2H^+ = Ca^{2+} + CO_2 \uparrow + H_2O$$

过量的 HCl 溶液用 NaOH 标准溶液返滴定，由加入 HCl 的物质的量与返滴定所消耗的 NaOH 的物质的量之差，即可求得试样中 $CaCO_3$ 的含量。

（3）间接滴定 有些物质本身没有酸碱性，或酸碱性很弱不能直接滴定；但可以利用某些化学反应使它们转化为相当量的酸或碱，然后再用标准碱或标准酸进行滴定。这种滴定方式称为间接滴定。例如测定甲醛溶液含量时，可先加入亚硫酸钠，反应生成相当量的氢氧化钠，再用标准酸滴定，间接求出甲醛的含量。

技能训练 5-3 氢氧化钠标准滴定溶液的配制与标定

【实验目的】

（1）掌握用邻苯二甲酸氢钾标定氢氧化钠溶液的原理和方法；

（2）熟练减量法称取基准物质的方法；

（3）熟练滴定操作和用酚酞指示剂判断滴定终点。

【实验原理】

固体氢氧化钠具有很强的吸湿性，且易吸收空气中的水分和二氧化碳，因而常含有 Na_2CO_3，且含少量的硅酸盐、硫酸盐和氯化物，因此不能直接配制成准确浓度的溶液，而只能配制成近似浓度的溶液，然后用基准物质进行标定，以获得准确浓度。

由于氢氧化钠溶液中碳酸钠的存在，会影响酸碱滴定的准确度，在精确的测定中应配制不含 Na_2CO_3 的 NaOH 溶液并妥善保存。

用邻苯二甲酸氢钾标定氢氧化钠溶液的反应式为：

$$\text{（COOH/COOK 苯环）} + NaOH \longrightarrow \text{（COONa/COOK 苯环）} + H_2O$$

由反应可知，1mol $KHC_8H_4O_4$ 与 1mol NaOH 完全反应。到化学计量点时，溶液呈碱性，pH 约为 9，可选用酚酞作指示剂，滴定至溶液由无色变为浅粉色且 30s 不褪即为滴定终点。

【实验用品】

（1）仪器 滴定分析常用仪器、托盘天平、表面皿、小烧杯、试剂瓶、分析天平、锥形瓶。

（2）试剂 NaOH（固）、酚酞指示剂（10g/L 乙醇溶液）、邻苯二甲酸氢钾（基准物质）。

【实验步骤】

（1）$c(NaOH)＝0.1mol/L$ NaOH 溶液的配制 在托盘天平上用表面皿迅速称取 2.2～2.5g NaOH 固体于小烧杯中（如何计算），以少量蒸馏水洗去表面可能含有 Na_2CO_3。然后用一定量的蒸馏水溶解，倾入 500mL 试剂瓶中，加水稀释到 500mL，用胶塞盖紧，摇匀[或加入 0.1g $BaCl_2$ 或 $Ba(OH)_2$ 以除去溶液中可能含有的 Na_2CO_3]，贴上标签，待测定。

（2）$c(NaOH)＝0.1mol/L$ NaOH 溶液的标定 在分析天平上准确称取三份已在 105～110℃干燥至恒重的基准物质邻苯二甲酸氢钾（KHP）0.4～0.6g（如何计算）于 250mL 锥形瓶中，各加煮沸后刚刚冷却的水使之溶解（如没有完全溶解，可稍微加热）。滴加 2 滴酚酞指示剂，用欲标定的 NaOH 溶液滴定至溶液由无色变为微红色且 30s 不消失即为终点。记下 NaOH 溶液消耗的体积。要求三份标定的相对极偏差应小于 0.2%。

【数据记录与处理】

将实验数据与处理结果填入表 5-7 中。

表 5-7　氢氧化钠溶液的标定

项目	1#	2#	3#
倾样前称量瓶＋KHP 质量/g			
倾样后称量瓶＋KHP 质量/g			
$m(KHP)/g$			
标定用 $V(NaOH)/mL$			
空白用 $V_0(NaOH)/mL$			
$c(NaOH)/(mol/L)$			
$\bar{c}(NaOH)/(mol/L)$			
极差			
$\dfrac{极差}{平均值} \times 100\%$			

$$c(NaOH) = \frac{m}{(V-V_0) \times 204.2}$$

式中　$c(NaOH)$——NaOH 标准滴定溶液的实际浓度，mol/L；

m——基准物质邻苯二甲酸氢钾的质量，g；

V——标定消耗 NaOH 标准滴定溶液的体积，L；

V_0——空白消耗 NaOH 标准滴定溶液的体积，L；

204.2——邻苯二甲酸氢钾（$KHC_8H_4O_4$）的摩尔质量，g/mol。

实验指南

(1) 称量 NaOH 固体时不可以用滤纸称量，可用小烧杯或表面皿。

(2) 配制 NaOH 溶液，以少量蒸馏水洗去固体 NaOH 表面可能含有的碳酸钠时，不能用玻璃棒搅拌，操作要迅速，以免氢氧化钠溶解过多而减小溶液浓度。

思　考　题

(1) 配制不含碳酸钠的氢氧化钠溶液有几种方法？

(2) 怎样得到不含二氧化碳的蒸馏水？

(3) 称取氢氧化钠固体时，为什么要迅速称取？

(4) 用邻苯二甲酸氢钾标定氢氧化钠为什么用酚酞而不用甲基橙作指示剂？

(5) 标定氢氧化钠溶液时，可用基准物 $KHC_8H_4O_4$，也可用盐酸标准溶液作比较。试比较此两种方法的优缺点。

(6) $KHC_8H_4O_4$ 标定 NaOH 溶液的称取量如何计算？为什么要确定 0.4~0.6g 的称量范围？

(7) 如果 NaOH 标准溶液在保存过程中吸收了空气中的 CO_2，用该标准滴定溶液标定 HCl，以甲基橙为指示剂，用 NaOH 溶液原来的浓度进行计算是否会引入误差？若用酚酞为指示剂进行滴定，又怎样？请分析一下原因。

 技能训练 5-4　食醋中总酸度的测定

【实验目的】

（1）掌握强碱滴定弱酸的反应原理及指示剂的选择；

(2) 掌握食醋中总酸度的测定方法。

【实验原理】

食醋中的主要成分乙酸(醋酸),此外还含有少量其他弱酸。当弱酸符合滴定分析的反应条件时,可用氢氧化钠标准溶液直接滴定。

$$NaOH + HAc \Longrightarrow NaAc + H_2O$$

化学计量点时溶液呈弱碱性,因此宜选用酚酞为指示剂。

【实验用品】

(1) 仪器　分析天平、滴定分析所需仪器、吸管(10mL)、容量瓶(250mL)、移液管(25mL)、锥形瓶(250mL)。

(2) 试剂　邻苯二甲酸氢钾(基准物质,需在105~110℃烘至恒重)、食用醋(市售)、NaOH(A.R.)、酚酞指示剂(10g/L乙醇溶液)、无 CO_2 的水(将蒸馏水煮沸10min,冷却后使用)。

【实验步骤】

用吸管吸取食醋试样10.00mL于250mL容量瓶中,以新煮沸后冷却的蒸馏水稀释至刻度,盖上瓶塞摇匀。

用移液管移取25.00mL上述试样于250mL锥形瓶中,滴加2滴酚酞指示剂,用氢氧化钠标准滴定溶液滴定至溶液呈浅粉红色且30s不褪为终点。记录终点读数。

平行测定三次。

根据NaOH标准溶液的浓度和滴定所消耗的体积,计算所取食醋试样中乙酸的总酸度。

【数据记录与处理】

将实验数据与处理结果填入表5-8中。

表 5-8　食醋中总酸度的测定

项　目	1#	2#	3#
取样量 V/mL			
滴定用 V(NaOH)/mL			
ρ(HAc)/(g/L)			
$\bar{\rho}$(HAc)/(g/L)			
绝对偏差			
相对平均偏差			

$$\rho(HAc) = \frac{c(NaOH)V(NaOH)M(HAc)}{25.00 \times \frac{10.00}{250.0}}$$

式中　ρ(HAc)——乙酸的质量浓度,g/L;

c(NaOH)——NaOH标准滴定溶液的浓度,mol/L;

V(NaOH)——滴定消耗NaOH标准滴定溶液的体积,mL;

M(HAc)——乙酸(CH_3COOH)的摩尔质量,60.06g/mol。

实验指南

(1) 氢氧化钠是强碱,具有腐蚀性,使用时不要接触皮肤和衣物。

（2）本实验适用于工业冰醋酸中乙酸含量的测定。冰醋酸熔点为 16.7℃。如果试样已结A，可在温水浴中溶化后再吸取试样。若试样是浓度较稀的乙酸水溶液，可适当增加取样量。

思 考 题

（1）测定工业乙酸含量时为什么用酚酞作指示剂？

（2）本实验中为什么用无二氧化碳的水？滴定终点为什么要求浅粉红色维持 30s 不褪？

技能训练 5-5　铵盐中氮含量的测定

【目的要求】

（1）掌握甲醛法测定铵盐中氮含量的原理和方法；

（2）了解试样的取用原则；

（3）了解除去试剂中的甲酸和试样中的游离酸的方法；

（4）熟练滴定操作技术。

【实验原理】

常见的铵盐有硫酸铵、氯化铵、硝酸铵及碳酸氢铵等。在这些铵盐中，碳酸氢铵可用酸标准溶液直接滴定。其他铵盐如氯化铵、硝酸铵、硫酸铵中的 NH_4^+ 虽具有酸性但太弱（$K_a = 5.6 \times 10^{-10}$），不能用 NaOH 标准滴定溶液直接滴定。常用蒸馏法和甲醛法进行测定。

铵盐与甲醛反应，定量生成 $(CH_2)_6N_4H^+$（六亚甲基四胺的共轭酸）和 H^+，反应中生成的酸用 NaOH 标准滴定溶液滴定。以酚酞为指示剂，滴定至浅粉红色并 30s 不褪即为终点。反应如下：

$$4NH_4^+ + 6HCHO \Longrightarrow (CH_2)_6N_4H^+ + 3H^+ + 6H_2O$$
$$(CH_2)_6N_4H^+ + 3H^+ + 4OH^- \Longrightarrow (CH_2)_6N_4 + 4H_2O$$

由于溶液中存在的六亚甲基四胺是一种很弱的碱（$K_b = 1.4 \times 10^{-9}$），化学计量点时，溶液的 pH 约为 8.7，故选酚酞作指示剂。

市售 40% 甲醛中含有少量的甲酸，使用前必须先以酚酞为指示剂，用氢氧化钠溶液中和，否则会使测定结果偏高。

一般情况下，化肥（氮肥）中常含有游离酸，应利用中和法除去。即以甲基红为指示剂，用氢氧化钠溶液中和。

应称取较多的试样，溶于容量瓶中（这样取样的方法称为取大样）。然后吸取部分溶液进行滴定，这是因为试样不均匀，多称取些试样，其测定结果就更具有代表性。

【实验用品】

（1）仪器　托盘天平、分析天平、容量瓶、移液管、锥形瓶、碱式滴定管、烧杯。

（2）试剂　NaOH 标准滴定溶液（0.1mol/L）、酚酞指示剂（10g/L 乙醇溶液）、甲基红指示剂（1g/L 20% 的乙醇溶液）、$(NH_4)_2SO_4$ 试样、中性甲醛（1+1）[以酚酞为指示剂，用 $c(NaOH) = 0.1mol/L$ NaOH 标准溶液中和至呈淡粉红色，再用未中和的甲醛滴至刚好无色]。

【实验步骤】

在分析天平上准确称取铵盐（硫酸铵）试样 1.5～2.0g 于 100mL 烧杯中，加入少量蒸馏水使之溶解。将溶液定量转移到 250mL 容量瓶中，用水稀释至刻度线，摇匀。用移液管移取 25.00mL 试液于锥形瓶中，加 2 滴甲基红指示剂，如呈红色，需用 NaOH 标准滴定溶液滴定至橙色，记下 NaOH 溶液消耗体积 V_1。

另取 25.00mL 试液于锥形瓶中，加 2 滴酚酞指示剂，滴定溶液至粉红色，30s 内不褪色，即为终点。记录 NaOH 溶液消耗的体积 V_2。平行测定三次，计算试样中的氮含量。

【数据记录与处理】

将实验数据与处理结果填入表 5-9 中。

表 5-9　铵盐中氮含量的测定

项　目	1#	2#	3#
倾样前称量瓶＋$(NH_4)_2SO_4$ 质量/g			
倾样后称量瓶＋$(NH_4)_2SO_4$/g			
$m[(NH_4)_2SO_4]$/g			
移取 $(NH_4)_2SO_4$ 试液体积/mL	25.00	25.00	25.00
滴定用 V_1(NaOH)/mL			
滴定用 V_2(NaOH)/mL			
$w(N)$			
绝对偏差			
相对平均偏差			

$$w(N) = \frac{c(NaOH)(V_2 - V_1)M(N) \times 10^{-3}}{\frac{25}{250}m}$$

式中　$c(NaOH)$——NaOH 标准滴定溶液的浓度，mol/L；

　　　V_1——甲基红作指示剂滴定终点时消耗 NaOH 标准滴定溶液体积，mL；

　　　V_2——酚酞作指示剂滴定终点时消耗 NaOH 标准滴定溶液体积，mL；

　　　$M(N)$——N 的摩尔质量，g/mol；

　　　m——试样质量，g。

？思　考　题

(1) 弱酸或弱碱物质能被准确测定的条件是什么？本法测定铵盐中氮含量时，为什么不能用碱标准溶液直接滴定？

(2) 试液中加入甲醛溶液后，为什么要放置 5min？

(3) 试液中加入甲基红指示剂，如呈红色需用 NaOH 标准滴定溶液滴定至橙色，说明什么问题？

(4) 本法中加入甲醛的作用是什么？为什么需使用中性甲醛？甲醛未经中和对测定结果有何影响？

(5) 若试样为 NH_4NO_3、NH_4Cl 或 NH_4HCO_3，是否都可以用本法测定？为什么？

(6) 若用此法测定 NH_4NO_3 试样，所得结果以含氮量表示时，此含氮量中是否包括 NO_3^- 中的氮？

技能训练 5-6 盐酸标准溶液的配制与标定

【实验目的】

(1) 熟悉减量法称取基准物质的操作方法；

(2) 学习用无水 Na_2CO_3 标定 HCl 溶液的方法；

(3) 熟练滴定操作和滴定终点的判断。

【实验原理】

市售盐酸（分析纯）密度为 1.19g/mL，含 HCl 为 37%，其物质的量浓度约为 12mol/L。浓盐酸易挥发，不能直接配制成准确浓度的盐酸溶液。因此，常将浓盐酸稀释成所需近似浓度，然后用基准物质进行标定。

当用无水 Na_2CO_3 为基准物质标定 HCl 溶液的浓度时，由于 Na_2CO_3 易吸收空气中的水分，因此使用前应在 270～300℃条件下干燥至恒重，密封保存在干燥器中。称量时的操作应迅速，防止再吸水而产生误差。标定 HCl 时的反应式为：

$$2HCl + Na_2CO_3 \Longrightarrow 2NaCl + CO_2 \uparrow + H_2O$$

滴定时，以溴甲酚绿-甲基红为指示剂，滴定至溶液由绿色变为暗红色时为滴定终点。

【仪器与药品】

(1) 仪器 分析天平、滴定分析常用仪器、试剂瓶、锥形瓶、称量瓶。

(2) 试剂 盐酸（相对密度 1.19）、无水 Na_2CO_3（基准物质）、溴甲酚绿-甲基红混合指示剂（将 1g/L 溴甲酚绿乙醇溶液与 2g/L 甲基红乙醇溶液按 3+1 体积混合）。

【实验步骤】

(1) $c(HCl) = 0.1mol/L$ HCl 溶液的配制 通过计算求出配制 500mL 0.1mol/L HCl 溶液所需浓盐酸（相对密度 1.19，约 12mol/L）的体积。然后用 10mL 量筒量取此量的浓盐酸，倾入预先盛有一定体积蒸馏水的试剂瓶中，加水稀释至 500mL，盖好瓶塞，摇匀并贴上标签，待标定（考虑到浓盐酸的挥发性，配制时所取 HCl 的量应比计算的量适当多些）。

(2) $c(HCl) = 0.1mol/L$ HCl 标准滴定溶液的标定 准确称取已烘干的基准物质无水碳酸钠 0.15～0.2g 三份，分别放入 250mL 锥形瓶中。各加入 50mL 蒸馏水溶解，加 10 滴溴甲酚绿-甲基红混合指示剂，用欲标定的 0.1mol/L HCl 溶液滴定至溶液由绿色变成暗红色，煮沸 2min，冷却后继续滴定至溶液呈暗红色，记下消耗的 HCl 标准滴定溶液的体积。

【数据记录与处理】

$$c(HCl) = \frac{m(Na_2CO_3)}{M(\frac{1}{2}Na_2CO_3)V(HCl)}$$

式中 $c(HCl)$ ——HCl 标准滴定溶液的浓度，mol/L；

$V(HCl)$ ——滴定时消耗 HCl 标准滴定溶液的体积，L；

$m(Na_2CO_3)$ ——Na_2CO_3 基准物质的质量，g；

$M(\frac{1}{2}Na_2CO_3)$ ——基本单元 $\frac{1}{2}Na_2CO_3$ 的摩尔质量，52.99g/mol。

将实验数据与处理结果填入表 5-10 中。

表 5-10 0.1mol/L HCl 标准滴定溶液的标定

序号 项目	1#	2#	3#
称量瓶+Na_2CO_3 质量(倾样前)/g			
称量瓶+Na_2CO_3 质量(倾样后)/g			
$M(Na_2CO_3)$/g			
$V(HCl)$/mL			
$c(HCl)$/(mol/L)			
$\bar{c}(HCl)$/(mol/L)			
极差			
$\dfrac{极差}{平均值}\times100\%$			

实验指南

(1) 标定时，一般采用小份标定。在标准溶液浓度较稀（如 0.01mol/L），基准物质摩尔质量较小时，若采用小份称样误差较大，可采用大份标定，即稀释法标定。

(2) 无水碳酸钠标定 HCl 溶液，在接近滴定终点时，应剧烈摇动锥形瓶加速 H_2CO_3 分解；或将溶液加热至沸，以赶除 CO_2，冷却后再滴定至终点。

思 考 题

(1) HCl 标准滴定溶液能否采用直接标准法配制？为什么？

(2) 配制 HCl 溶液时，量取浓盐酸的体积是如何计算的？

(3) 标定盐酸溶液时，基准物质无水碳酸钠的质量是如何计算的？

(4) 无水碳酸钠所用的蒸馏水的体积，是否需要准确量取？为什么？

(5) 碳酸钠作为基准物质标定盐酸溶液时，为什么不用酚酞作指示剂？

(6) 除用基准物质标定盐酸溶液外，还可用什么方法标定盐酸溶液？

(7) 基准物质碳酸钠的称量为什么要放在称量瓶中称量？称量瓶是否要预先称准？称量时盖子是否要盖好？

(8) 如果基准物质碳酸钠保存不当，吸水 1%，用此基准物质标定盐酸溶液的浓度，其结果有何影响？

(9) 为什么移液管必须用所移取溶液润洗，而锥形瓶则不用所装溶液润洗？

技能训练 5-7 混合碱中 NaOH、Na_2CO_3 含量的测定

【实验目的】

(1) 掌握双指示剂法测定混合碱中各组分含量的原理和方法；

(2) 掌握双指示剂法判断混合碱的组成；

(3) 了解混合指示剂的优点及使用。

【实验原理】

混合碱是指 Na_2CO_3 与 NaOH 或 Na_2CO_3 与 $NaHCO_3$ 的混合物。Na_2CO_3 相当于二元

弱碱，用酸滴定时其滴定曲线上有两个 pH 突跃，因此可利用"双指示剂"法测出试样中各组分的含量。设滴定至酚酞终点消耗盐酸标准滴定溶液体积为 V_1；继续滴定至溴甲酚绿-甲基红混合指示剂终点，消耗盐酸标准滴定溶液体积为 V_2。若 $V_1 < V_2$，说明试样是 Na_2CO_3 与 $NaHCO_3$ 的混合物；若 $V_1 > V_2$，说明试样是 $NaOH$ 与 Na_2CO_3 的混合物。根据滴定消耗盐酸的体积 V_1、V_2 计算混合碱中各组分的含量。

【实验用品】

（1）仪器　分析天平、滴定分析常用仪器、烧杯（250mL）、容量瓶（250mL）、移液管（25mL）、锥形瓶（250mL）。

（2）试剂　混合碱、HCl 标准滴定溶液（0.1mol/L）、酚酞指示剂（10g/L 乙醇溶液）溴甲酚绿-甲基红混合指示剂（将 1g/L 溴甲酚绿乙醇溶液与 2g/L 甲基红乙醇溶液按 3＋1 体积混合）。

【实验步骤】

在分析天平上准确称取混合碱试样 1.5～2.0g 于 250mL 烧杯中，加水使之溶解后，定量转入 250mL 容量瓶中，用水稀释至刻度，充分摇匀。移取试液 25.00mL 于 250mL 锥形瓶中，各加入 2 滴酚酞指示剂，用 $c(HCl) = 0.1mol/L$ 盐酸标准滴定溶液滴定，边滴加边充分摇动（避免局部 Na_2CO_3 直接被滴至 H_2CO_3）滴定至溶液由红色恰好褪至近乎无色为止，此时即为终点，记下所消耗 HCl 标准滴定溶液体积 V_1。然后再加 10 滴溴甲酚绿-甲基红混合指示剂，继续用上述盐酸标准滴定溶液滴定至溶液由绿色变为暗红色，加热煮沸 2min，冷却后继续滴定至溶液呈暗红色，记下消耗的 HCl 标准滴定溶液的体积 V_2。

计算试样中各组分的含量。

平行测定 3 份。

【数据记录与处理】

数据记录参照铵盐中氮含量测定的数据记录表格

$$w(NaOH) = \frac{c(HCl)(V_1 - V_2) \times 10^{-3} M(NaOH)}{\frac{25}{250} m}$$

$$w(Na_2CO_3) = \frac{c(HCl) V_2 \times 10^{-3} M(Na_2CO_3)}{\frac{25}{250} m}$$

$$w(总碱度) = \frac{c(HCl)(V_1 + V_2) \times 10^{-3} M(NaOH)}{\frac{25}{250} m}$$

式中　$c(HCl)$ ——HCl 标准滴定溶液的浓度，mol/L；

$\quad\quad V_1$ ——酚酞终点消耗 HCl 标准滴定溶液体积，mL；

$\quad\quad V_2$ ——溴甲酚绿-甲基红终点消耗 HCl 标准滴定溶液体积，mL；

$M(NaOH)$ ——NaOH 的摩尔质量，g/mol；

$M(Na_2CO_3)$ ——Na_2CO_3 的摩尔质量，g/mol；

$\quad\quad m$ ——试样质量，g；

$w(NaOH)$ ——NaOH 的质量分数；

$w(Na_2CO_3)$ ——Na_2CO_3 的质量分数。

当滴定接近第一终点时，要充分摇动锥形瓶，滴定的速度不能太快，防止滴定液 HCl 局部过浓。否则 Na_2CO_3 会直接被滴定成 CO_2。

思 考 题

(1) 欲测定碱液的总碱度，应利用何种指示剂？

(2) 采用双指示剂法测定混合碱，在同一份溶液中测定，试判断下列情况中的混合碱存在的成分是什么？

① $V_1 = 0$，$V_2 > 0$；② $V_1 = V_2 > 0$；③ $V_1 > 0$，$V_2 = 0$；④ $V_1 > V_2$；⑤ $V_2 > V_1$。

(3) 现有含 HCl 和 CH_3COOH 的试液，欲测定其中 HCl 及 CH_3COOH 的含量，试拟定分析方案。

(4) 如何称取混合碱试样？如果样品是碳酸钠和碳酸氢钠的混合物，应如何测定其含量？

5.4.4 配位滴定法

配位滴定法是利用配位反应进行滴定分析的方法。例如，EDTA 与某些金属离子的配位反应（Y^{4-} 表示 EDTA 的阴离子）：

$$Ca^{2+} + Y^{4-} \Longrightarrow CaY^{2-}$$

这一方法要求生成配合物的稳定常数大于 10^8。

5.4.4.1 EDTA 及其分析特性

EDTA 是乙二胺四乙酸的英文缩写，为简便起见，常用 H_4Y 表示其分子式。由于它在水中溶解度很小，所以常使用其二钠盐（$Na_2H_2Y \cdot 2H_2O$），也简称 EDTA。

EDTA 是一个多基配位体，其配位反应具有以下特点。

① 能与大多数金属离子形成稳定的配合物，配位反应进行完全，配合物的稳定常数较大，适宜进行配位滴定。

② 与大多数金属离子配位反应速率快，生成的配合物易溶于水，使滴定可以在水溶液中进行，并且容易找到适用的指示剂。

③ 与不同价态的金属离子生成配合物时，其化学反应计量系数一般为 1:1。例如，

$$Mg^{2+} + Y^{4-} \Longrightarrow MgY^{2-}$$

$$Al^{3+} + Y^{4-} \Longrightarrow AlY^{-}$$

通常表示为

$$M + Y \Longrightarrow MY（略去电荷）$$

因此，EDTA 配位滴定反应定量计算非常方便。

EDTA 与金属离子的配位能力与溶液酸度有关，控制溶液酸度可提高滴定的选择性。用 EDTA 滴定某些金属离子所允许的最低 pH 见图 5-14，图中横坐标表示金属离子与 ED-TA 配合物的稳定常数 K_{MY} 的对数值，纵坐标表示 pH。由图 5-14 可见，Fe^{3+} 在 $pH \geqslant 1$，Al^{3+} 在 $pH \geqslant 4$ 时才能进行配位滴定。因此，只要控制一定的 pH，便可在几种金属离子共存的情况下滴定某种离子或进行金属离子总浓度的测定。

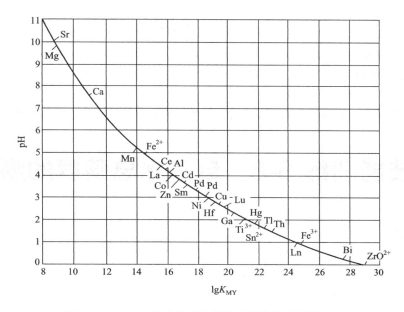

图 5-14　EDTA 滴定某些金属离子所允许的最低 pH

5.4.4.2　金属指示剂

EDTA 配位滴定的终点可用金属指示剂来指示。金属指示剂是可与金属离子生成配合物的有机染料，染料本身的颜色与生成的金属离子配合物颜色不同。现以金属指示剂铬黑 T 为例说明其作用原理。

如果在 pH＝10 的溶液中，用 EDTA 滴定 Mg^{2+}，以铬黑 T（EBT）作指示剂，其变色过程如下：

$$滴定前 \quad Mg^{2+}＋EBT \Longrightarrow Mg^{2+}\text{-}EBT$$
$$蓝色 \qquad\qquad 红色$$
$$终点时 \quad Mg^{2+}\text{-}EBT＋Y^{4-} \Longrightarrow MgY^{2-}＋EBT$$
$$红色 \qquad\qquad\qquad 蓝色$$

Y^{4-} 之所以能夺取 Mg^{2+}-EBT 中 Mg^{2+}，是因为 MgY^{2-} 的稳定性大于 Mg^{2+}-EBT 的稳定性。这是金属指示剂必备的条件之一。表 5-11 列出了常用的金属指示剂。

表 5-11　常用的金属指示剂

指示剂	可直接滴定的金属离子	使用 pH 值范围	与金属配合物颜色	指示剂本身颜色
铬黑 T（EBT）	Mg^{2+}、Cd^{2+}、Zn^{2+}、Pb^{2+}、Hg^{2+}	9～10	红色	蓝色
二甲酚橙	Zr^{4+} Bi^{3+} Th^{4+} Sc^{3+} Pb^{2+}、Cd^{2+}、Zn^{2+}、Hg^{2+}、Tl^{3+}	＜1 1～2 2.5～3.5 3～5 5～6	红紫色	黄色
PAN	Cd^{2+} In^{3+} Zn^{2+}（加入乙醇） Cu^{2+}	5 2.5～3.0 5.7 3～10	红色	黄色
钙指示剂	Ca^{2+}	12～13	红色	蓝色
酸性铬蓝 K	Ca^{2+}、Mg^{2+}、Zn^{2+}、Mn^{2+}	9～10	红色	蓝灰色
磺基水杨酸	Fe^{3+}	2～4	紫红色	无色(终点呈淡黄)
偶氮胂Ⅲ	稀土元素	4.5～8	深蓝	红色

思 考 题

(1) EDTA 与金属离子的配位反应有哪些特点？

(2) 举例说明金属指示剂的作用原理。

(3) 溶液的酸度对配位滴定有影响吗？为什么？

(4) EDTA 标准滴定溶液通常使用乙二胺四乙酸二钠，而不使用乙二胺四乙酸，为什么？

技能训练 5-8　自来水总硬度的测定

【实验目的】

（1）掌握用配位滴定法直接测定水中硬度的原理和方法；

（2）掌握水中硬度的表示方法；

（3）掌握铬黑 T 指示剂的应用条件和终点颜色判断。

【实验原理】

通常将含有钙、镁盐类的水称为硬水。水的硬度分为暂时硬度和永久硬度。暂时硬度是指当水中含有钙、镁的酸式碳酸盐时，加热即形成碳酸盐沉淀而被除去。永久硬度是指当水中含有钙、镁的硫酸盐、氯化物、硝酸盐时，即使加热也不会除去。暂时硬度和永久硬度合称为水的总硬度。

水中钙、镁离子总量的测定，可通过在 pH＝10 的溶液中，以铬黑 T 为指示剂，用 ED-TA 标准溶液滴定。对于干扰离子铜、锌，可通过加入硫化钠沉淀的方法来掩蔽；微量锰，可加入盐酸羟胺来消除干扰。

主要反应如下：

$$滴定前 \quad Mg^{2+} + EBT \longrightarrow \underset{\text{酒红色}}{Mg^{2+}\text{-}EBT}$$

$$滴定时 \quad Ca^{2+} + H_2Y^{2-} \longrightarrow CaY^{2-} + 2H^+$$

$$Mg^{2+} + H_2Y^{2-} \longrightarrow MgY^{2-} + 2H^+$$

$$终点时 \quad \underset{\text{酒红色}}{Mg^{2+}\text{-}EBT} + H_2Y^{2-} \longrightarrow MgY^{2-} + \underset{\text{纯蓝色}}{EBT} + 2H^+$$

水的硬度的测定分为水的总硬度和钙-镁硬度两种，前者是测定钙镁总量，后者是分别测定钙和镁的含量。

我国采用 mmol/L 或 mg/L（CaCO₃）为单位来表示水的硬度。

【实验用品】

（1）仪器　分析天平、滴定分析仪器、试剂瓶（500mL）、烧杯、容量瓶（250mL）、移液管（25mL、50mL）、锥形瓶（250mL）。

（2）试剂　乙二胺四乙酸二钠（$Na_2H_2Y\cdot2H_2O$）氧化锌（基准物质，需在 800℃灼烧至恒重）、盐酸溶液（1+1）、水试样、氨水溶液（1+1）、Na_2S 溶液（20g/L）、三乙醇胺溶液、铬黑 T 指示剂（5g/L，称 0.50g 铬黑 T 溶于含有 25mL 三乙醇胺、75mL 无水乙醇的溶液中，低温保存，有效期为 100 天）、NH_3-NH_4Cl 缓冲溶液（称取 20g NH_4Cl 溶于水后，加 100mL 原装氨水，用蒸馏水稀释至 1L，pH 值约为 10）。

（3）其他　刚果红试纸。

【实验步骤】

（1）EDTA 溶液[c(EDTA)＝0.01mol/L]的配制　粗称 1.9g 乙二胺四乙酸二钠，溶于 300mL 水中（可加热溶解）。冷却后转移到试剂瓶中，用水稀释至 500mL，摇匀，贴上标签待标定。

（2）EDTA 溶液[c(EDTA)＝0.01mol/L]的标定　称取基准物质氧化锌 0.2g（称准至 0.0001g），用少量水润湿，滴加（1＋1）盐酸溶液至氧化锌溶解，再定量移入 250mL 容量瓶中定容。

用移液管移取 25.00mL 锌标准溶液于 250mL 锥形瓶中，加 50mL 水，滴加（1＋1）氨水至溶液刚出现浑浊（此时溶液 pH≈8），再加入 10mL NH_3-NH_4Cl 缓冲溶液，加 5 滴铬黑 T 指示剂，用配制的 EDTA 溶液滴定至溶液由酒红色变为纯蓝色为终点。

平行标定 3 份，同时做空白试验。

（3）水的总硬度的测定　用 50mL 移液管移取水试样 50.00mL，置于 250mL 锥形瓶中，加 1～2 滴 HCl 酸化（用刚果红试纸检验变蓝紫色），煮沸数分钟赶除 CO_2。冷却后，加入 3mL 三乙醇胺溶液、5mL NH_3-NH_4Cl 缓冲溶液、1mL Na_2S 溶液、3 滴铬黑 T 指示剂溶液，立即用 c(EDTA)＝0.01mol/L 的 EDTA 标准滴定溶液滴定至溶液由红色变为纯蓝色即为终点，记下 EDTA 标准滴定溶液的体积 V_1。平行测定三次，取平均值计算水样的总硬度。

【数据记录与处理】

数据记录根据实验情况自行设计。

（1）EDTA 溶液的标定

$$c(\text{EDTA}) = \frac{m \times \frac{25}{250}}{(V - V_0) \times 81.38}$$

式中　c(EDTA)——EDTA 标准滴定溶液的实际浓度，mol/L；

m——基准氧化锌的质量，g；

V——标定消耗 EDTA 溶液的体积，L；

V_0——空白试验消耗 EDTA 溶液的体积，L；

81.38——ZnO 的摩尔质量，g/mol。

（2）水中钙、镁离子总浓度的测定

$$c(\text{Ca}^{2+} + \text{Mg}^{2+}) = \frac{c(\text{EDTA})V_1}{V} \times 10^3 \text{ mmol/L}$$

式中　c(EDTA)——EDTA 标准滴定溶液的浓度；mol/L；

V_1——滴定消耗 EDTA 标准滴定溶液的体积，L；

V——水样体积，L。

$$\rho_{总}(\text{CaCO}_3) = \frac{c(\text{EDTA})V_1 M(\text{CaCO}_3)}{V} \times 10^3$$

$$度(°) = \frac{c(\text{EDTA})V_1 M(\text{CaO})}{V \times 10} \times 10^3$$

式中　$\rho_{总}$(CaCO_3)——水样的总硬度，mg/L；

c(EDTA)——EDTA 标准滴定溶液的浓度，mol/L；

V_1——测定总硬度时消耗 EDTA 标准滴定溶液的体积，L；

V——水样的体积，L；

$M(CaCO_3)$——$CaCO_3$ 的摩尔质量，g/mol；

$M(CaO)$——CaO 的摩尔质量，g/mol。

中国目前采用的表示方法主要有两种，一种是以每升水中所含 $CaCO_3$ 的质量（mg/L）或物质的量（mmol/L）表示，另一种是以每升水中含 10mg CaO 为 1 度（°）表示。

日常应用中，水质分类如下。

总硬度	0°～4°	4°～8°	8°～16°	16°～25°	25°～40°	40°～60°	60°以上
水质	很软水	软水	中硬水	硬水	高硬水	超硬水	特硬水

实验指南

(1) 为防止碳酸钙和氢氧化镁在碱性溶液中沉淀，滴定所取水样中钙镁含量不可超过 3.6mmol/L。否则应加蒸馏水稀释。加入缓冲溶液后必须立即滴定，并在 5min 内完成。

(2) 若试样水为酸性或碱性，需先中和。若试样水中含有 Cu^{2+}、Pb^{2+} 等重金属，可加入 2% Na_2S 溶液 1mL，使其生成硫化物沉淀。若试样水中含有 Al^{3+}、Fe^{3+}，可加入三乙醇胺 2mL 掩蔽之。

(3) 做实验前，请认真阅读"配位滴定法"，并参照技能训练 5-3 "数据记录与处理"的格式在实验记录本上列表，以便实验时记录。

？ 思 考 题

(1) 测定钙硬度时为什么加盐酸？加盐酸应注意什么？

(2) 根据本实验分析结果，评价该水试样的水质。

(3) 以测定 Ca^{2+} 为例，写出终点前后的各反应式。说明指示剂颜色变化的原因。

(4) 本实验为什么使用 NH_3-NH_4Cl 缓冲溶液？加入缓冲溶液前先滴入氨水起什么作用？

(5) 测定水中钙镁含量时，溶液的 pH 应控制在多少？为什么？

5.4.5 氧化还原滴定法

氧化还原滴定法是以氧化还原反应为基础的滴定分析方法。可用于无机物和有机物含量的直接测定或间接测定。氧化还原滴定法中的滴定剂在滴定反应中作为氧化剂或还原剂。作为滴定剂，要求在空气中保持稳定，因此用作滴定剂的还原剂不多，如 $Na_2S_2O_3$、$FeSO_4$ 等。而以氧化剂作为滴定剂的情况较多，如用氧化剂 $KMnO_4$、$K_2Cr_2O_7$、I_2、$KBrO_3$、$Ce(SO_4)_2$ 等作为滴定剂。本节主要介绍高锰酸钾法、重铬酸钾法、碘量法中标准溶液的制备及氧化还原滴定法的应用。

5.4.5.1 高锰酸钾法

以高锰酸钾为滴定剂的氧化还原滴定法称为高锰酸钾法。

（1）原理　反应实质是在酸性条件下高锰酸钾具有强氧化性，可与还原剂定量反应。其半反应式为：

$$MnO_4^- + 8H^+ + 5e^- \Longleftrightarrow Mn^{2+} + 4H_2O \quad \varphi^\ominus = 1.51V$$

在中性、弱碱性溶液中，MnO_4^- 与还原剂作用被还原为 MnO_2。

$$MnO_4^- + 2H_2O + 3e^- \Longrightarrow MnO_2 + 4OH^- \qquad \varphi^\ominus = 0.59V$$

用 H_2SO_4 调节酸度在 $1 \sim 2mol/L$ 为宜。酸度过高会导致高锰酸钾分解；过低会导致 MnO_2 沉淀产生，不利于终点颜色判断。

（2）指示剂

① 自身指示剂 $KMnO_4$ 的水溶液显紫红色，每 100mL 水中只要含有半滴 $0.1mol/L$ $KMnO_4$ 就会呈现明显的红色，而 Mn^{2+} 在稀溶液中几乎无色。

② 用稀高锰酸钾（0.002mol/L）滴定时，为使终点容易观察，可选用氧化还原滴定剂。用邻二氮菲为指示剂，终点由红色变为浅蓝色；用二苯胺磺酸钠为指示剂，终点由无色变为紫色。

（3）高锰酸钾滴定液的配制与标定　市售的高锰酸钾含有少量杂质，如 MnO_2、氯化物、硫酸盐、硝酸盐等，同时蒸馏水中也常有还原性物质，如有机物、尘埃等，这些物质都会促使高锰酸钾还原，形成水合二氧化锰沉淀。

$$4MnO_4^- + 2H_2O \Longrightarrow 4MnO_2 \downarrow + 3O_2 \uparrow + 4OH^-$$

而 MnO_2 又将促进高锰酸钾的自身分解。H^+ 和阳光照射也会引起高锰酸钾的分解，因此不能采用直接法配制标准溶液。此外在配制高锰酸钾溶液时，还应注意以下几点。

① 称取高锰酸钾的质量应稍高于理论计算值，溶解于一定量的蒸馏水中。

② 将配制好的高锰酸钾溶液加热煮沸，并微沸 15min，然后室温下静置 2 周，使还原性物质被完全氧化。

③ 用微孔玻璃漏斗过滤，滤去 MnO_2 沉淀。

④ 为防止高锰酸钾见光分解，应将高锰酸钾溶液置于棕色试剂瓶中，并于暗处保存。

高锰酸钾标准溶液需用间接法配制，可以用于标定的基准物质有 $Na_2C_2O_4$、$H_2C_2O_4 \cdot 2H_2O$、As_2O_3、$(NH_4)_2FeSO_4 \cdot 6H_2O$ 和纯铁丝等。其中常用的是 $Na_2C_2O_4$。$Na_2C_2O_4$ 性质稳定，在 $105 \sim 110℃$ 干燥至恒重即可使用。

（4）应用　高锰酸钾溶液作为滴定剂能直接滴定许多还原性物质，如 Fe^{2+}、$C_2O_4^{2-}$、H_2O_2、$As(Ⅲ)$、$Sb(Ⅲ)$、NO_2^- 等。

直接滴定反应：

$$MnO_4^- + 5Fe^{2+} + 8H^+ \Longrightarrow Mn^{2+} + 5Fe^{3+} + 4H_2O$$

高锰酸钾与还原剂相配合，可用返滴定法测定许多氧化性物质，如 $Cr_2O_7^{2-}$、BrO_3^-、PbO_2 及 MnO_2 等。例如 MnO_2 含量的测定：

$$MnO_2 + C_2O_4^{2-} （过量滴定剂）+ 4H^+ \Longrightarrow Mn^{2+} + 2CO_2 \uparrow + 2H_2O$$

$$2MnO_4^- + 5C_2O_4^{2-} （剩余量）+ 16H^+ \Longrightarrow 2Mn^{2+} + 10CO_2 \uparrow + 8H_2O$$

某些不具氧化还原性的物质，若能与还原剂或氧化剂定量反应，也可用间接法加以测定，例如钙的测定。Ca^{2+} 不具有氧化还原性，可先将试液中的 Ca^{2+} 用 $(NH_4)_2C_2O_4$ 沉淀为 CaC_2O_4。

$$Ca^{2+} + C_2O_4^{2-} \Longrightarrow CaC_2O_4 \downarrow$$

再将 CaC_2O_4 洗涤干净后，溶解于稀硫酸中；

$$CaC_2O_4 + 2H^+ \Longrightarrow Ca^{2+} + H_2C_2O_4$$

然后用高锰酸钾标准溶液滴定溶解产生的 $C_2O_4^{2-}$。

$$2MnO_4^- + 5C_2O_4^{2-} + 16H^+ = 2Mn^{2+} + 10CO_2\uparrow + 8H_2O$$

5.4.5.2 碘量法

碘量法是以 I_2 作为氧化剂或以 I^- 作为还原剂进行滴定分析的方法。其半反应为：

$$I_2 + 2e^- \Longleftrightarrow 2I^- \qquad \varphi^\ominus = 0.54V$$

由标准电极电位可知，I_2 是较弱的氧化剂，只能与较强的还原剂作用；而 I^- 是中等强度的还原剂，能与许多氧化剂作用。因此碘量法分为直接碘量法和间接碘量法。

（1）直接碘量法　直接碘量法是利用 I_2 标准滴定溶液直接滴定一些强还原性物质，如 Sn（Ⅱ）、Sb（Ⅲ）、S^{2-}、SO_3^{2-}、$S_2O_3^{2-}$ 等。

直接碘量法采用淀粉作指示剂，终点非常明显，终点溶液由无色变为蓝色。

（2）间接碘量法　间接碘量法是利用 I^- 的还原性建立的分析方法。利用 I^- 与氧化剂定量反应生成 I_2，然后用还原剂 $Na_2S_2O_3$ 标准滴定溶液滴定 I_2。间接碘量法能测定许多氧化性物质，如 $Cr_2O_7^{2-}$、BrO_3^-、Cu^{2+}、H_2O_2、NO_2^- 等，应用范围十分广泛。

例如，$K_2Cr_2O_7$ 在酸性溶液中，与过量的 KI 作用。

$$Cr_2O_7^{2-} + 6I^- + 14H^+ = 2Cr^{3+} + 3I_2 + 7H_2O$$

析出的 I_2 用标准 $Na_2S_2O_3$ 溶液滴定。

$$I_2 + 2S_2O_3^{2-} = 2I^- + S_4O_6^{2-}$$

间接碘量法也用淀粉作指示剂，滴定终点是溶液由蓝色至蓝色消失。要注意，淀粉指示剂应在接近终点（溶液呈现稻草黄色）时加入，否则会有较多的 I_2 被淀粉胶粒包住，使蓝色消失缓慢，影响终点观察。

（3）碘量法的反应条件　直接碘量法和间接碘量法都必须在中性或弱酸性溶液中进行滴定。因为在碱性溶液中 I_2 会发生歧化反应；在强酸性溶液中，$Na_2S_2O_3$ 容易分解。另外，I_2 易挥发，I^- 易氧化，为了防止 I_2 挥发，间接碘量法应加入过量碘化钾（比理论量大 2~3 倍），滴定反应要在室温下于碘量瓶中进行。为了防止 I^- 被氧化，试液中加入碘化钾后，碘量瓶应于暗处放置，以避免光线照射。析出 I_2 后应及时用 $Na_2S_2O_3$ 标准溶液进行滴定，滴定过程中摇动要轻，速度稍快些。

技能训练 5-9　双氧水中过氧化氢含量的测定

【实验目的】

（1）掌握过氧化氢试液的量取方法；

（2）掌握高锰酸钾直接滴定法测定过氧化氢含量的基本原理、方法和计算。

【实验原理】

在酸性溶液中 H_2O_2 是强氧化剂，但遇到强氧化剂 $KMnO_4$ 时，又表现为还原剂。因此，可以在酸性溶液中用 $KMnO_4$ 标准滴定溶液直接滴定测得 H_2O_2 的含量。反应式为：

$$5H_2O_2 + 2MnO_4^- + 6H^+ = 2Mn^{2+} + 8H_2O + 5O_2\uparrow$$

以 $KMnO_4$ 自身为指示剂。

【实验用品】

（1）仪器　分析天平、滴定分析常用仪器、玻璃砂芯漏斗、烧杯（500mL）、表面皿、电炉、锥形瓶（250mL）、容量瓶（250mL）、移液管（25mL）、吸量管（2mL）。

（2）试剂　$KMnO_4$标准滴定溶液[$c(\frac{1}{5}KMnO_4)$＝0.1mol/L]、H_2SO_4溶液[$c(H_2SO_4)$＝3mol/L]、双氧水试样、$Na_2C_2O_4$（基准物质）。

【实验步骤】

（1）$c(\frac{1}{5}KMnO_4)$＝0.1mol/L 的 $KMnO_4$ 标准溶液的配制　称取 1.6g $KMnO_4$ 固体于 500mL 烧杯中，加入 520mL H_2O 使之溶解。盖上表面皿，在电炉上加热至沸，缓缓煮沸 15min，冷却后置于暗处静置数天（至少 2～3 天）后，用 G_4 玻璃砂心漏斗（该漏斗预先以同样浓度 $KMnO_4$ 溶液缓缓煮沸 5min）或玻璃纤维过滤，除去 MnO_2 等杂质，滤液贮存于干燥具玻璃塞的棕色试剂瓶（试剂瓶用 $KMnO_4$ 溶液洗涤 2～3 次），待标定。

（2）$c(\frac{1}{5}KMnO_4)$＝0.1mol/L 的 $KMnO_4$ 标准溶液的标定　准确称取 0.15～0.20g 基准物质 $Na_2C_2O_4$（准确至 0.0001g），置于 250mL 锥形瓶中，加 30mL 蒸馏水溶解，再加入 10mL 3mol/L 的 H_2SO_4 溶液，加热至 75～85℃（开始冒蒸汽），趁热用待标定的 $KMnO_4$ 溶液滴定。注意滴定速度，开始时反应较慢，应在加入的一滴 $KMnO_4$ 溶液褪色后，再加下一滴。滴定至溶液呈粉红色且在 30s 不褪即为终点。记录消耗 $KMnO_4$ 标准滴定溶液的体积。平行测定三次。

（3）双氧水中 H_2O_2 含量的测定　准确量取 2mL（或准确称取 2g）30% 过氧化氢试样，注入装有 200mL 蒸馏水的 250mL 容量瓶中，平摇一次，稀释至刻度，充分摇匀。

用移液管准确移取上述试液 25.00mL，放于锥形瓶中，加 3mol/L H_2SO_4 溶液 20mL，用 $c(\frac{1}{5}KMnO_4)$＝0.1mol/L 的 $KMnO_4$ 标准滴定溶液滴定（注意滴定速度！）。至溶液微红色保持 30s 不褪色即为终点。记录消耗 $KMnO_4$ 标准滴定溶液体积。平行测定三次。

【数据处理】

（1）$c(\frac{1}{5}KMnO_4)$＝0.1mol/L 的 $KMnO_4$ 标准溶液的标定

$$c(\frac{1}{5}KMnO_4)＝\frac{m(Na_2C_2O_4)}{M(\frac{1}{2}Na_2C_2O_4)V(KMnO_4)\times10^{-3}}$$

式中　$c(\frac{1}{5}KMnO_4)$——$KMnO_4$ 标准滴定溶液的浓度，mol/L；

$V(KMnO_4)$——滴定时消耗 $KMnO_4$ 标准滴定溶液的体积，mL；

$m(Na_2C_2O_4)$——基准物 $Na_2C_2O_4$ 的质量，g；

$M(\frac{1}{2}Na_2C_2O_4)$——以 $\frac{1}{2}Na_2C_2O_4$ 为基本单元的 $Na_2C_2O_4$ 的摩尔质量，g/mol。

（2）双氧水中 H_2O_2 含量的测定

$$\rho(H_2O_2)＝\frac{c(\frac{1}{5}KMnO_4)V(KMnO_4)\times10^{-3}M(\frac{1}{2}H_2O_2)}{V\times\frac{25}{250}}\times1000$$

式中　$\rho(H_2O_2)$——过氧化氢的质量浓度，g/L；

$c(\frac{1}{5}KMnO_4)$ ——KMnO₄ 标准滴定溶液的浓度，mol/L；

$V(KMnO_4)$ ——滴定时消耗 KMnO₄ 标准滴定溶液的体积，mL；

$M(\frac{1}{2}H_2O_2)$ ——$\frac{1}{2}H_2O_2$ 的摩尔质量，17.01g/mol；

V——测定时量取的过氧化氢试液体积，mL。

或

$$w(H_2O_2) = \frac{c(\frac{1}{5}KMnO_4)V(KMnO_4) \times 10^{-3}M(\frac{1}{2}H_2O_2)}{m \times \frac{25}{250}} \times 100\%$$

式中　$w(H_2O_2)$ ——过氧化氢的质量分数，%；

m——过氧化氢试样质量，g；

$c(\frac{1}{5}KMnO_4)$ ——KMnO₄ 标准滴定溶液的浓度，mol/L；

$V(KMnO_4)$ ——滴定时消耗 KMnO₄ 标准滴定溶液的体积，mL；

$M(\frac{1}{2}H_2O_2)$ ——$\frac{1}{2}H_2O_2$ 的摩尔质量，17.01g/mol。

实验指南

(1) 为使配制的高锰酸钾溶液浓度达到欲配制浓度，通常称取稍多于理论用量的固体 KMnO₄。例如配制 $c(\frac{1}{5}KMnO_4) = 0.1mol/L$ 的高锰酸钾标准滴定溶液 500mL，理论上应称取固体 KMnO₄ 质量为 1.58g，实际称取 KMnO₄ 1.6~1.7g。

(2) 标定好的 KMnO₄ 溶液在放置一段时间后，若发现有沉淀析出，应重新过滤并标定。

(3) 当滴定到稍微过量的 KMnO₄ 在溶液中呈粉红色并保持 30s 不褪色时即为终点。放置时间较长时，空气中还原性物质及尘埃可能落入溶液中使 KMnO₄ 缓慢分解，溶液颜色逐渐消失。KMnO₄ 可被觉察的最低浓度约为 $2 \times 10^{-6}mol/L$ ［相当于 100mL 溶液中加入 $c(\frac{1}{5}KMnO_4) = 0.1mol/L$ 的 KMnO₄ 溶液 0.01mL］。

(4) 滴定反应前可加入少量 MnSO₄ 催化 H₂O₂ 与 KMnO₄ 的反应。

(5) 若工业产品 H₂O₂ 中含有稳定剂如乙酰苯胺，也消耗 KMnO₄ 使 H₂O₂ 测定结果偏高。如遇此情况，应采用碘量法或铈量法进行测定。

? 思 考 题

(1) 配制 KMnO₄ 溶液时，为什么要将 KMnO₄ 溶液煮沸一定时间或放置数天？为什么要冷却放置后过滤，能否用滤纸过滤？

(2) KMnO₄ 溶液应装于哪种滴定管中，为什么？说明读取滴定管中 KMnO₄ 溶液体积的正确方法。

(3) 装 KMnO₄ 溶液的锥形瓶、烧杯或滴定管，放置久后壁上常有棕色沉淀物，它是什么？怎样才能洗净？

(4) 用 $Na_2C_2O_4$ 基准物质标定 $KMnO_4$ 溶液的浓度，其标定条件有哪些？为什么用 H_2SO_4 调节酸度？可否用 HCl 或 HNO_3？酸度过高、过低或温度过高、过低对标定结果有何影响？

(5) 在酸性条件下，以 $KMnO_4$ 溶液滴定 $Na_2C_2O_4$ 时，开始紫色褪去较慢，后来褪去较快，为什么？

(6) $KMnO_4$ 滴定法中常用什么物质作指示剂，如何指示滴定终点？

(7) H_2O_2 与 $KMnO_4$ 反应较慢，能否通过加热溶液来加快反应速率？为什么？

(8) 用 $KMnO_4$ 法测定 H_2O_2 时，能否用 HNO_3、HCl 或 HAc 调节溶液的酸度？为什么？

 ## 技能训练 5-10 硫酸铜样品中铜含量的测定

【目的要求】

(1) 掌握硫代硫酸钠标准滴定溶液的配制和标定方法；

(2) 掌握用间接碘量法测定铜的原理和操作；

(3) 熟悉碘量瓶的使用。

【实验原理】

硫代硫酸钠溶液易受空气中 O_2、水中 CO_2 及微生物作用而分解。初步配制的硫代硫酸钠溶液需放置一定时间，待浓度稳定后再进行标定。

标定硫代硫酸钠溶液常用重铬酸钾作基准物。在酸性溶液中，$K_2Cr_2O_7$ 与过量的 KI 作用，将 I^- 氧化成 I_2。

$$Cr_2O_7^{2-}+6I^-+14H^+ \!=\!\!=\!\!= 2Cr^{3+}+3I_2+7H_2O$$

再用 $Na_2S_2O_3$ 溶液滴定生成的 I_2。

测定硫酸铜可用间接碘量法。在弱酸性溶液中，Cu^{2+} 与过量的 KI 发生如下反应：

$$2Cu^{2+}+4I^- \!=\!\!=\!\!= 2CuI\downarrow+I_2$$

生成的 I_2 用 $Na_2S_2O_3$ 标准溶液滴定。为防止铜盐水解，需用乙酸控制试液 pH 为 3～4；为消除 Fe^{3+}（能氧化 I^-）的干扰，可加入 NaF 掩蔽之。

【实验用品】

(1) 仪器　分析天平、碘量瓶、滴定分析所需仪器。

(2) 试剂　硫酸铜($CuSO_4\cdot5H_2O$)、硫酸溶液（1+8）、氟化钠溶液（饱和）、碳酸钠溶液（饱和）、硝酸溶液 $[w(HNO_3)=0.65～0.68]$、硫代硫酸钠（$Na_2S_2O_3\cdot5H_2O$ 或 $Na_2S_2O_3$）、乙酸溶液$[w(HAc)=0.36]$、重铬酸钾（$K_2Cr_2O_7$，基准物质，需于 130℃ 烘至恒重）、碘化钾、淀粉指示剂（5g/L 水溶液，将 0.5g 可溶性淀粉，加 10mL 水调成糊状，在搅拌下倒入 90mL 沸水中，煮沸 1～2min，冷却备用）。

【实验步骤】

(1) $c(Na_2S_2O_3)=0.1mol/L$ 硫代硫酸钠溶液的配制　称取 13g 结晶硫代硫酸钠（$Na_2S_2O_3\cdot5H_2O$）或 8g 无水硫代硫酸钠，溶于 500mL 水中，缓缓煮沸 10min，冷却。放置 2 周后过滤，待标定。

(2) $c(Na_2S_2O_3)=0.1mol/L$ 硫代硫酸钠溶液的标定　称取基准物质重铬酸钾 0.15g

（称准至 0.0001g）于碘量瓶中，加 25mL 水使其溶解。加 2g 碘化钾及 20mL 硫酸溶液，盖上瓶塞轻轻摇匀，以少量水封住瓶口，于暗处放置 10min。取出，用洗瓶冲洗瓶塞及瓶内壁，加入 150mL 水，用配制的 $Na_2S_2O_3$ 溶液滴定，接近终点时（溶液为浅黄绿色），加入 3mL 淀粉指示剂，继续滴定至溶液由蓝色变为亮绿色为终点。

平行标定三份。同时做空白试验。

（3）硫酸铜含量的测定　称取硫酸铜试样 0.8～1.0g（称准至 0.0001g），于 250mL 锥形瓶中，加 100mL 水溶解。加 3 滴硝酸，煮沸，冷却，逐滴加入饱和碳酸钠溶液，直至有微量沉淀出现为止。然后加入 4mL 乙酸溶液，使溶液呈微酸性；加 5mL 饱和氟化钠溶液，2g 碘化钾；用 $c(Na_2S_2O_3) = 0.1mol/L$ 硫代硫酸钠标准溶液滴定，直到溶液呈现淡黄色，加 3mL 淀粉指示剂，继续滴定至蓝色消失为终点。

平行测定三份。测得质量分数的绝对偏差不应大于 0.006。

【数据处理】

（1）硫代硫酸钠溶液的标定

$$c(Na_2S_2O_3) = \frac{m}{(V-V_0) \times 49.03}$$

式中　$c(Na_2S_2O_3)$——硫代硫酸钠标准滴定溶液的实际浓度，mol/L；

　　　　V——标定消耗硫代硫酸钠溶液的体积，L；

　　　　V_0——空白试验消耗硫代硫酸钠溶液的体积，L；

　　　　m——基准重铬酸钾的质量，g；

　　　　49.03——$\frac{1}{6} K_2Cr_2O_7$ 的摩尔质量，g/mol。

（2）硫酸铜含量的测定

$$w(CuSO_4 \cdot 5H_2O) = \frac{c(Na_2S_2O_3)V \times 249.7}{m}$$

式中　$c(Na_2S_2O_3)$——硫代硫酸钠标准滴定溶液的实际浓度，mol/L；

　　　　V——滴定消耗硫代硫酸钠标准滴定溶液的体积，L；

　　　　249.7——$CuSO_4 \cdot 5H_2O$ 的摩尔质量，g/mol；

　　　　m——试样质量，g。

实验指南

（1）操作条件对间接碘量法的准确度影响很大。为防止碘的挥发和碘离子的氧化，必须严格按分析规程谨慎操作。

（2）用重铬酸钾标定硫代硫酸钠溶液时，滴定完了的溶液放置一定时间可能又变为蓝色。如果放置 5min 后变蓝，是由于空气中 O_2 的氧化作用所致，可不予考虑；如果很快变蓝，说明 $K_2Cr_2O_7$ 与 KI 的反应没有定量进行完全，必须弃去重做。

❓ 思　考　题

（1）配制硫代硫酸钠标准溶液为什么要煮沸、放置 2 周后过滤？

（2）测定硫酸铜含量时，加入硝酸、碳酸钠溶液、乙酸和氟化钠溶液，各起什么作用？

（3）思考用重铬酸钾标定硫代硫酸钠溶液时，下列做法的原因。

① 加入 KI 后于暗处放置 10min；
② 滴定前加 150mL 水；
③ 近终点时加淀粉指示剂。

技能训练 5-11　酸碱体积比测定

【实验目的】
(1) 熟练掌握甲基橙和酚酞终点的判断；
(2) 正确地测定酸碱体积比。

【实验原理】
一定浓度的 HCl 溶液和 NaOH 溶液相互滴定时，所消耗的体积之比 $V(HCl)/V(NaOH)$ 应是一定的。在指示剂不变的情况下，改变被滴定溶液的体积，此体积之比应基本不变。借此，可以检验滴定操作技术和判断终点的能力。

【实验用品】
(1) 仪器　常用滴定分析仪器、移液管（25mL）。
(2) 试剂　HCl(0.1mol/L)、NaOH(0.1mol/L)、甲基橙（MO）溶液（1g/L）、酚酞（PP）乙醇溶液（2g/L）。

【实验步骤】
(1) 润洗滴定管和移液管　将滴定管及移液管洗净并用待装（待吸）溶液润洗 3 次。
(2) 以甲基橙为指示剂测定酸碱体积比　用 25mL 移液管量取 NaOH 溶液 25.00mL 置于锥形瓶中，加 1 滴甲基橙（MO）指示剂，然后用 HCl 溶液滴定至溶液由黄色变为橙色即为终点，记录读数，如此滴定 4 次，求出 HCl 溶液体积的平均值和极差，所耗 HCl 溶液体积的极差(R)应不超过 0.04mL。否则应重新测定 4 次，计算 $V(HCl)/V(NaOH)$。

【数据记录与处理】
将实验数据与处理结果填入表 5-12 中。

表 5-12　酸碱体积比测定（一）

项　目	1	2	3	4
$V(NaOH)/mL$	25.00	25.00	25.00	25.00
$V(HCl)/mL$				
$V(HCl)$平均值$/mL$				
R/mL				
$V(HCl)/V(NaOH)$				

(3) 以酚酞为指示剂测定酸碱体积比　用 25mL 移液管量取 HCl 溶液 25.00mL 置于锥形瓶中，加 2 滴酚酞（PP）指示剂，然后用 NaOH 溶液滴定至溶液由无色变为粉红色，30s 之内不褪色即到终点，记录读数，如此滴定 4 次，求出 NaOH 溶液体积的平均值和极差，所耗 NaOH 溶液体积的极差(R)应不超过 0.04mL，否则应重新测定 4 次。计算 $V(HCl)/V(NaOH)$。

将实验数据与处理结果填入表 5-13 中。

表 5-13　酸碱体积比测定(二)

项　　目	1	2	3	4
V(HCl)/mL	25.00	25.00	25.00	25.00
V(NaOH)/mL				
V(NaOH)平均值/mL				
R/mL				
V(HCl)/V(NaOH)				

实验指南

(1) 移液一定要准确。

(2) 终点判断要熟练正确。

(3) V(HCl)/V(NaOH)亦可用 V(NaOH)/V(HCl)表示， 最好比值小于1。

思 考 题

(1) 从理论上讲所消耗的 HCl 溶液(NaOH 溶液)体积应相同，但实际上却不一定相同，试分析误差来源。

(2) 移液管放溶液后残留在管尖的少量溶液是否应吹出？

滴定分析操作技能考核评价表见表 5-14。

表 5-14　滴定分析操作技能考核评价表

项　　目			操作要领	分值	扣分	得分
移液管的使用 (23分)	移液管的准备 (6分)		移液管的洗涤	0.5		
			润洗前内、外溶液的处理	1		
			润洗时吸溶液未回流	1		
			润洗时待吸液用量	0.5		
			用待吸液润洗方法	1		
			用待吸液润洗次数	1		
			润洗后废液的排放(从下口排出)	0.5		
			洗涤液放入废液杯(没有放入原瓶)	0.5		
	溶液的移取 (12分)		左手握洗耳球的姿势	0.5		
			右手持移液管的姿势	0.5		
			吸液时管尖插入液面的深度(1~2cm)	2		
			吸液高度(刻度线以上少许)	0.5		
			调节液面之前擦干外壁	2		
			调节液面时手指动作规范	1		
			调节液面时视线水平	1		
			调节液面时废液排放(放入废液杯)	0.5		
			调节好液面后管尖无气泡	2		
			调节好液面后管尖处液滴的处理	2		
	放溶液 (5分)		放溶液时移液管垂直	0.5		
			放溶液时接收器倾斜 30°~45°	0.5		
			放溶液时移液管管尖靠壁	1		
			放溶液姿势	0.5		
			溶液自然流出	0.5		
			溶液流完后停靠 15s	1		
			最后管尖靠壁左右旋转	1		

项	目	操作要领	分值	扣分	得分
滴定管的使用 (38分)	滴定管的准备 (10分)	滴定管的洗涤	0.5		
		试漏	1		
		试漏方法正确	0.5		
		摇匀待装液	1		
		润洗时待装液用量	0.5		
		用待装液润洗方法	1		
		用待装液润洗次数	1		
		润洗后废液的排放(从上口排出,并打开活塞)	0.5		
		洗涤液放入废液杯(没有放入原瓶)	0.5		
		赶气泡	2		
		赶气泡方法	1		
		调节液面前放置1~2min	0.5		
	滴定操作 (26分)	从0.00开始	0.5		
		滴定前管尖悬挂液的处理	1		
		滴定管的握持姿势	0.5		
		滴定时管尖插入锥形瓶口的距离	0.5		
		滴定时摇动锥形瓶的动作	1		
		滴定速度	1		
		滴定时左、右手的配合	1		
		近终点时的半滴操作	2		
		没有挤松活塞漏液的现象	5		
		没有滴出锥形瓶外的现象	5		
		终点判断和终点控制	6		
		终点后滴定管尖没有悬挂液亦没有气泡	3		
	读数 (2分)	停30s读数	0.5		
		读数时取下滴定管	0.5		
		读数姿态(滴定管垂直,视线水平,读数准确)	1		
数据记录及处理 (33分)		数据记录及时、真实、准确、清晰、整洁	3		
		数字用仿宋体书写	2		
		计算正确	3		
		有效数字正确	3		
		精密度符合要求	10		
		准确度符合要求	12		
结束工作 (2分)		滴定完毕滴定管内残液的处理	0.5		
		滴定管和移液管及时洗涤	0.5		
		洗净后滴定管、移液管的放置	0.5		
		其他仪器的洗涤及摆放	0.5		
其他 (4分)		实验过程中台面整洁、仪器排放有序	0.5		
		统筹安排	1.5		
		实验时间	2		
备	注				

5.5 吸光光度法

吸光光度法是基于物质对光的选择性吸收程度而建立起来的分析方法,因此又称分光光度法。它包括比色法、可见及紫外分光光度法和红外光谱法。而在工厂分析时和一般分析时,主要使用比色法和可见及紫外分光光度法。我们重点讨论可见分光光度法。

5.5.1 可见分光光度法

物质溶液颜色的深浅与溶液的浓度有关系，溶液浓度越大，颜色就越深。利用溶液颜色深浅来确定溶液中该种有色物质浓度的方法称为比色法，如果比色分析采用分光光度计进行测量，则称为分光光度法。

分光光度法具有灵敏度高、操作简便、应用范围广的特点，方法的相对误差为 2%～5%，适合于微量组分的测定。

5.5.1.1 分光光度法的分析原理

(1) 电磁波　光是一类电磁波，具有一定的波长。电磁波包括无线电波、微波、红外线、可见光、X 射线、γ 射线。可见光的波长范围是 400～750nm。电磁波与波长的关系见表 5-15。

表 5-15　电磁波与波长的关系

波谱区域	波长范围
γ 射线	$5\sim140$pm
X 射线	$10^{-3}\sim10$nm
远紫外线	$10\sim200$nm
紫外线	$200\sim400$nm
可见光	$400\sim750$nm
近红外线	$0.75\sim2.5\mu$m
中红外线	$2.5\sim50\mu$m
远红外线	$50\sim1000\mu$m
微波	$0.1\sim1$cm
无线电波	$1\sim100$cm

不同波长的光，其能量不同，波长越短，光的能量就越大。

(2) 物质对光的选择性吸收　一些物质的溶液呈现不同的颜色，是由于溶液中的分子或离子选择性的吸收了不同颜色的光而引起的。例如一束白光通过高锰酸钾溶液时，绿色光大部分被吸收了，透过溶液的主要是紫色光，因而看到的高锰酸钾溶液是紫色的。同样，重铬酸钾溶液由于主要吸收青蓝色光，透过橙色光，所以溶液为橙色。这可以粗略地说明物质对光的选择性吸收。

要精确地研究某物质溶液对不同波长光选择性吸收情况，需要通过实验测定它的光吸收曲线。为此将不同波长的单色光依次通过某固定浓度的溶液，测量每一波长下溶液对光的吸收程度（吸光度），常用字母 A 表示。以波长（λ）为横坐标，吸光度（A）为纵坐标作图，可得一条曲线，称为吸收曲线。其中吸光度最大处之波长称为最大吸收波长，用 λ_{max} 表示。显然，在最大吸收波长处测量溶液的吸光度，其灵敏度最高。由于物质对光的选择性吸收与物质分子结构有关，因此每种物质具有自己特征的光吸收曲线。例如，图 5-15 为 3 个不同浓度的 1，10-邻二氮杂菲亚铁溶液的光吸收曲

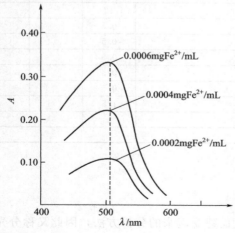

图 5-15　1，10-邻二氮杂菲
亚铁溶液吸收曲线

线，可以看到 $\lambda_{max}=510nm$，且溶液浓度越大，吸光度越大。

（3）光的吸收定律　当一束平行单色光通过含有吸光物质的溶液时（光程为点），设入射光通量为 Φ_0，部分光被溶液吸收后，则光通量减少至 Φ_{tr}（见图 5-16），$\dfrac{\Phi_{tr}}{\Phi_0}$ 表示该溶液对光的透射程度，称为透射比（T），其值可用小数或百分数表示。

$$T=\frac{\Phi_{tr}}{\Phi_0}\times100\% \tag{5-14}$$

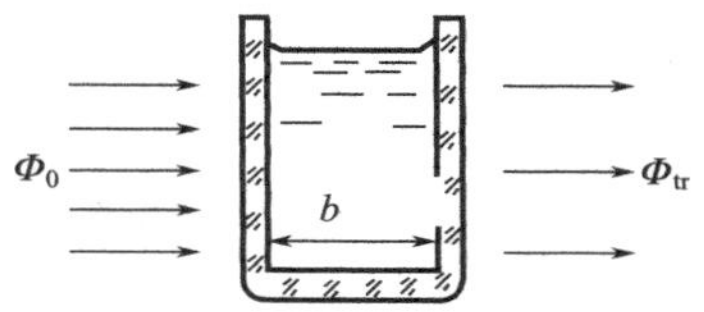

溶液对光的吸收程度即吸光度（A），它与透射比（T）的关系为：

$$A=\lg\frac{1}{T}=-\lg T \tag{5-15}$$

图 5-16　单色光通过盛有溶液的吸收池

当入射光全部透过溶液时，$\Phi_{tr}=\Phi_0$，$T=1$（或 100%），$A=0$；当入射光全部被溶液吸收时，$\Phi_{tr}\to0$，$T\to0$，$A\to\infty$。

实验和理论推导都已证明：一束平行单色光垂直入射通过一定光程的均匀稀溶液时，透射比随溶液中吸光物质浓度和光路长度的增加而按指数减小。或者说，溶液的吸光度与吸光物质浓度及光路长度的乘积成正比。这就是光吸收定律（也称朗伯-比耳定律），光吸收定律表达了它们之间的关系，其数学表达式为：

$$T=10^{-\varepsilon bc} \tag{5-16}$$

或

$$A=\varepsilon bc \tag{5-17}$$

式中　b——吸收池内溶液的光路长度（液层厚度），cm；

　　　c——溶液中吸光物质的物质的量浓度，mol/L；

　　　ε——摩尔吸光系数，L/(cm·mol)。

摩尔吸光系数 ε 在数值上等于浓度为 1mol/L、液层厚度为 1cm 时该溶液在某一波长下的吸光度。

若溶液中吸光物质含量以质量浓度 $\rho(g/L)$ 表示，则光吸收定律可写成下列形式：

$$T=10^{-ab\rho} \tag{5-18}$$

$$A=ab\rho \tag{5-19}$$

式中　a——质量吸光系数，L/(g·cm)。

质量吸光系数 $a[L/(g·cm)]$ 相当于浓度为 1g/L、液层厚度为 1cm 时该溶液在某一波长下的吸光度。

摩尔吸光系数或质量吸光系数是有色化合物的重要特征，它与吸光物质的性质、入射光波长及温度有关，ε 或 a 值愈大，表示该吸光物质的吸光能力愈强。在分光光度法的显色反应中，常用 $\varepsilon_{\lambda_{max}}$ 来判断该显色反应的灵敏度。因此在分光光度分析中，为了提高分析的灵敏度，常选择 λ_{max} 作为入射光波长。

5.5.1.2　仪器的组成

测量溶液对不同波长单色光吸收程度的仪器称为分光光度计。它由光源、单色器、吸收池、接受器和测量系统等五个部分组成。

图 5-17 为分光光度计组成示意图。由光源发出的复合光，经棱镜或光栅单色器色散为测量所需的单色光，然后通过盛有吸光溶液的吸收池，透射光照射到接受器上。接受器是一

种光电转换元件如光电管或光电池，它使透射光转换为电信号，在测量系统中对此电信号进行放大和其他处理，最后在显示仪表上显示吸光度和透射比的数值。

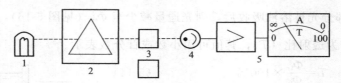

图 5-17　分光光度计组成示意图

1—光源；2—单色器；3—吸收池；4—接受器；5—测量系统

为了准确测出试液中待测物质的吸光度，必须扣除吸收池壁、溶剂和所加试剂对光吸收的影响。因此，首先要用一个吸收池盛空白溶液（除待测物质外，其他试剂都加入）作为参比，置于仪器光路中，用调节器将显示仪表读数调到透射比 $T=100\%$，即吸光度 $A=0$；然后再将盛待测物质试液的吸收池置于仪器光路中，这样测出的吸光度才能准确反映待测物质对光的吸收。

分光光度计的种类和型号繁多，如国产 721 型、7210 型、7230 型、7550 型等。不同型号的光学系统大体相似，只是适用的波长及测量系统不尽相同。

5.5.1.3　分光光度计的使用与维护

在使用分光光度计之前必须仔细阅读说明书和相关的操作规程，千万不要盲目乱动，以免损坏仪器。下面仅以 721 型和 754C 型为例，简要介绍可见分光光度计和紫外-可见分光光度计的操作方法和日常维护。

（1）721 型分光光度计　721 型分光光度计采用钨丝灯光源，棱镜单色器和 GD-7 型光电管接受器，适用波长范围 360～800nm。接受器输出的电信号经放大后，由指针式电流表指示吸光度和透射比。仪器外观如图 5-18 所示。

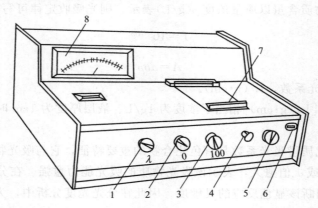

图 5-18　721 型分光光度计外观

1—波长选择旋钮；2—调 0 T 旋钮；3—调 100％T 旋钮；

4—吸收池架拉杆；5—灵敏度选择钮；6—电源开关；

7—吸收池暗箱盖；8—显示电表

① 主要调节器

a. 波长（λ）调节器。由波长选择旋钮和读数盘组成。转动波长选择旋钮，读数盘上指示选择的单色光波长。

b. 调 0 T 电位器 (0)。仪器接通电源后，开启吸收池暗箱盖，用此旋钮将电表指针调至 $T=0$（$A=\infty$）位置。

c. 调 100％ T 电位器 (100)。调节此旋钮可连续改变光源亮度，控制入射光通量。当空白溶液置于光路时，用此旋钮将电表指针调至 $T=100\%$ 位置（$A=0$）。

d. 吸收池架拉杆。暗箱内放吸收池架和吸收池。拉动吸收池架拉杆可将架上放置的四个吸收池依次送入光路。

e. 灵敏度选择钮。用于改变电流放大器的负载电阻，以改变仪器灵敏度。共分五挡，其中"1"挡灵敏度最低，依次逐渐提高。选择的原则是：当空白溶液置于光路能调节至 $T=100\%$ 的情况下，尽可能采用低挡次。当改变灵敏度挡次后，要重新校正 0 和 100％ T。

② 操作步骤

a. 打开电源开关，指示灯亮，开启吸收池暗箱盖（光闸门自动关闭），预热 20min。

b. 调节波长选择旋钮，选定所需单色光波长。用灵敏度旋钮选择适宜的灵敏度挡。微调 0 T 旋钮使电表指针恰指在 $T=0$（$A\to\infty$）位置。

c. 将空白溶液和被测溶液装入吸收池，依次放入吸收池架中，盖上吸收池暗箱盖（光闸门自动开启），使光电管受光（此时空白溶液在光路中），顺时针旋转调 100％ T 旋钮，使电表指针指在 100％ T（$A=0$）位置。若指针达不到，可增大灵敏度挡次。

d. 按上述步骤反复调节 0 T 和 100％ T 旋钮，直至稳定不变。

e. 拉动吸收池架拉杆，将待测溶液依次送入光路，由电表读出吸光度 A 或透射比 T 值。

f. 测定完毕，切断电源。取出吸收池，在暗箱中放入干燥剂袋，盖好暗箱盖。

（2）754C 型紫外－可见分光光度计

① 结构特点　754C 型紫外-可见分光光度计具有卤钨灯和氘灯两种光源，分别适用于 360～850nm 和 200～360nm 波长范围。采用光栅单色器，GD33 光电管接收器。其测量显示系统装配了 8031 单片机，接收器输出的电信号经放大、模/数转换为数字信号，送往单片机进行数据处理。通过键盘输入命令，仪器便能自动调"0 T"和调"100％ T"。输入标准溶液浓度数据，能建立浓度计算方程，在显示屏上显示出透射比（$T\%$）、吸光度（A）及浓度（c）的数据，并可以由打印机打印出测量数据和分析结果。

754C 型紫外-可见分光光度计的外观和键盘分别如图 5-19 和图 5-20 所示。

② 操作步骤

A. 开机。打开样品室盖。打开电源开关，仪器进入预热状态，预热 20min 后，仪器进入工作状态（T 显示模式）。

B. 选择光源。电源开关打开后，卤钨灯即亮；若仪器需要在紫外线区（200～360nm）工作，则可轻按氘灯键点亮氘灯（若要关闭氘灯则再按一次氘灯键；若需关卤钨灯则按功能键→数字键 1→回车键，即可熄灭）。

C. 选择波长。调节波长旋钮，选择需用的单色光波长。

D. 调零调百

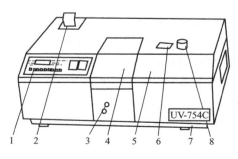

图 5-19　754C 型紫外-可见分光光度计外观

1—操作键；2—打印纸；3—样品室拉杆；

4—样品室盖；5—主机盖板；6—波长显示窗；

7—电源开关；8—波长旋钮

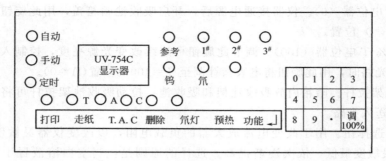

图 5-20　754C 型紫外-可见分光光度计键盘

a. 调 $T\% = 0.0$。在仪器处于 T 模式，且样品室盖开着时，按 100％键，使仪器显示 $T\% = 0.0$。

b. 置入溶液。根据测量所需的波长选择合适的吸收池（在 200～360nm 范围测量应使用石英吸收池；在 360～850nm 范围测量使用玻璃吸收池）。分别盛装参比溶液和试液（或标液），依次置入吸收池架内，用弹簧夹固定好。

c. 调 $T\% = 100.0$。盖上样品室盖，将参比溶液推入光路，按 100％键，使仪器显示为，$T\% = 100.0$。待蜂鸣器"嘟"声叫后，方可进行下面的操作。

E. 测试

a. 透射比和吸光度的测量。将第一个待测溶液推入光路，仪器显示该溶液的透射比 $T\%$。轻按 T.A.C 键使仪器显示吸光度 A。此时按打印键可打印出该试样的数据。

待第一个样品数据打印完后，再将第二、第三个样品分别推入光路进行测量。打印数据后，打开样品室盖。

b. 浓度直读。将两个已知浓度的标准溶液（如 c_1、c_2）依次置于吸收池架内，盖上样品室盖，按回车键，当浓度为 c_1 的标准溶液置入光路时，按数字键输入 c_1 的浓度值，仪器显示 c_1；按回车键，再将浓度为 c_2 的标准溶液推入光路，按数字键输入 c_2 的浓度值，仪器显示 c_2；按回车键计算机按 c_1、A_1、c_2、A_2 值确定浓度直线方程。以后将待测试样溶液推入光路时，均按该方程显示浓度值。按 T.A.C 键可使透射比 T、吸光度 A 和浓度 c 值循环显示出来。

c. 数据打印。建立好浓度直线方程后，可根据需要选择自动、手动或定时打印方式（详见仪器使用说明书），打印数据。

F. 关机。测量完毕，取出吸收池，洗净并晾干后入盒保存。关闭电源，拔下电源插头。

（3）分光光度计的日常维护　分光光度计是精密光学仪器，正确使用和保养对保持仪器良好的性能和保证测试的准确度有着重要意义。

① 仪器工作电源一般为 220V，允许 ±10％的电压波动。为保持光源灯和监测系统的稳定性，在电源电压波动较大的实验室，最好配备稳压器。

② 放置分光光度计的仪器室要防尘、防震，避免阳光直射。室内的相对湿度不要超过 70％，仪器内的干燥硅胶要及时更换。

③ 每次操作结束后，都要仔细检查样品室，如有溶液溅出，必须清洗干净，用滤纸吸干。

④ 每次调整波长后，都要等待几分钟，待光电管稳定后，再用空白溶液调零，然后测定。

⑤ 吸收池要清洗干净，透光面不能用手摸，避免硬的物品将其划伤。

⑥ 光源的钨丝灯寿命有限，要注意保护。亮度明显降低或不稳定时，要及时更换新灯。更换时不要用手触摸灯泡及窗口，如果不小心沾上油污，要用无水乙醇擦净。更换后要调整好灯丝的位置。

⑦ 单色器是仪器的核心部分，装在密封盒内，不能拆开，为防止色散元件受潮发霉，必须经常更换单色器盒内的干燥剂。

5.5.1.4 光度分析的程序和方法

（1）显色　有些物质有颜色，能吸收一定波长的可见光，可直接用分光光度计测量其吸光度；而多数物质本身没有颜色，需要加入显色剂利用显色反应生成吸光物质，才能进行光度测定。

能与待测物质生成有色化合物的试剂叫显色剂。一种物质可能与几种显色剂反应，生成各种不同的有色化合物。选择显色反应和显色剂时，应尽量满足灵敏度高、选择性好、生成的有色化合物稳定、显色反应条件易于控制等要求。

（2）选定光度测量条件　为使测量有较高的灵敏度和准确度，必须选择适当的仪器测量条件。

① 选定测定波长　一般根据显色溶液的光吸收曲线，选择最大吸收波长 λ_{max}，作为测定波长。

② 选定空白溶液　空白溶液又叫参比溶液，用于调节吸光度零点（$T=100\%$）。表5-16列出几种常用的参比溶液，可根据实际情况进行选择。

表 5-16　参比溶液的种类

试样中的其他组分	显色剂	参比溶液	试样中的其他组分	显色剂	参比溶液
无色	无色	溶剂	有色	无色	试液
无色	有色	显色剂	有色	有色	将待测组分掩蔽后的试液加显色剂

③ 选定读数范围　为了保证测量数据的准确度，一般控制吸光度读数范围为 0.2～0.8。通过调整溶液的浓度或选择适当厚度的吸收池，可使吸光度读数落在适宜的范围内。

（3）绘制标准曲线　根据光的吸收定律，一束平行单色光垂直入射通过液层厚度（b）一定的均匀稀溶液时，溶液的吸光度（A）与吸光物质浓度（c）成正比。因此若以吸光度（A）为纵坐标，吸光物质浓度（c）为横坐标作图，应得到一条直线。为了测绘这种直线关系，需要配制一组不同浓度吸光物质的标准溶液，用同样的吸收池分别测量其吸光度，在坐标纸上作图，绘制出一条直线。该直线称为"标准曲线"，如图 5-21 中实线所示。

注意：当显色溶液浓度高时，可能出现吸光度 A 偏小，实测点偏离直线的情况，如图 5-21 中虚线所示。偏离直线的区域不能用于定量分析。

（4）试样处理与测定　称取一定质量的待测试样，经溶解处理后稀释至一定体积，取全部或一部分稀释试液加入显色剂和其他试剂。按照上面绘制标准

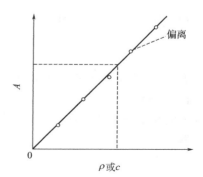

图 5-21　标准曲线

曲线相同的条件，测定试液的吸光度，并从标准曲线上查出对应的浓度。

应当指出，吸光光度法一般是测定试样中某种微量成分，而试样中的其他成分可能对测定有干扰。这种情况下可酌情采用加入掩蔽剂、控制溶液酸度、改变干扰离子的价态等方法排除干扰。消除干扰的方法很多，现列举以下几种。

① 加入掩蔽剂　例如，用 NH_4SCN 作显色剂测定 Co^{2+} 时，Fe^{3+} 的干扰可借加入 NaF 使其生成无色的 FeF_6^{3-} 而消除。

② 控制溶液酸度　例如，用磺基水杨酸测 Fe^{3+} 时，若溶液 pH 值为 8～10，Cu^{2+}、Al^{3+}、Mn^{2+} 有干扰，若控制溶液 pH 为 2～3，就可避免这些离子的干扰。

③ 改变干扰离子的价态　例如，用铬天青 S 作显色剂测定 Al^{3+} 时，Fe^{3+} 有干扰，加入抗坏血酸使 Fe^{3+} 还原为 Fe^{2+}，即可消除其干扰。

④ 选择合适的参比溶液　选择合适的参比溶液可以消除显色剂和某些有色干扰离子的影响。

⑤ 选择适当的波长以消除干扰　通常把工作波长选在最大吸收波长处，但有时为了消除干扰，把工作波长移至次要的吸收峰，这样做虽然测定灵敏度低些，但却可以消除某些干扰离子的影响。例如，用 4-氨基安替吡啉显色测定废水中酚时，氧化剂铁氰化钾和显色剂都呈黄色，干扰测定，但若选择在 520nm 波长处测定，可以消除干扰。因为黄色溶液在 420nm 左右有强烈吸收，但在 500nm 后则无吸收。

⑥ 采用适当的分离方法　如果没有合适方法消除干扰时，可以采用沉淀、萃取、离子交换等分离方法将被测组分与干扰离子分离，再在进行测定。

5.5.2　光度分析的计算

分光光度分析的计算的依据是光吸收定律，下面通过几个例题来说明。

【例 5-4】　用邻二氮杂菲显色测定铁，已知显色液中亚铁含量为 $50\mu g/100mL$。用 2.0cm 的吸收池，在波长 510nm 测得吸光度为 0.205。计算邻二氮杂菲亚铁的摩尔吸光系数（ε_{510}）？

解　根据公式 $A=\varepsilon cb$ 得，

$$\varepsilon = A/(cb)$$

根据定义，Fe^{2+} 的浓度应用 mol/L 表示，因此需要换算。

$$c(Fe) = \frac{50 \times 10^{-6}}{55.85 \times 100} \times 1000 mol/L = 8.95 \times 10^{-6} mol/L$$

根据题意，Fe^{2+} 的浓度就是 Fe^{2+}-邻菲罗啉配合物的浓度，因此

$$\varepsilon_{510} = \frac{0.205}{8.95 \times 10^{-6} \times 2.0} L/(mol \cdot cm) = 1.14 \times 10^4 L/(mol \cdot cm)$$

答：邻二氮杂菲亚铁的摩尔吸光系数为 $1.14 \times 10^4 L/(mol \cdot cm)$。

【例 5-5】　某有色溶液在 3.0cm 的吸收池中测得的透射比为 40.0%，求吸收池厚度为 2.0cm 时该溶液的透射比和吸光度各为多少？

解　根据公式 $A=-\lg T$，当吸收池为 3.0cm 时，

$$A_1 = -\lg \frac{40}{100} = 0.398$$

再根据公式 $A=\varepsilon cb$。当 ε 与 c 一定时，吸光度 A 与吸收池厚度 b 成正比，即 $A_1/A_2=$

b_1/b_2。这里 $A_1=0.398$，$b_1=3.0cm$，当 $b_2=2.0cm$，则

$$A_2=\frac{b_2}{b_1}A_1=\frac{2.0}{3.0}\times0.398=0.265$$

$$\lg T_2=-A_2=-0.265$$

求反对数得 $\qquad\qquad T_2=0.543=54.3\%$

答：吸收池厚度为 2.0cm 时该溶液的透射比为 54.3%，吸光度为 0.265。

【例 5-6】 浓度为 $1.00\times10^{-4}mol/L$ 的 Fe^{3+} 标准溶液，显色后在一定波长下用 1cm 吸收池测得吸光度为 0.304。有一含 Fe^{3+} 的试样水，按同样方法处理测得的吸光度为 0.510。求试样水中 Fe^{3+} 的浓度？

解 已知 $c_s=1.00\times10^{-4}mol/L$，$A_s=0.304$，$A_x=0.510$。

根据公式 $c_x=\dfrac{c_s}{A_s}A_x$

$$c_x=\frac{0.510\times1.00\times10^{-4}}{0.304}mol/L=1.68\times10^{-4}mol/L$$

答：试样水中 Fe^{3+} 的浓度为 $1.68\times10^{-4}mol/L$。

【例 5-7】 用分光光度法测定水中微量铁，取 $3.0\mu g/mL$ 的铁标准液 10.0mL，显色后稀释至 50mL，测得吸光度 $A_s=0.460$。另取水样 25.0mL，显色后也稀释至 50mL，测得吸光度 $A_x=0.410$，求水样中的铁含量（mg/L）。

解 可以先计算出 50mL 标准显色液中铁的浓度，

$$\rho_x=\frac{\rho_s}{A_s}A_x$$

$$\rho_s=\frac{3.0\times10}{50}\mu g/mL=0.6\mu g/mL$$

则 $\qquad\qquad\rho_x=\dfrac{0.410}{0.460}\times0.6\mu g/mL=0.53\mu g/mL$

这里求出的 ρ_x 是 50mL 显色液的浓度，还要求出水样中的铁含量。

$$\rho_水=\frac{0.53\times50}{25.0}\mu g/mL=1.06\mu g/mL=1.06mg/L$$

【例 5-8】 有一个含 Ni 量为 0.12% 的样品，用丁二酮肟法测定。已知丁二酮肟-Ni 的摩尔吸光系数 $\varepsilon=1.3\times10^4$，若配制 100mL 的试样，在波长 470nm 处，用 1cm 的吸收池测定，计算测量的相对误差最小时，应取试样多少克？（　　）$M(Ni)=58.70g/mol$（　　）

解 测量的相对误差最小时，吸光度 $A=0.434$，根据光吸收定律 $A=\varepsilon cb$，由此可求出测量误差最小时的浓度：

$$c=\frac{A}{\varepsilon b}=\frac{0.434}{1.3\times10^4\times1}mol/L=3.3\times10^{-5}mol/L$$

这是 100mL 样品溶液中 Ni 的浓度，那么 100mL 样品溶液中 Ni 的质量是：

$$m(Ni)=3.3\times10^{-5}\times58.70\times\frac{100}{1000}g=1.94\times10^{-4}g$$

换算成样品的质量是：

$$m=1.94\times10^{-4}\times\frac{100}{0.12}g=0.16g$$

答：当测量相对误差最小时，应取试样 0.16g。

(1) 以丁二酮肟光度法测定镍，若配合物 $NiDx_2$ 的浓度为 $1.7\times10^{-5}\,mol/L$，用 $2.0cm$ 吸收池在 $470nm$ 波长下测得的透射比为 30.0%。计算配合物在该波长的摩尔吸光系数。

(2) 用 $1cm$ 吸收池，在 $540nm$ 测得 $KMnO_4$ 溶液的吸光度为 0.322，问该溶液的透射比是多少？如果改用 $2cm$ 吸收池，该溶液的透射比将是多少？

(3) 有两种不同浓度的有色溶液，当液层厚度相同时，对某一波长的光，T 值分别为：①$65.0\%$；②$41.8\%$。求它们的 A 值？如果已知溶液①的浓度为 $6.51\times10^{-4}\,mol/L$，求溶液②的浓度？

(4) 用双硫腙光度法测定 Pb^{2+}，已知 Pb^{2+} 的浓度为 $0.08mg/50mL$，用 $2cm$ 吸收池，在 $520nm$ 测得 $T=53\%$，求摩尔吸光系数？

(5) 以邻二氮菲光度法测定 $Fe(II)$，称取试样 $0.500g$，经处理后，加入显色剂，最后定容为 $50.0mL$，用 $1.0cm$ 吸收池在 $510nm$ 波长下测得吸光度 $A=0.430$，计算试样中的 $w(Fe)$（以百分数表示）；当溶液稀释一倍后透射比是多少？（$\varepsilon_{510}=1.1\times10^4$）

(6) 在 $456nm$，用 $1cm$ 吸收池测定显色的锌配合物标准溶液，得到下列数据：

Zn/(mg/L)	2.0	4.0	6.0	8.0	10.0
A	0.105	0.205	0.310	0.415	0.515

要求：①绘制校准曲线；②求校准曲线的回归方程；③求摩尔吸光系数；④求吸光度为 0.260 的未知试液的质量浓度。

(7) 称取维生素 C $0.05g$，溶于 $100mL$ $0.01mol/L$ 的硫酸溶液中，量取此溶液 $2mL$，准确稀释至 $100mL$。取此溶液于 $1cm$ 的石英吸收池中，在 $245nm$ 测得其吸光度为 0.551，已知维生素 C 的质量吸光系数 $a=56L/(cm\cdot g)$。求样品中维生素 C 的百分含量？

5.6　原子吸收光谱法

原子吸收光谱法也叫原子吸收分光光度法，是根据气态原子对同类原子辐射出特征谱线的吸收作用进行定量分析的方法。具有灵敏度高、抗干扰能力强、选择性好、仪器操作简便等特点，是对无机化合物进行定量分析的主要方法，广泛应用于化工、医药、冶金、地质、食品及环境监测等方面。

5.6.1　原子吸收吸光光度法基本原理

用一定频率的光照射原子蒸气时，原子的外层电子可由较低能级的基态跃迁到较高能级的激发态，其中由基态跃迁到第一激发态所需能量较小，最容易发生，与这一过程所吸收的能量相对应的光谱线叫做共振线。

将待测样品的溶液雾化后喷入火焰中，待测物便可在高温下蒸发并离解为原子蒸气。元素基态原子的蒸气能够吸收同种原子发射的共振线。共振线被基态原子吸收的程度与火焰的宽度及原子蒸气浓度的关系，在一定条件下，符合光的吸收律。

$$A = Kcb \qquad (5-20)$$

式中　A——吸光度；

K——原子吸收系数；

c——蒸气中基态原子的浓度；

b——共振线所通过的火焰宽度。

由于测定中 b 一定，因此

$$A = Kc \tag{5-21}$$

采用能发出待测元素的共振线的特定光源，让其辐射光通过待测样品的原子蒸气，根据光的吸收程度便可测定出样品中该元素的含量。

5.6.2　原子吸收光谱仪的结构与操作

（1）仪器的组成　原子吸收光谱仪（也称原子吸收分光光度计）的结构如图 5-22 所示，由光源、原子化器、单色器和检测装置等四个部分组成。

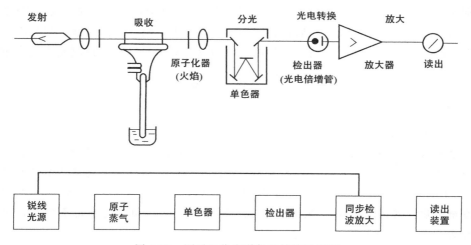

图 5-22　原子吸收光谱仪的结构示意图

① 光源　光源是原子吸收光谱仪的关键部件之一，它的作用是发射被测元素的共振线，通常采用空心阴极灯。空心阴极灯是一种低压气体放电管，它主要由一个阳极（钨棒）和一个空心圆柱形的阴极组成。空心圆柱形的阴极含有与待测元素相同的金属，采用不同元素做阴极材料，可制成各种不同元素的空心阴极灯。

② 原子化器　原子化器的作用是产生原子蒸气。火焰原子化器主要包括雾化器和燃烧器。试液经雾化器雾化后，再与燃料气混合，喷入燃烧器，在火焰中受热离解成基态原子蒸气。常用的火焰是空气-乙炔焰。

③ 单色器　单色器的作用是将被测的共振吸收线与邻近的其他谱线分开。其出口和入口都有狭缝，狭缝的宽度在 $0.05 \sim 0.5\text{mm}$ 范围内可调。

④ 检测装置　检测装置主要由检测器、放大器、参数变换器和指示仪表组成。其作用是将待测光信号转换成电信号，经放大、数据处理后显示分析结果。

（2）仪器的操作　原子吸收光谱仪的主要操作程序如下。

① 开启仪器　接通电源，调节灯电流，预热，使灯的发射强度达到稳定。选定波长。

② 调整灯位　按下检测器的负高压按钮，使光电倍增管开始工作。分别调节空心阴极灯座上的上下、左右旋钮，均使微安表能量指示最大值。

③ 调整燃烧器　先调节燃烧器转柄，再旋动燃烧器升降旋钮，调节燃烧器高度和角度。

④ 点火　开启空气泵，调节空气流量，将点火器对准燃烧器缝隙连续打火，同时缓慢旋开乙炔控制阀旋钮点燃空气-乙炔火焰。

⑤ 选择最佳实验条件　在其他工作条件固定的情况下，逐一改变灯电流、助燃比、燃烧器高度等条件，从中选择出最佳实验条件。

⑥ 测定　在选定的工作条件下，先吸喷去离子水（或空白溶液）调零，再吸喷标准溶液（或试液溶液），测定吸光度。为保证读数可靠，可平行测定三次，取平均值。

⑦ 关机　测定结束后，用去离子水吸喷 3～5min，再关闭机器。

5.6.3　定量分析方法

原子吸收光谱的定量分析常采用工作曲线法。首先根据样品的实际情况，配制一组浓度适宜的标准溶液。在选定的工作条件下，将标准溶液按浓度由低到高的顺序依次喷入火焰中，分别测出各溶液的吸光度。再以测得的吸光度 A 为纵坐标，以待测元素的浓度 c 为横坐标，绘制 A-c 标准工作曲线。然后在相同的实验条件下，喷入待测试液，测其吸光度，再从标准工作曲线上查出该吸光度所对应的浓度，通过计算求出试样中待测元素的含量。

 练　习

（1）原子吸收光谱法是依据什么原理进行定量分析的？

（2）原子吸收光谱法与可见分光光度法有哪些异同点？

（3）分别吸取 0.00mL、1.00mL、2.00mL、3.00mL、4.00mL 浓度为 20μg/mL 的镍标准溶液，于 5 个 25mL 容量瓶中定容。在火焰原子吸收光谱仪上测得这些溶液的吸光度分别为 0、0.12、0.23、0.35、0.48。另称取镍合金试样 0.5125g，溶解后于 100mL 容量瓶中定容。准确吸取此溶液 2.5mL，定容于 25mL 容量瓶中。在相同的测定条件下，测得溶液的吸光度为 0.28。求试样中镍的含量。

技能训练 5-12　可见分光光度法测定试样水中的微量铁

【目的要求】

（1）了解利用可见分光光度法进行定量分析的原理和方法；

（2）初步掌握分光光度计的使用方法，学习测绘光吸收曲线和选择测定波长；

（3）掌握利用标准曲线法进行定量分析的操作与数据处理方法。

【实验原理】

1，10-邻二氮菲在 pH＝2～9 的水溶液中，能与 Fe^{2+} 生成稳定的橙红色配合物。试样中 Fe^{3+} 可预先用还原剂还原为 Fe^{2+}。反应式如下：

$$2Fe^{3+} + C_6H_8O_6 \Longrightarrow 2Fe^{2+} + C_6H_6O_6 + 2H^+$$

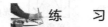

本实验中用抗坏血酸还原 Fe^{3+}，控制溶液 pH 为 4～6，用邻二氮菲显色。通过测绘显色溶液的光吸收曲线，求得 λ_{max} 作为测定波长，测量一组铁标准溶液的吸光度，绘制标准曲线，并在相同条件下测定试样水中杂质铁的含量。

【实验用品】

（1）仪器　分光光度计、容量瓶（100mL）、吸量管（5mL、10mL）、移液管（25mL）。

（2）试剂　铁标准溶液（0.020mg/mL）、盐酸溶液（1+1）或氨水（1+3）、抗坏血酸溶液（20g/L）、乙酸-乙酸钠缓冲溶液（pH=4.5）、邻二氮菲溶液（2g/L）、试样水溶液（含 Fe^{3+}）。

（3）其他　pH 试纸。

【实验步骤】

（1）配制标准系列　用吸量管分别吸取 0.00mL、1.00mL、2.00mL、3.00mL、4.00mL、5.00mL 铁标准溶液于 6 个 100mL 容量瓶中，加入 50mL 水，用盐酸溶液或氨水调节 pH 为 2（1～2 滴），在各容量瓶中分别加入 2.5mL 抗坏血酸溶液，摇匀，再加入 10mL 乙酸-乙酸钠缓冲溶液、5mL 邻二氮菲溶液，用水稀释至刻度，混匀。

（2）测绘吸收曲线　用 1cm 玻璃吸收池，取上述含 4.00mL 铁标准溶液的显色溶液，以未加铁标准溶液的试剂溶液作参比，在分光光度计上从波长 440～600nm 之间测定吸光度，一般每隔 20nm 测定一个数据；在最大吸收波长附近，每隔 5nm 测定一个数据。

以波长为横坐标，吸光度为纵坐标，绘制吸收曲线。从而选择测定铁的适宜波长。

（3）测绘标准曲线　在选定波长下，用 1cm 玻璃吸收池分别取配制的标准系列显色溶液，以未加铁标准溶液的试剂溶液作参比，测定各溶液的吸光度。

（4）测定试样中的铁含量　用移液管移取试样水 50.00mL，置于 100mL 容量瓶中，按配制标准系列同样的操作，顺序加入各种试剂进行还原和显色，并在同样条件下以未加铁标准溶液的试剂溶液作参比，测定试样溶液的吸光度。

平行测定两份。

【数据记录与处理】

（1）记录数据　将标准溶液的铁含量及实验中测得的数据填入表 5-17 中：

表 5-17　可见分光光度法测定试样水中的微量铁

容量瓶编号	0	1	2	3	4	5	6	7
移取铁标准溶液体积/mL	0.00	1.00	2.00	3.00	4.00	5.00	50.00 水样	50.00 水样
100mL 溶液含铁量/mg							—	—
吸光度								

（2）绘制标准曲线　以 100mL 溶液中铁含量（mg）为横坐标，相应的吸光度为纵坐标，绘制吸光度对铁含量的标准曲线，从标准曲线上查出试样水的铁含量。

（3）计算试样水中铁的质量浓度　按下式计算试样水中铁的质量浓度：

$$\rho(Fe) = \frac{m}{V}(mg/L)$$

式中　m——根据试样溶液的吸光度，从标准曲线上查出的铁含量，mg；

$\qquad V$——实验所取试样水的体积，L。

(1) 抗坏血酸性质不稳定，易氧化变质，最好现用现配。用抗坏血酸还原 Fe^{3+} 时，酸度高些为宜（pH 约为 2），因此应在加入抗坏血酸后，摇匀，再加缓冲溶液和显色剂。

(2) 本实验所用的水试样，可以是天然水、工业用水或人工配制的含铁样。待测水样应无色透明，如有浑浊必须预先过滤。

(3) 在标准系列的配制中，用（1+1）盐酸或（1+3）氨水调节溶液的 pH 时，可用以下操作方法预试：另取一个 100mL 容量瓶，加 3.00mL 铁标准溶液，再加水至约 50mL，然后逐滴加入(1+1)盐酸或（1+3）氨水，用玻璃棒沾取溶液在 pH 试纸上试验，记录调至溶液 pH 为 2 时试剂的加入量（注意，该瓶溶液不能用作绘制标准曲线）。在正式实验中，每个容量瓶加入同样量即可。

思 考 题

(1) 实验中加入抗坏血酸和乙酸-乙酸钠缓冲溶液的作用如何？为什么要预先调节溶液的 pH 为 2？

(2) 根据实验数据计算邻二氮菲-亚铁配合物的摩尔吸光系数。

(3) 测定时为何以未加铁标准溶液的试剂溶液作参比？

(4) 试样溶液和标准溶液的测定条件要相同，"相同条件"包括哪些几方面？

技能训练 5-13 原子吸收光谱法测定水中镁

【目的要求】

(1) 了解利用原子吸收光谱法进行定量分析的原理和方法；

(2) 学习原子吸收光谱仪的操作；

(3) 初步掌握原子吸收法最佳实验条件的选择。

【实验原理】

在一定条件下，基态原子蒸气对特定光源发出的共振线的吸收符合朗伯-比尔定律，其吸光度与待测元素在试样中的浓度成正比，即

$$A = K'c$$

根据这一关系对组成简单的试样可用工作曲线法进行定量分析。

本实验中，先在选定条件下测定一系列镁标准溶液的吸光度，并绘制工作曲线。然后在相同条件下测定水样的吸光度，再从工作曲线上查出相应的镁浓度，进而计算出水样中镁的含量。

在火焰原子吸收法中，分析方法的灵敏度、准确度、干扰情况和分析过程是否简便快速，除与所用仪器有关外，在很大程度上取决于实验条件。因此最佳条件的选择十分重要。本实验以镁的测定为例，分别对灯电流、狭缝宽度、燃烧器高度等因素进行优化选择。在条件优选时，将其他因素固定在同一条件下，逐一改变所欲研究因素的条件，然后测定某一标

准溶液的吸光度，选取吸光度大且稳定性好的条件确定为该因素的最佳工作条件。

【实验用品】

（1）仪器　原子吸收光谱仪、镁空心阴极灯、容量瓶（100mL）、移液管（5mL、10mL）、空气压缩机、吸量管（10mL）乙炔钢瓶、烧杯（100mL）。

（2）试剂　水样（自来水、大井水）、镁储备液[$\rho(Mg)=1.000$mg/mL：准确称取于800℃灼烧至恒重的氧化镁（A.R.）1.6583g，滴加1mol/L HCl 至完全溶解，移入1000mL容量瓶中，稀释至标线，摇匀]。

【实验步骤】

（1）配制溶液

① 配制镁标准溶液

a. $\rho(Mg)=0.1000$mg/mL镁标准溶液。移取10mL $\rho(Mg)=1.000$mg/mL镁储备液于100mL容量瓶中，用去离子水稀释至标线，混匀。

b. $\rho(Mg)=0.00500$mg/mL（即 5.000μg/mL）镁标准溶液。移取5mL上述 $\rho(Mg)=0.1000$mg/mL标准溶液于100mL容量瓶中，稀释至标线，混匀。

c. $\rho(Mg)=0.300$μg/mL镁标准溶液：移取6mL $\rho(Mg)=5.000$μg/mL标准溶液于100mL容量瓶中，稀释至标线，混匀。

② 配制镁系列标准溶液　用吸管分别吸取 $\rho(Mg)=5.000$μg/mL标准溶液2.00mL、4.00mL、6.00mL、8.00mL、10.00mL于5个100mL容量瓶中，用去离子水稀释至标线，混匀。（此溶液含镁分别为0.1μg/mL、0.2μg/mL、0.3μg/mL、0.4μg/mL、0.5μg/mL）。

③ 配制水样溶液　分别移取10mL大井水和自来水（也可根据水质不同适当调节取用量），于两个100mL容量瓶中，用去离子水稀释至标线，混匀。

（2）仪器的准备

① 检查仪器各按键及旋钮是否完全复位以及气路的连接是否正确。

② 安装镁空心阴极灯，接通电源，开启仪器，预热20min。

③ 在进行波长调节和光源、燃烧器对光后，点火。

（3）选择最佳实验条件　初步固定工作条件如下：

吸收线波长	285.2nm；	狭缝宽度	"2"挡；
空气流量	200L/h；	乙炔流量	70L/h。

① 选择灯电流　在上述固定工作条件下，吸喷 0.300μg/mL 镁标准溶液，以不同的灯电流测定其吸光度，记录结果于表 5-18 中，并选择合适的灯电流。

表 5-18　选择灯电流

灯电流/mA				
吸光度				

② 选择助燃比　固定其他工作条件，改变乙炔流量，吸喷 0.300μg/mL 镁标准溶液，测定其吸光度，记录结果于表 5-19 中，并选择合适的助燃比。

表 5-19　选择助燃比

空气流量/(L/h)	200			
乙炔流量/(L/h)				
助燃比				
吸光度				

③ 选择燃烧器高度　固定其他工作条件，改变燃烧器高度，吸喷 $0.300\mu g/mL$ 镁标准溶液，测定其吸光度，记录结果于表 5-20 中，并选择合适的燃烧器高度。

表 5-20　选择燃烧器高度

燃烧器高/mm					
吸光度					

④ 选定实验条件　根据实验结果，选出最佳操作条件。

灯电流：

助燃比：

燃烧器高度：

（4）测绘工作曲线　在选定的实验条件下，按浓度由低到高的顺序依次测量镁系列标准溶液的吸光度，并列表记录。

（5）测定水样的吸光度　在同样条件下，分别测定自来水和大井水试样溶液的吸光度并记录。

【数据记录处理】

（1）记录实验数据　参照实验 5-12 记录实验数据并标明实验条件。

（2）绘制工作曲线　在坐标纸绘制镁的 A-c 工作曲线。

（3）计算水样中镁的质量浓度　根据水样吸光度从工作曲线中找出镁的相应含量，然后按下式求出水样中镁的质量浓度。

$$\rho(Mg)=\frac{m}{V}(mg/L)$$

式中　m——根据试样溶液的吸光度，从标准曲线上查出的镁含量，μg；

　　　 V——实验所取试样水的体积，mL。

实验指南

（1）每次实验结束后，都应该在火焰继续点燃的情况下，吸喷去离子水 $3\sim5min$ 清洗原子化器。

（2）为确保安全，使用燃气和助燃气应严格按操作规程进行。如果在实验过程中因故突然停电，应立即关闭燃气，然后将空气压缩机及主机上所有开关和旋钮都恢复到操作前的状态。

思 考 题

(1) 原子吸收光谱法主要的操作条件有哪些？应如何进行优化选择？

(2) 本实验中是如何对水样进行定量分析的？

5.7　色谱法

利用混合物中各组分在固定相和流动相之间的分配特性不同进行分离、分析的方法叫做色谱法。根据流动相的物态不同，可分为气相色谱法和液相色谱法。

5.7.1 气相色谱法

气相色谱法是以气体作为流动相的柱色谱技术。可分离气体以及在操作温度下能够汽化的物质，并能高效、快速、灵敏、准确地测定物质的含量，在化工、制药、环境监测等领域得到广泛的应用。

5.7.1.1 方法原理

根据采用的固定相不同，气相色谱法又可分为气-固色谱法和气-液色谱法两类。

（1）气-固色谱法　气-固色谱法是以固体颗粒（吸附剂）作为固定相，利用固定相对试样中各组分吸附能力的不同对混合物进行分离。例如，在填充有 13X 型分子筛的色谱柱中，以氢气作为流动相（又叫载气），能将空气中主要成分 O_2 和 N_2 分离，这是由于分子筛对 O_2 的吸附力小于对 N_2 的吸附力。当氢气带动样品空气连续流过色谱柱时，O_2 比 N_2 容易脱附，经反复多次地吸附和脱附，即可将 O_2 和 N_2 完全分离。O_2 先流出色谱柱，N_2 后流出色谱柱。

气-固色谱常用的吸附剂有分子筛、硅胶、氧化铝、活性炭及人工合成的多孔聚合物微球（商品名 GDX）等。

（2）气-液色谱法　气-液色谱法是将固定液涂渍在载体上作为固定相，利用固定液对试样中各组分溶解能力的不同对混合物进行分离。当汽化了的试样混合物进入色谱柱时，首先溶解到固定液中，随着载气的流动，已溶解的组分会从固定液中挥发到气相，接着又溶解在以后的固定液中，这样反复多次地溶解、挥发、再溶解、再挥发……由于各组分在固定液中溶解度的差异，当色谱柱足够长时，各组分就彼此分离。例如，在硅藻土载体上涂以异三十烷作为固定相，用氢气作载气，$C_1 \sim C_3$ 烃类得到了较好的分离，如图 5-23 所示。

气-液色谱所用的固定液，一般为高沸点液态有机物或聚合物。

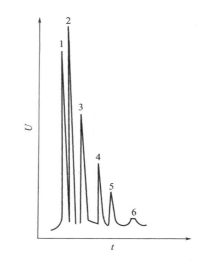

图 5-23　裂解气中 $C_1 \sim C_3$ 烃类的色谱图

1—甲烷；2—乙烯；3—乙烷；

4—丙烯；5—丙烷；6—丙二烯

载体是负载固定液的惰性多孔颗粒（常用 60~80 目），一般由天然硅藻土煅烧而成。将一定量固定液溶于适当溶剂中，加入载体，搅拌均匀，再挥发掉溶剂，固定液就以液膜形式分布在载体表面，这样涂渍好的固定相装入柱管，即可安装到仪器上使用。

5.7.1.2 仪器与操作

（1）仪器的组成　图 5-24 为单柱单气路气相色谱仪气路流程。高压气瓶中的载气经减压、净化，调至适宜的压力和流量，流经进样-汽化室、色谱柱和检测器。试样用注射器由进样口注入汽化室，汽化了的样品由载气携带经过色谱柱进行分离，被分离的各组分依次进入检测器，在此将各组分的浓度或质量的变化转换为电信号，并在记录仪上记录出色谱图。

图 5-25 为双柱双气路气相色谱仪气路流程。高压气瓶中载气经减压、净化、稳压后分成两路，分别进入两根色谱柱。每个色谱柱前装有进样-汽化室，柱后连接检测器。双气路

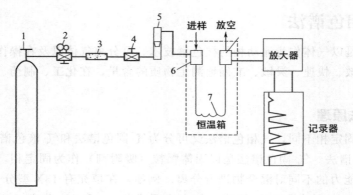

图 5-24　单柱单气路气相色谱仪气路流程

1—载气钢瓶；2—减压阀；3—净化器；4—气流调节器；

5—转子流速计；6—汽化室；7—色谱柱

能够补偿气流不稳及固定液流失对检测器产生的影响。

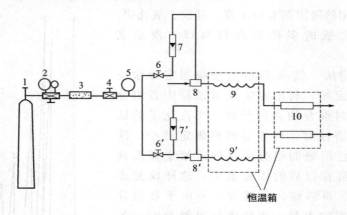

图 5-25　双柱双气路气相色谱仪气路流程

1—载气钢瓶；2—减压阀；3—净化器；4—稳压阀；

5—压力表；6，6′—针形阀；7，7′—转子流量计；

8，8′—进样-汽化室；9，9′—色谱柱；10—检测器

气相色谱检测器有多种类型，其中常用的是热导检测器（TCD）和氢火焰检测器（FID）。热导检测器是基于载气和被测组分通过热敏元件时，由于二者热导率不同，使其电阻变化而产生电信号；氢火焰检测器是基于有机物蒸气在氢火焰中燃烧时生成的离子，在电场作用下产生电信号。氢火焰检测器对有机物有很高的灵敏度，对无机物没有响应。

由于汽化室、色谱柱和检测器都需要调控温度，故仪器设有加热装置和温度控制系统，分别控制汽化室、柱箱和检测器的温度。

（2）仪器的操作　气相色谱仪种类繁多，构造和性能也不尽相同。普及型气相色谱仪的一般操作程序如下。

① 使用 TCD 的操作程序

a. 检查气密性。将载气钢瓶输出气压调到 0.3MPa 左右，堵住仪器排气口，缓慢开启载气稳压阀，这时载气流量计应无指示；若有指示，表示气路漏气，应找到漏气处加以

处理。

b. 调节载气流量。调节载气稳压阀和针形阀，使载气流量计指示实验所需的载气流量值。

c. 调控温度。开启电源开关，缓慢调节各温度调节旋钮，将汽化室、柱箱和检测器分别调控到指定的温度。

d. 调节热导电流和池平衡。将热导电桥电流调至设定值（150～250mA）。开启记录仪，反复调节"调零"和"池平衡"，直到记录仪基线稳定为止。

e. 进样。用注射器吸取一定量的试样，由进样口注入汽化室，记录仪画出试样的色谱图。

f. 关机。顺次关闭记录仪、检测器及各控温系统电源和总电源，待自然降温后再关闭载气稳压阀及钢瓶总阀。

② 使用 FID 的操作程序

a. 检查。调控载气流量和温度操作程序与使用 TCD 时的 a、b、c 操作相同。

b. 调节氢气和空气流量。开启氢气钢瓶和空气压缩机，用各自的调节阀门将氢气和空气流量调节到氢焰检测器所需要的流量值。

c. 点火。开启氢焰检测器和记录仪电源，按下"点火"开关，如记录仪指针显著离开原来的位置，表示火已点燃。点火后用"基始电流补偿"将记录笔调回指定位置。

d. 进样。进样方法与使用 TCD 时相同，只是进样量较少。

e. 关机。首先关断氢气和空气，使火焰熄灭。再按使用 TCD 时同样的步骤，关闭电源和载气钢瓶。

（3）操作条件的选择

① 柱长　增加色谱柱长，有利于分离，但也延长了组分流出时间。在满足分离要求的前提下，应使用尽可能短的柱子。一般填充柱柱长为 1～5m。

② 载气及流速　选用哪种气体作载气，与所采用的检测器有关。一般热导检测器用氢气作载气，氢焰检测器用氮气作载气。

载气流速对柱效率影响很大。提高流速可减小样品分子的自身扩散，提高柱效率，但流速增大，加剧了分配过程不平衡引起的谱峰展宽，又对分离不利。一般通过试验求出最佳流速。

③ 柱温　在气液色谱中，柱温不能高于固定液的最高使用温度。柱温对分离效果影响很大。降低柱温有利于分离，但柱温过低导致峰形展宽，延长分析时间。一般气态样品，柱温可选在 50℃左右；液态样品，柱温可选在低于或接近样品组分的平均沸点。

④ 进样条件　进样条件包括汽化温度、进样量和进样技术。进样后要有足够的汽化温度，使液态样品迅速完全汽化并随载气进入色谱柱。一般选择汽化温度比柱温高 30～70℃。

进样量与仪器性能有关。一般液态样品进样 0.1～5μL，气态样品进样 0.1～10mL。

5.7.1.3　定性与定量分析

（1）色谱图及有关术语　气相色谱记录仪描绘的峰形曲线称为色谱图。图 5-26 是一个典型的二组分试样的气液色谱图，现以这个色谱图为例说明有关术语。

① 基线　没有样品组分进入检测器时记录仪画出的线就是基线，稳定的基线是一条平行于时间坐标轴的直线。

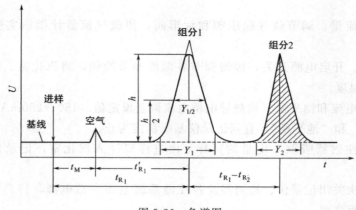

图 5-26　色谱图

② 保留时间（t_R）　被测组分从进样开始到检测器出现其浓度最大值所需的时间。

③ 死时间（t_M）　不与固定相作用的组分（如空气）的保留时间。

④ 调整保留时间（t'_R）　扣除死时间后的保留时间，即

$$t'_R = t_R - t_M \tag{5-22}$$

⑤ 相对保留值（$\gamma_{1,2}$）　组分 1 和组分 2 调整保留时间之比。

⑥ 峰高（h）　色谱峰的最高点到基线的距离。

⑦ 峰底宽度（Y）　又叫基线宽度。指通过色谱峰两侧的拐点所做切线在基线上截距。

⑧ 半峰宽（$Y_{1/2}$）　指 1/2 峰高处色谱峰的宽度。

⑨ 峰面积（A）　某组分色谱图与基线延长线之间所围成的面积。图 5-26 中画斜线的区域即为组分 2 的峰面积。

（2）定性分析　在一定的色谱条件下，每种物质都有各自确定的保留值。可以通过比较未知物与纯物质保留值是否相同来进行定性分析。

（3）定量分析　在仪器操作条件一定时，被测组分的进样量与它的色谱峰面积成正比，即

$$m_i = f_i A_i \tag{5-23}$$

式中　m_i——组分 i 的质量；

　　　f_i——组分 i 的绝对校正因子；

　　　A_i——组分 i 的峰面积。

由式（5-23）可知，色谱定量分析关系三个问题：测量峰面积；确定校正因子；用合适的定量计算方法，将色谱峰面积换算为试样中组分的含量。

当色谱峰形对称时，可用峰高乘半峰宽法求出峰面积，即

$$A = hY_{1/2} \tag{5-24}$$

当操作条件稳定不变时，在一定进样量范围内，对称峰的半峰宽不变。这种情况下可用峰高代替峰面积进行定量分析。

绝对校正因子 f_i 表示单位峰面积所代表的组分 i 的进样量。在相对测量中，还经常使用相对校正因子数据（f'_i）。相对校正因子 f'_i 是某组分的绝对校正因子 f_i 与一种基准物的绝对校正因子 f_s 之比值。

相对校正因子可在有关手册中查到，也可通过实验测得。

下面介绍几种常用的定量分析方法。

① 归一化法 把所有出峰组分的质量分数之和按 1.00 计的定量方法称为归一化法。其计算式如下：

$$w_i = \frac{m_i}{m_1 + m_2 + \cdots + m_n} = \frac{f'_i A_i}{f'_1 A_1 + f'_2 A_2 + \cdots + f'_n A_n} \tag{5-25}$$

式中　　　　　　　w_i——试样中组分 i 的质量分数；

m_1，m_2，$\cdots$，m_n——各组分的质量；

A_1，A_2，$\cdots$，A_n——各组分的峰面积；

f'_1，f'_2，$\cdots$，f'_n——各组分的相对校正因子；

m_i，A_i，f'_i——试样中组分 i 的质量、峰面积和相对校正因子。

归一化法简便、准确。进样量和操作条件变化时，对分析结果影响小。但要求试样中所有组分都必须流出色谱柱，并在记录仪上单独出峰。

② 内标法 当只要求测定试样中某几个组分，或试样中所有组分不能全部出峰时，可采用内标法定量。将已知量的内标物（试样中没有的一种纯物质）加入到试样中，进样出峰后根据待测组分和内标物的峰面积及相对校正因子计算待测组分的含量。

设 m 为称取试样的质量；m_s 为加入内标物的质量；A_i、A_s 分别为待测组分和内标物的峰面积；f_i、f_s 分别为待测组分和内标物的校正因子。

则

$$\frac{m_i}{m_s} = \frac{f_i A_i}{f_s A_s}$$

$$w_i = \frac{m_i}{m} = f'_{i/s} \frac{A_i m_s}{A_s m} \tag{5-26}$$

内标法定量准确，不像归一化法有使用上的限制。但需要称量试样和内标物的质量，不适合于快速控制分析。

③ 外标法 所谓外标法就是标准曲线法。利用待测组分的纯物质配成不同含量的标准样，分别取一定体积的标准样进样分析，测绘峰面积对含量的标准曲线。分析试样时，在同样条件下注入相同体积的试样，根据待测组分的峰面积，从标准曲线上查出其含量。

当被测组分的含量变化范围不大时，也可采用单点校正法。即配制一个和被测组分含量接近的标准样，分别准确进样，根据所得峰面积直接计算被测组分的含量。

$$w_i = \frac{A_i}{A'_i} w'_i \tag{5-27}$$

式中　w_i，w'_i——试样和标样中被测组分的含量；

A_i，A'_i——试样和标样中被测组分的峰面积。

外标法操作和计算都很简便，适用于生产控制分析。但要求操作条件稳定，进样量准确。

5.7.2　液相色谱法

液相色谱法是以液体作为流动相的柱色谱技术。现代液相色谱由于采用颗粒精细的高效固定相，以高压泵输送流动相，配备高灵敏度检测器，具有高速、高效、高灵敏度等分析特点，因此称为高效液相色谱法。与气相色谱法相比，高效液相色谱法的应用范围更加广泛，不仅适用于一般混合物的分离和分析，还可用于沸点较高、热稳定性差以及相对分子质量较大的物质（如高分子聚合体、生物分子及天然产物等）的分离与分析。

5.7.2.1　方法原理

按照试样在两相间的分离机理不同，液相色谱可分为液-固吸附、液-液分配、离子交换以及凝胶渗透等多种方法。

（1）液-固吸附法　液-固吸附法的固定相为固体吸附剂，是根据其对被测各组分吸附能力的差异进行分离的。当流动相携带被测组分通过色谱柱时，由于吸附剂对被测各组分的吸附能力不同，它们在固定相中的保留时间也不同，吸附能力弱的先流出，吸附能力强的后流出。

常用的吸附剂有硅胶、氧化铝、分子筛、聚酰胺等。

（2）液-液分配法　液-液分配法以涂渍在载体上的固定液作固定相，是根据各组分在两相间的溶解度差异进行分离的。当流动相携带被测组分通过色谱柱时，由于被测各组分在两相间的溶解度不同，因此在固定相中的保留时间也不同，溶解度小的组分容易被流动相洗脱，先流出柱，溶解度大的组分不容易被流动相洗脱，后流出柱。

常用的固定液有聚乙二醇、正十八烷、异三十烷以及 β,β'-氧二丙腈等。载体可用硅藻土、硅胶等。

液-液分配法的流动相应选择与固定液的极性差别较大、互不混溶的液体。当流动相的极性小于固定相时，称为正相分配色谱法；当流动相的极性大于固定相时，称为反相分配色谱法。在正相分配色谱法中，非极性组分先洗脱，极性组分后洗脱。在反相分配色谱法中，洗脱的顺序与之相反。

（3）离子交换法　离子交换法以离子交换树脂作固定相，是根据各组分交换能力不同进行分离的。这一方法要求被测组分在流动相中能够解离成离子，当流动相携带被测组分通过色谱柱时，被测各组分离子与树脂离子亲和力弱的保留时间短，先流出柱，亲和力强的保留时间长，后流出柱。

常用的离子交换树脂有两种，一种是以硅胶为基质，表面涂渍离子交换树脂。另一种是以苯乙烯与二乙烯基苯的共聚物为基质的离子交换剂。

（4）凝胶渗透法　凝胶渗透法也叫体积排阻法，是以凝胶为固定相，根据被测组分分子体积不同进行分离的。凝胶具有一定大小的孔穴，当流动相携带被测组分通过色谱柱时，比孔穴尺寸大的分子由于不能进入孔穴而被排斥，随流动相流出色谱柱。比孔穴尺寸小的分子则渗入其中而完全不受排斥，所以最后流出。中等大小的分子则渗入较大的孔穴中，但受到较小孔穴的排斥。这样被测组分就按相对分子质量从高到低的顺序依次流出色谱柱。

常用的凝胶有软脂（如葡萄糖凝胶、琼脂糖凝胶）、半硬脂（如苯乙烯-二乙烯基苯交联共聚凝胶）和硬脂凝胶（如多孔硅胶、多孔玻珠）等三种。

5.7.2.2　仪器与操作

（1）仪器的组成　高效液相色谱仪的结构如图 5-27 所示。主要由贮液器、高压泵、梯度洗脱装置、进样器、色谱柱、检测器和数据处理系统（工作站）等组成。

常用的检测器有紫外-可见光检测器、折光检测器和电导检测器等。现代高效液相色谱仪普遍配有色谱工作站，由微机系统完成数据处理并打印分析结果。

贮液器中贮存的载液经过滤后，由高压泵输送到色谱柱入口（若采用梯度洗脱时则需用双泵系统来完成输送），样品由进样器注入载液系统，随载液一起进入色谱柱进行分离。分

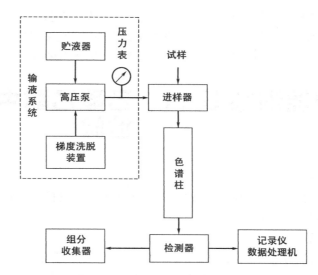

图 5-27　高效液相色谱仪的结构示意图

离后的组分经检测器检测，输出信号送至数据处理系统。如果需要，还可在色谱柱一侧出口收集各组分。

（2）仪器的操作　高效液相色谱仪的型号繁多，但操作规程大致相同，其基本操作步骤如下：

① 接通高压输液泵电源，用所选流动相以 1mL/min 的流速平衡；

② 接通紫外-可见光检测器电源，设定所选用的波长和程序，预热；

③ 接通智能型接口的电源；

④ 打开计算机，进入色谱工作站，设定一分析方法；

⑤ 在泵、检测器和接口都准备好的情况下，按检测器自动调零，进样。仪器自动采集数据，自动计算，并打印结果报告；

⑥ 清洗色谱柱与进样器后，依次关闭检测器、接口、计算机和泵。

5.7.2.3　定性与定量分析

（1）定性分析　高效液相色谱法常用标准样比较、检测器选择以及检测器扫描等方法进行定性分析。其中标准样比较法与气相色谱定性方法的原理相同，是利用保留值进行定性；检测器选择法是基于不同检测器对同一被测物的响应不同，而各检测器对被测物检测的灵敏度比值与被测物的性质有关，从而可对被测物进行定性；检测器扫描法是利用紫外检测器全波长扫描功能进行定性，因为全波长扫描紫外检测器可以根据被测物的紫外光谱图提供相关的定性信息。

（2）定量分析　高效液相色谱的定量方法与气相色谱类似，主要有归一化法、内标法和外标法。

？　思　考　题

(1) 气相色谱与液相色谱有哪些相同和不同之处？

(2) 解释下列术语：调整保留时间、相对保留值、半峰宽、峰高、峰面积。

(3) 气-液色谱法的固定相如何制备？

(4) 载气流速和柱温对气相色谱分离有什么影响，如何选择合适的载气流速和柱温？

(5) 高效液相色谱有哪些类型？各是根据什么原理对混合物进行分离的？

(6) 色谱法定量分析的基本依据是什么？如何求出试样中待测组分的含量？

技能训练 5-14 乙酸乙酯中微量水的检验

【目的要求】

(1) 掌握气相色谱仪使用热导检测器的操作及液体进样技术；

(2) 掌握内标法定量分析的原理和方法。

【实验原理】

用气相色谱法分析有机物中微量水，宜采用高分子微球（GDX）作为固定相，因为该多孔聚合物与羟基化合物的亲和力极小，且基本上按相对分子质量顺序出峰，相对分子质量较小的水分子在有机物之前流出，水峰陡而对称，便于测量。

本实验以 GDX-104 为固定相，以无水甲醇作内标物，使用热导检测器，按内标法定量分析乙酸乙酯中微量水。

【实验用品】

(1) 仪器　气相色谱仪（热导检测器）、秒表、色谱柱（不锈钢或玻璃，3mm×2m；GDX-104，60～80 目）、微量注射器（1μL）、带胶盖的小药瓶。

(2) 试剂　乙酸乙酯试样、无水甲醇（按照无水乙醇同样方法做脱水处理）、无水乙醇（在分析纯试剂无水乙醇中，加入于 500℃加热处理过的 5A 分子筛，密封放置一日，以除去试剂中的微量水分）。

【实验步骤】

(1) 开机设定操作条件　启动仪器，设定仪器操作条件为：柱温 100℃；汽化温度 120℃；检测器温度 180℃；载气（H_2）流速 30mL/min；桥电流 150mA。

(2) 峰高相对校正因子的测定

① 配制标准溶液　将带胶盖的小药瓶洗净、烘干、称量（称准至 0.0001g，下同）。加入蒸馏水和无水甲醇各约 0.1mL，分别称量。混匀。

② 进样测量　吸取 0.5μL 上述配制的标准溶液，进样，记录色谱图，测量水和甲醇的峰高。平行进样两次。

(3) 乙酸乙酯试样的测定

① 配制试样溶液　将带胶盖的小药瓶洗净、烘干、称量。加入 3mL 乙酸乙酯试样，称量；再加入适量体积的无水甲醇（视试样中水含量而定，应使甲醇峰高接近试样中水的峰高），称量。混匀。

② 进样测量　吸取 0.5μL 试样溶液进样，记录色谱图，测量水和甲醇的峰高。

③ 定性分析　在相同的操作条件下，依次在气相色谱仪上注进甲醇和乙醇纯品各 0.5μL，记录保留时间，与试样中各组分的保留时间一一对照定性。

④ 测量校正因子　在稳定的仪器操作条件下，注入标准混合样 1μL，记录色谱图。准确测量各组分的峰高、半峰宽，用以计算峰面积及相对校正因子。

⑤ **定量分析** 在相同的操作条件下，注入混合物试样 $0.1\mu L$，准确测量各组分峰面积。平行测定 2～3 次。

【数据记录与处理】

（1）记录数据 将实验中测得的有关数据填入事先列好的表格中。（水、甲醇的质量与峰高，试样乙酸乙酯的质量。）

（2）计算峰高相对校正因子 按下式计算峰高相对校正因子，并将计算结果填入表中。

$$f'_{\text{水/甲醇}}=\frac{m(\text{水})h(\text{甲醇})}{m(\text{甲醇})h(\text{水})}$$

式中　$m(\text{水})$、$m(\text{甲醇})$——水和甲醇的质量，g；

$h(\text{水})$、$h(\text{甲醇})$——水和甲醇的峰高，mm。

（3）计算试样中水的质量分数 按下式计算乙酸乙酯试样中水的质量分数，并将计算结果填入表中。

$$w(\text{水})=f'_{\text{水/甲醇}}\frac{h(\text{水})}{h(\text{甲醇})}\times\frac{m(\text{甲醇})}{m}$$

式中　$f'_{\text{水/甲醇}}$——水对甲醇的峰高相对校正因子；

m——乙酸乙酯试样的质量，g；

$m(\text{甲醇})$——加入甲醇的质量，g；

$h(\text{水})$，$h(\text{甲醇})$——水和甲醇的峰高，mm。

将实验数据及处理结果分别填入表 5-21～表 5-24 中。

表 5-21　实验操作条件

色谱柱规格		空气流速	
色谱柱材料		色谱柱温度	
固定液		汽化室温度	
载体及粒度		检测器温度	
载气流速		检测器灵敏度	
氢气流速		走纸速度	

表 5-22　定性分析

测定结果		t_R/s	t_M/s	t_R'/s	$r_{2,1}$	定性结论
试样	色谱峰 1					
	色谱峰 2					
	色谱峰 3					
	色谱峰 4					
纯物质	甲醇					—
	乙醇					—

表 5-23　相对校正因子的测算结果

测（算）结果		m/g	h/mm	$W_{1/2}/mm$	A/mm^2	f'_i
标准混合样	水					
	甲醇					
	试样					

表 5-24 定量分析结果填入下表

测(算)结果	f'_i	h/mm	$W_{1/2}/mm$	A/mm^2	质量分数
—					

实验指南

(1) 用微量注射器吸液时, 要防止气泡吸入。 首先将擦洗干净并用样品吸洗过的注射器插入样品液面下后, 反复提拉数次, 驱除气泡, 然后缓慢提升针芯到刻度。

(2) 进样与按下计时键要同步, 否则影响保留值的准确性。

? 思 考 题

(1) 观察色谱图中不同组分之间分离的差别, 试分析原因。

(2) 计算混合物中各组分的质量分数。

6

综合实验

知识目标

1. 熟练掌握物质的制备与提纯一般过程和方法
2. 熟练掌握常用物质的物理参数的测定技术
3. 熟练掌握定量分析技术和数据处理方法

技能目标

1. 能综合运用化学实验的各类基本操作技术，独立组装和操作各种化学实验装置
2. 能熟练使用常见的分析仪器和物理参数测量仪器
3. 能正确处理实验室常见事故
4. 能准确表达实验结果，规范完成实验报告

综合实验是化学化工类专业学生实验教学中的重要环节之一，是在四大化学基础知识学习已经基本结束，掌握了相关化学实验基础知识与基本操作技能的基础上设计的综合训练项目。其主要目的是通过实验的实际运行，让学生增进对学习基础实验的意义及其作用的了解，提高学生驾驭综合实验的能力，培养学生实验设计思路，并在此基础上扩大学生的视野，启迪学生的心智，激发学生的学习兴趣，为学生进行创新思维和创新实验打开一扇窗户，为学生后续进行专业实验和毕业设计奠定基础；同时培养学生科学严谨的实验态度和实验作风，养成学生优良的实验习惯，培养学生之间相互配合、相互探讨、共同完成实验的团队精神。

实验 6-1　从酸浆（红姑娘）宿萼中提取色素

【目的要求】

（1）熟悉从植物中提取天然色素的原理和方法；

（2）熟练掌握回流、蒸馏等操作技术；

（3）熟练使用分光光度计。

【实验原理】

红姑娘别名锦灯笼、挂金灯，为茄科植物，其学名为酸浆，是我国历史上特有的药、食两用保健型多年生草本野生水果。酸浆始载于《神农本草经》，名酸酱，列为中品。现代医学认为：酸浆能利咽化痰，可治肝炎、咽喉肿痛、肺热咳嗽等。经现代科学检测，酸浆含有丰富的酸浆醇 AB、酸浆果红素、生物碱、枸橼酸、胡萝卜素、酸浆果黄质等。

酸浆的宿萼含有酸浆苦素类化合物和黄酮类化合物，分别鉴定为酸浆苦素 D(Ⅰ)、酸浆苦素 L(Ⅱ)、酸浆苦素 O(Ⅲ)、4,7-二脱氢新酸浆苦素 B(Ⅳ)；木樨草素（Ⅴ）、商陆素（Ⅵ）、木樨草素-7,4'-二-O-β-D-葡萄糖苷（Ⅶ）。

本实验是从酸浆宿萼中提取色素。用丙酮做提取剂。该色素在不同食品添加剂条件下稳定性良好，色素有较明显的抑菌作用。

【实验用品】

（1）仪器　低沸易燃蒸馏装置、普通回流装置、圆底烧瓶(250mL、150mL)、温度计(100℃)、电炉与调压器、分光光度计、减压过滤装置、托盘天平、表面皿、小烧杯、容量瓶(50mL)、吸量管、水浴锅。

（2）试剂　酸浆宿萼、丙酮。

【实验步骤】

（1）提取　称取 15g 酸浆宿萼（已烘干、粉碎好），放入 250mL 圆底烧瓶中，加入 90mL 丙酮。安装球形冷凝管。用水浴加热回流 4h。水浴温度控制在 61～63℃。

（2）过滤　减压过滤，滤渣用少量丙酮洗涤两次。（抽滤瓶应洗净，擦干。）

（3）蒸馏　将滤液倒入 150mL 圆底烧瓶中，安装低沸易燃蒸馏装置。用水浴加热蒸馏，回收丙酮。当烧瓶内呈黑红色油状时，即得色素，仔细观察，小心蒸馏（不可蒸得过干！）。

（4）溶解、分析　取出色素于表面皿，称量。取 0.1g 于小烧杯，用 10mL 丙酮溶解，从中取 1mL 于 50mL 容量瓶，用丙酮稀释至刻度。在分光光度计上测量最大吸收波长。

实验指南

（1）丙酮易燃、易挥发，使用时注意防火，回流时严格控制温度。

（2）回收的丙酮统一放在丙酮回收瓶中。

思 考 题

（1）蒸馏回收溶剂后，为什么不能蒸得太干？

（2）请查资料，看看还有哪些天然产物可以提取食用色素？

实验 6-2　鸡蛋壳中钙含量的测定

【实验目的】

（1）了解从鸡蛋壳中得到 Ca^{2+} 的方法；

(2) 掌握 EDTA 溶液的标定方法和操作条件及其滴定 Ca^{2+} 的原理及方法；

(3) 学会原子吸收分光光度计的使用。

【实验原理】

(1) EDTA 标定原理　以氧化锌为基准物标定 EDTA 的条件是用二甲酚橙作指示剂，在 pH＝5～6 的六亚甲基四胺为缓冲溶液中进行。在此条件下，二甲酚橙呈黄色，它与 Zn^{2+} 的配合物呈紫红色，因为 EDTA 与 Zn^{2+} 形成的配合物更稳定，当用 EDTA 标准溶液滴定锌离子达到计量点时，二甲酚橙被置换出，溶液由紫色变为黄色，即为终点。

(2) EDTA 滴定原理　在 pH＞12.5 时，Mg^{2+} 生成 $Mg(OH)_2$ 沉淀，在用沉淀掩蔽镁离子后，用 EDTA 单独滴定 Ca^{2+}。钙指示剂与 Ca^{2+} 显红色，灵敏度高，在 pH＝12～13 滴定钙离子，终点呈指示剂自身的蓝色。

(3) 原子吸收分光光度法测定钙离子原理　原子吸收分光光度法是由待测元素空心阴极灯发射出一定强度和一定波长的特征谱线的光。当它通过含有待测元素基态原子蒸气的火焰时，部分特征谱线的光被吸收，而未被吸收的光经单色器，照射至光电检测器上，通过检测得到特征谱线光强被吸收的大小，即可得到试样中待测元素的含量。

首先配制一系列标准溶液用原子吸收分光光度计测定各标准溶液的吸光度（A），得到 A-c 的标准曲线，然后测定试液的吸光度，通过 A-c 曲线得到待测组分的含量。

【实验用品】

(1) 仪器　马弗炉、烧杯（250mL、150mL）、容量瓶（250mL）、试剂瓶（500mL）、碱式滴定管、移液管（25mL）、玻璃棒、锥形瓶（250mL）、容量瓶（25mL，6 个）、原子吸收光谱仪、吸量管（10mL）、钙空心阴极灯、乙炔钢瓶、空气压缩机。

(2) 试剂　鸡蛋壳、HCl（6mol/L）、乙二胺四乙酸二钠、ZnO（A.R.）、二甲酚橙（0.5%）、六亚甲基四胺（20%）、钙指示剂、钙标准溶液（100μg/mL）。

(3) 其他　pH 试纸。

【实验步骤】

方法 1　EDTA 滴定法

(1) 鸡蛋壳的溶解　取一只鸡蛋壳洗净取出内膜，烘干（800℃马弗炉），研碎称量其质量，然后将其放入小烧杯中，加入 10mL 6mol/L 的 HCl，微火加热将其溶解，然后将小烧杯中的溶液定量转移到 250mL 容量瓶中，定容摇匀。

(2) EDTA 标准溶液的标定

① 浓度为 0.01mol/L 的 EDTA 标准溶液的配制　称取 EDTA 二钠盐 1.9g，溶解于 150～200mL 温热的去离子水中，冷却后加入到试剂瓶中，稀释到 500mL，摇匀。

② 锌标准溶液的配制准确称取 0.2g 的分析纯 ZnO 固体试剂，置于 100mL 小烧杯中，先用少量去离子水润湿，然后加 2mL 6mol/L 的 HCl 溶液，用玻璃棒轻轻搅拌使其溶解。将溶液定量转移到 250mL 容量瓶中，用去离子水稀释到刻线，摇匀。根据称取的 ZnO 质量计算出 Zn^{2+} 标准溶液的浓度。

③ EDTA 标准溶液的标定　用移液管吸取 25.00mL Zn^{2+} 标准溶液，于 250mL 小烧杯中，加入 1～2 滴 0.5% 的二甲酚橙指示剂，滴加 20% 六亚甲基四胺溶液至溶液呈稳定的紫红色后再加 2mL；然后用 $c(EDTA)＝0.01mol/L$ 的 EDTA 标准溶液滴定至溶液由紫红色变为亮黄色即为终点，并记录所消耗的 EDTA 溶液体积。

按照以上方法重复滴定 3 次，要求极差小于 0.05mL，根据标定时消耗的 EDTA 溶液的体积计算它的准确浓度。

(3) Ca^{2+} 的滴定　用移液管移取 25.00mL 待测溶液于锥形瓶中，调节溶液 pH＞12.5，充分摇匀，加入 5 滴钙指示剂，用 EDTA 标准溶液滴定至溶液由酒红色变为纯蓝色为终点，重复滴定 3 次，记录消耗 EDTA 溶液的体积。

方法 2　原子吸收分光光度法测定钙含量

（1）配制钙标准溶液系列　准确移取 2.00mL、4.00mL、6.00mL、8.00mL、10.00mL 钙标准使用液，分别置于 25mL 容量瓶中，用去离子水稀释到刻线，摇匀备用。

（2）配制试样溶液　从盛有试样溶液的 250mL 容量瓶中准确移取 5.00mL 的钙离子溶液于 25mL 容量瓶中，用水稀释至刻度摇匀备用。

（3）用原子吸收分光光度计测量　通过钙标准工作曲线求得试样中钙含量。

实验指南

（1）使用马弗炉时注意安全，取放样品应戴防护手套。
（2）蛋壳灼烧后应为均匀的白色粉末，如有黑色应重新灼烧。
（3）在使用原子吸收分光光度计时，为确保安全，使用燃气和助燃气应严格按操作规程进行。

？思考题

(1) 本实验除了用氧化锌做标定 EDTA 的基准物外，还可以使用哪些物质作为它的基准物？
(2) 写出配位滴定法测定丙酸钙含量的计算公式。
(3) 滴定 Ca^{2+} 时为什么控制试样溶液的 pH > 12.5？

实验 6-3　茶叶中微量元素的制备与检验

【实验目的】
（1）学习定性鉴定茶叶中 Fe、Al、Ca、Mg 的基本方法；
（2）掌握测定茶叶中钙、镁含量的原理和方法；
（3）掌握茶叶中微量铁的测定原理和方法。

【实验原理】
茶叶主要有 C、H、N 和 O 等元素组成，并含有 Fe、Al、Ca、Mg 等微量元素。将茶叶灰化后，经酸溶解，对茶叶中的 Fe、Al、Ca、Mg 等微量元素进行定性鉴定，对 Fe、Al、Ca、Mg 等微量元素进行定量分析。Fe、Al、Ca、Mg 等微量元素定性鉴定反应式如下：

$$Fe^{3+} + nKSCN（饱和）\xlongequal{\quad\quad} [Fe(SCN)_n]^{3-n}（血红色）+ nK^+$$

$$Al^{3+} + 铝试剂 + OH^- \xlongequal{\quad\quad} 红色絮状沉淀$$

$$Mg^{2+} + 镁试剂 + OH^- \xlongequal{\quad\quad} 天蓝色沉淀$$

$$Ca^{2+} + C_2O_4^{2-} \xrightarrow{HAc介质} CaC_2O_4（白色沉淀）$$

钙、镁总量的定量分析，可采用配合滴定法测定，即以 EDTA 为标准溶液，铬黑 T 为指示剂，反应式如下：

$$Ca^{2+} + Y^{4-} \xlongequal{\quad\quad} CaY^{2-}$$

$$Mg^{2+} + Y^{4-} \xlongequal{\quad\quad} MgY^{2-}$$

Fe^{3+}、Al^{3+} 的存在会干扰 Ca^{2+}、Mg^{2+} 的测定，分析时可用三乙醇胺掩蔽 Fe^{3+} 与 Al^{3+}。

微量铁的定量分析，可采用分光光度法测定。即 Fe^{2+} 与邻菲罗啉能生成稳定的橙红色的螯合物，反应式如下：

$$2Fe^{3+} + C_6H_8O_6 = 2Fe^{2+} + C_6H_6O_6 + 2H^+$$

$$Fe^{2+} + 3 \quad \cdots \quad = \left[\left(\cdots \right)_3 Fe \right]^{2+}$$

【实验用品】

（1）仪器　722 型分光光度计、研钵、蒸发皿、烧杯、托盘天平、分析天平、中速定量滤纸、长颈漏斗、滴管、试管、容量瓶（50mL、100mL）、锥形瓶（250mL）、酸式滴定管（50mL）、比色皿、移液管（10mL、5mL）。

（2）药品　铬黑 T（1%）、HCl（3mol/L）、HAc（2mol/L）、NaOH（6mol/L）、$(NH_4)_2C_2O_4$（0.25mol/L）、EDTA（0.01mol/L，自配并标定）、$NH_3 \cdot H_2O$（3mol/L）、KSCN 溶液（饱和）、铁标准溶液（0.010mg/L）、铝试剂、镁试剂三乙醇胺水溶液（25%）、$NH_3(H_2O) \cdot NH_4Cl$ 缓冲溶液（pH=10）、HAc-NaAc 缓冲溶液（pH=4.6）、邻菲罗啉水溶液（0.1%）、盐酸羟胺水溶液（1%）。

【实验步骤】

（1）茶叶的灰化　将茶叶在 100℃烘干，冷却后称取 5g 在研钵中捣成细末，然后准确称取 4g 左右的茶叶末倒入蒸发皿中。加热蒸发皿使茶叶中的有机物充分氧化分解，完全灰化。

（2）待测 Fe、Al、Ca、Mg 溶液的制备　待茶叶灰分冷却后，加 3mol/L HCl 10mL 于蒸发皿中，不断搅拌使灰分溶解，如果溶解速度较慢则可稍微加热，然后将溶液完全转移到 100mL 烧杯中，加水 20mL，再加 3mol/L $NH_3 \cdot H_2O$ 调节 pH 为 6～7，置于 100℃水浴上加热 30min，过滤，然后洗涤烧杯和滤纸。滤液直接用 100mL 容量瓶盛接，并稀释至刻度，摇匀，此为 Ca^{2+}、Mg^{2+} 待测溶液。

另取一只 100mL 容量瓶于长颈漏斗下，用 3mol/L HCl 10mL 重新溶解滤纸上的沉淀，并少量多次地洗涤沉淀。完毕后，稀释容量瓶中的滤液至刻度线，摇匀，此为 Fe^{3+}、Al^{3+} 待测溶液。

（3）Fe、Al、Ca、Mg 元素的鉴定

① 取 1mL Ca^{2+}、Mg^{2+} 待测溶液置于 5mL 试管中，然后加镁试剂 2～3 滴，再加 6mol/L NaOH 1～2 滴使溶液碱化，观察现象，记录并进行分析。

② 取 1mL Ca^{2+}、Mg^{2+} 待测溶液置于 5mL 试管中，加入 2mol/L HAc 2～3 滴使溶液酸化，再加 2 滴 0.25mol/L $(NH_4)_2C_2O_4$，观察实验现象，记录并进行分析。

③ 取 1mL Fe^{3+}、Al^{3+} 待测溶液置于 5mL 试管中，然后加饱和 KSCN 溶液 2～3 滴，观察实验现象，记录并进行分析。

④ 取 10mL Fe^{3+}、Al^{3+} 待测溶液置于 20mL 试管中，加 6mol/L NaOH 至白色沉淀出现，继续加入 6mol/L NaOH 直至白色沉淀溶解，离心分离，然后取上层清液于另一试管中，加 2mol/L HAc 酸化，使 pH 为 5～6，加铝试剂 6～8 滴，放置 5min 后，加 3mol/L $NH_3 \cdot H_2O$ 碱化，使 pH 在 8 左右，观察实验现象，记录并进行分析。

（4）茶叶中 Ca、Mg 总量的测定　准确吸取 Ca^{2+}、Mg^{2+} 待测溶液 25mL 置于 250mL 锥形瓶中，加入三乙醇胺 5mL。然后加入 $NH_3(H_2O) \cdot NH_4Cl$ 缓冲溶液约 10mL，使 pH

为 8~9，再加入约 0.01g 盐酸羟胺，最后加入铬黑 T 指示剂 4~5 滴，用 0.01mol/LEDTA 标准溶液滴定至溶液由紫红色变为纯蓝色，根据 EDTA 的消耗量，计算茶叶中 Ca、Mg 总量。

(5) 茶叶中微量铁含量的测定

① 邻菲罗啉亚铁最大吸收波长的确定　用移液管吸取铁标准溶液 0mL、2.0mL、4.0mL 分别加入 50mL 容量瓶中，各加入 5mL 盐酸羟胺溶液，摇匀，再加入 5.0mL pH=4.6 的 HAc-NaAc 缓冲溶液和 5mL 邻菲罗啉溶液，用蒸馏水稀释至刻度，摇匀。放置 10min，用 1cm 的比色皿，以试剂空白作为参比溶液，用 722 型分光光度计，从波长 440~540nm 间，每隔 20nm 测一次吸光度，在最大吸收峰附近，每隔 10nm 测一次吸光度，以波长为横坐标，吸光度为纵坐标，绘制邻菲罗啉亚铁的吸收曲线，确定最大吸收波长，并以此作测定波长。

② 确定邻菲罗啉亚铁的标准曲线　用移液管分别吸取铁标准溶液 0mL、1.0mL、2.0mL、4.0mL、6.0mL、8.0mL、10.0mL、12.0mL 于 8 个 50mL 容量瓶中，分别加入 5.0mL 盐酸羟胺、5.0mL HAc-NaAc 缓冲溶液、5.0mL 邻菲罗啉溶液，用蒸馏水稀释至刻度，摇匀。放置 10min，用 1cm 的比色皿，以试剂空白作为参比溶液，在所选择的波长下，测定各溶液的吸光度。以含铁量为横坐标，吸光度为纵坐标，绘制邻菲罗啉亚铁的标准曲线。

③ 茶叶中铁含量的测定　用移液管吸取 Fe^{3+}、Al^{3+} 待测溶液 5.0mL 于 50mL 容量瓶中，依次加入 5.0mL 盐酸羟胺、5.0mL HAc-NaAc 缓冲溶液、5.0mL 邻菲罗啉溶液，用蒸馏水稀释至刻度，摇匀。放置 10min，用 1cm 的比色皿，以试剂空白作为参比溶液，在同一波长下测定吸光度，并从标准曲线上查出和计算 50mL 容量瓶中铁的含量，并换算出茶叶中铁的含量。

【数据处理与记录】

(1) Fe、Al、Ca、Mg 元素的鉴定　结果列于表 6-1 中。

表 6-1　鉴定茶叶中 Fe、Al、Ca、Mg 元素现象和结果分析

加入的主要试剂	镁试剂	草酸铵	硫氰酸钾	铝试剂
主要现象				
实验结果分析				

(2) 茶叶中 Ca、Mg 总量的测定　结果列于表 6-2 中。

表 6-2　茶叶中 Ca、Mg 总量的测定结果

试样	EDTA 初读数/mL	EDTA 终点读数/mL	EDTA 消耗量/mL	$c(Ca^{2+}+Mg^{2+})$
样品 1				
样品 2				

(3) 绘制邻菲罗啉亚铁吸收曲线　结果列于表 6-3 中。

表 6-3　邻菲罗啉亚铁吸收曲线和吸光度的关系

4.0mL 铁标液	波长/nm							
	440	460	480	490	500	510	520	540
吸光度								

(4) 绘制邻菲罗啉亚铁标准曲线和茶叶中铁的含量测定　结果列于表 6-4 中。

表 6-4 邻菲罗啉亚铁含量和吸光度的关系

铁标液加入量/mL	0	1.0	2.0	4.0	6.0	8.0	10.0	12.0	样品
吸光度 A									

实验指南

(1) 茶叶灰化应彻底，如果发现有未灰化物，应将未灰化的重新灰化。
(2) 铁铝混合液中 Fe^{3+} 对 Al^{3+} 的鉴定有干扰，必须将 Fe^{3+} 去除以消除干扰。
(3) 钙镁混合液中，Ca^{2+} 和 Mg^{2+} 的鉴定互不干扰，可直接鉴定。
(4) 测定钙、镁总量时加入盐酸羟胺掩蔽 Mn^{2+} 以免干扰钙、镁总量的测定。

⁇ 思 考 题

(1) 如何根据吸收曲线选择测定波长？
(2) 写出茶叶中微量元素测定的表达式。
(3) 影响实验测定结果准确性的因素有哪些？

实验 6-4 蛋黄卵磷脂的提取及含量测定

【实验目的】
(1) 掌握蛋黄卵磷脂的提取方法；
(2) 掌握高效液相色谱法的梯度洗脱技术。

【实验原理】
卵磷脂是一种极性和非极性脂类的混合物，其中包括磷脂酰胆碱（PC）、磷脂酰乙醇胺（PE）、磷脂酰肌醇（PI）、磷脂酰丝氨酸（PS）等磷脂和甘油三酯的混合脂类。市售的卵磷脂即是广义的卵磷脂。从蛋黄中可提取卵磷脂。每个鸡蛋中脂类大约占 32%，其中含有的磷脂酰胆碱含量较高，可作为药品和保健品的有效生理物质。本实验利用氯仿和乙醇混合溶剂提取卵磷脂。采用高效液相色谱法进行检测。

【实验用品】
(1) 仪器 三口烧瓶、抽滤装置、烧杯、分液漏斗、电动搅拌器、球形冷凝管、温度计、减压蒸馏装置、高效液相色谱仪、真空干燥箱。
(2) 试剂 氯仿、乙醇、丙酮、乙醚、NaCl（10%）、无水 Na_2SO_4、HPLC 级纯庚烷、HPLC 级纯异丙烷、参比磷脂、纯水、新鲜熟鸡蛋。
(3) 其他 滤纸。

【实验步骤】
(1) 蛋黄卵磷脂的提取 取新鲜的熟鸡蛋一个，完整地取出蛋黄，置于装有搅拌器、球形冷凝管和温度计的 100mL 三口烧瓶中。加入 20mL 混合溶剂（氯仿∶乙醇＝1∶3），控制三口烧瓶内温度为 35～40℃，搅拌 30min。抽滤，滤饼在同样条件下再提取一次。滤液转入分液漏斗，以 5mL 氯仿清洗抽滤瓶后一并加入分液漏斗中，加入 40mL 10%氯化钠溶液洗涤。分出氯仿层，用无水硫酸钠干燥。干燥后的氯仿层减压蒸馏近干，加入 10mL 丙酮，搅拌，冰水冷却后分离沉淀物。用尽可能少的乙醚溶解沉淀物，转入 100mL 烧杯，用 1mL 乙醚清洗烧瓶后也转入烧杯。在搅拌下缓缓加入 10mL 丙酮，冰水冷却后倾去丙酮层，在真空干燥箱中，使固体产物挥发掉残留溶剂后称重，得到白色或浅黄色蜡状卵磷脂产品。

（2）液相色谱法测定所提取蛋黄卵磷脂含量　将得到的卵磷脂与参比磷脂分别用洗脱液 B 溶解并配成 4mg/mL 溶液，在 Alltech Altima 硅胶色谱柱上进行高效液相色谱分析，采用外标法定量。色谱条件如下：

HPLC 梯度洗脱泵，流量 1.0mL/min 的溶液；

洗脱液 A　庚烷/异丙烷＝86/144（体积比）；

洗脱液 B（见表 6-5）　庚烷/异丙烷/水＝31/62/12（体积比）；

表 6-5　洗脱液 B 含量

t/min	0	3	6	15	17	30
B 含量/%	35	50	100	100	35	35

色谱柱，美国 Alltech Altima 硅胶柱（5μm，250mm×4.6mm）；

检测器，美国 Altima 500 型 Elsd 质量检测器；

蒸发器设定，大约 80℃；

氮气流量，3L/min（标准）；

进样阀，美国 Alltech7725i 20μL。

实验指南

（1）提高提取温度有利于提高产率，但卵磷脂中常含有不饱和脂肪酸，易氧化，使颜色变深，故需严格控制提取温度在 45℃ 以下，同时最好通氮气保护。

（2）使用丙酮、乙醚，室内应严格避免明火，并有良好的通风条件。

（3）如果色谱峰间的 R_s 小于 1.5，需调整洗脱梯度。

？ 思 考 题

(1) 单一溶剂在蛋黄卵磷脂中的缺陷是什么？

(2) 可以用什么方法鉴别卵磷脂？

(3) 写出外标法分析磷脂各组分含量的计算公式。

实验 6-5　三草酸合铁（Ⅲ）酸钾的制备和组成测定

【目的要求】

（1）掌握合成 $K_3Fe[(C_2O_4)_3] \cdot 3H_2O$ 的基本原理和操作技术；

（2）了解铁（Ⅲ）和铁（Ⅱ）化合物性质；

（3）掌握容量分析仪器的基本操作；

（4）掌握水溶液中制备无机物的一般方法；

（5）熟悉溶解、沉淀和沉淀洗涤、过滤、蒸发浓缩、结晶等基本操作。

【实验原理】

三草酸合铁（Ⅲ）酸钾，即 $K_3Fe[(C_2O_4)_3]$，为翠绿色单斜晶体，溶于水，难溶于乙醇；110℃下失去三分子结晶水，230℃时分解。该配合物对光敏感，光照下即发生分解。三草酸合铁（Ⅲ）酸钾是制备负载型活性铁催化剂的主要原料，也是一些有机反应很好的催化剂。

本实验以硫酸亚铁铵为原料，与草酸在酸性溶液中先制得草酸亚铁沉淀，然后再用草酸亚铁在草酸钾和草酸的存下，以过氧化氢为氧化剂，得到铁（Ⅲ）草酸配合物。主要反应为：

$$(NH_4)_2Fe(SO_4)_2 + H_2C_2O_4 + 2H_2O = FeC_2O_4 \cdot 2H_2O\downarrow + (NH_4)_2SO_4 + H_2SO_4$$

$$2FeC_2O_4 \cdot 2H_2O + H_2O_2 + 3K_2C_2O_4 + H_2C_2O_4 = 2K_3[Fe(C_2O_4)_3] \cdot 3H_2O$$

改变溶剂极性并加少量盐析剂，可析出绿色单斜晶体纯的三草酸合铁（Ⅲ）酸钾，通过化学分析确定配离子的组成。用 $KMnO_4$ 标准溶液在酸性介质中滴定测得草酸根的含量。Fe^{3+} 含量可先用过量锌粉将其还原为 Fe^{2+}，然后再用 $KMnO_4$ 标准溶液滴定而测得，其反应式为：

$$5C_2O_4^{2-} + 2MnO_4^- + 16H^+ = 10CO_2\uparrow + 2Mn^{2+} + 8H_2O$$

$$5Fe^{2+} + MnO_4^- + 8H^+ = 5Fe^{3+} + Mn^{2+} + 4H_2O$$

根据 $KMnO_4$ 标准溶液的消耗量，可计算出 Fe^{3+} 的质量分数。

根据 $n(Fe^{3+}) : n(C_2O_4^{2-}) = [w(Fe^{3+})/55.8] : [w(C_2O_4^{2-})/88.0]$ 可确定 Fe^{3+} 与 $C_2O_4^{2-}$ 的配位比。

【实验用品】

（1）仪器 锥形瓶（250mL）、容量瓶（100mL，50mL）、烧杯（250mL、100mL）、移液管（25mL）、托盘天平、分析天平、抽滤装置、电炉、酸式滴定管（50mL）、量筒（100mL，10mL）、玻璃棒、称量瓶、干燥器、表面皿。

（2）试剂 $(NH_4)_2Fe(SO_4)_2 \cdot 6H_2O$、$H_2SO_4$（3mol/L、1mol/L）、$H_2C_2O_4$（饱和）、$K_2C_2O_4$（饱和）、KCl（A.R.）、$KNO_3$（300g/L）、乙醇（95%）、乙醇-丙酮混合液（1：1）、H_2O_2（3%）、$KMnO_4$ 溶液、（0.01mol/L）、$Na_2C_2O_4$、锌粉。

（3）其他 滤纸

【实验步骤】

（1）草酸亚铁的制备 称取 5g 硫酸亚铁铵固体放在 250mL 烧杯中，然后加 15mL 蒸馏水和 5～6 滴 1mol/L H_2SO_4，加热溶解后，再加入 25mL 饱和草酸溶液，加热搅拌至沸[1]，然后迅速搅拌片刻，防止飞溅。停止加热，静置。待黄色晶体 $FeC_2O_4 \cdot 2H_2O$ 沉淀后倾析，弃去上层清液，加入 20mL 蒸馏水洗涤晶体，搅拌并温热，静置，弃去上层清液，即得黄色晶体草酸亚铁。

（2）三草酸合铁（Ⅲ）酸钾的制备 向草酸亚铁沉淀中，加入饱和 $K_2C_2O_4$ 溶液 10mL，水浴加热至 40℃[2]，恒温下慢慢滴加 3% 的 H_2O_2 溶液 20mL[3]，沉淀转为深棕色。边加边搅拌，加完后将溶液加热至沸，然后加入 20mL 饱和草酸溶液，沉淀立即溶解，溶液转为绿色。趁热抽滤[4]，滤液转入 100mL 烧杯中，加入 95% 的乙醇 25mL，混匀后冷却，可以看到烧杯底部有晶体析出。为了加快结晶速度，可往其中滴加几滴 KNO_3 溶液。晶体完全析出后，抽滤，用乙醇-丙酮的混合液 10mL 淋洗滤饼，抽干混合液。固体产品置于一表面皿上，置暗处晾干。称重，计算产率。

（3）三草酸合铁（Ⅲ）酸钾组成的测定

① $KMnO_4$ 溶液的标定　准确称取 $0.13\sim0.17gNa_2C_2O_4$ 三份，分别置于 250mL 锥形瓶中，加水 50mL 使其溶解，加入 10mL 3mol/L H_2SO_4 溶液，在水浴上加热到 $75\sim85℃$，趁热用待标定的 $KMnO_4$ 溶液滴定，开始时滴定速度应慢，待溶液中产生了 Mn^{2+} 后，滴定速度可适当加快，但仍须逐滴加入，滴定至溶液呈现微红色并持续 30s 内不褪色即为终点。根据每份滴定中 $Na_2C_2O_4$ 的质量和消耗的 $KMnO_4$ 溶液体积，计算出 $KMnO_4$ 溶液的浓度。

② 草酸根含量的测定　把制得的 $K_3[Fe(C_2O_4)_3]\cdot3H_2O$ 在 $50\sim60℃$ 于恒温干燥箱中干燥 1h，在干燥器中冷却至室温，精确称取样品约 $0.2\sim0.3g$ 于 250mL 锥形瓶中，加入 25mL 水和 5mL 1mol/L H_2SO_4，用 0.02000mol/L $KMnO_4$ 标准溶液滴定。滴定时先滴入 8mL 左右的 $KMnO$ 标准 4 标准溶液，然后加热到 $70\sim85℃$（不高于 85℃）直至紫红色消失。再用 $KMnO_4$ 滴定热溶液，直至微红色在 30s 内不消失。记下消耗 $KMnO_4$ 标准溶液的总体积，计算 $K_3[Fe(C_2O_4)_3]\cdot3H_2O$ 中草酸根的质量分数，并换算成物质的量。滴定后的溶液保留待用。

③ 铁含量测定　在上述滴定过草酸根的保留溶液中加锌粉还原，至黄色消失。加热 3min，使 Fe^{3+} 完全转变为 Fe^{2+}，抽滤，用温水洗涤沉淀。滤液转入 250mL 锥形瓶中，再利用 $KMnO_4$ 溶液滴定至微红色，计算 $K_3[Fe(C_2O_4)_3]\cdot3H_2O$ 中铁的质量分数，并换算成物质的量。

结论：在 1mol 产品中含 $C_2O_4^{2-}$ _____ mol，Fe^{3+} _____ mol，该物质的化学式为_____。

④ 结晶水的质量分数的测定　洗净两个称量瓶，在 110℃ 电烘箱中干燥 1h，置于干燥器中冷却，至室温时在电子分析天平上称量。然后再放到 110℃ 电烘箱中干燥 0.5h，即重复上述干燥-冷却-称量操作，直至质量恒定（两次称量相差不超过 0.3mg）为止。

在电子分析天平上准确称取两份产品各 $0.5\sim0.6g$，分别放入上述已知质量恒定的两个称量瓶中。在 110℃ 电烘箱中干燥 1h，然后置于干燥器中冷却，至室温后，称量。重复上述干燥（改为 0.5h）-冷却-称量操作，直至质量恒定。根据称量结果计算产品结晶水的质量分数。

【数据记录与处理】

（1）产品产率的计算　产品产率计算公式：产率＝$m_{实际}/m_{理论}\times100\%$。

将实验数据填入表 6-6 中。

表 6-6　产品产率

莫尔盐的量/g	草酸的量/g	产品外观	产品质量/g	产品产率/%

（2）高锰酸钾标准溶液浓度的计算

$$c\left(\frac{1}{5}KMnO_4\right) = \frac{m(Na_2C_2O_4)}{M\left(\frac{1}{2}Na_2C_2O_4\right)V(KMnO_4)}\times10^{-3}$$

式中　$c\left(\frac{1}{5}KMnO_4\right)$——$KMnO_4$ 标准滴定溶液的浓度，mol/L；

$V(KMnO_4)$——滴定时消耗 $KMnO_4$ 标准滴定溶液的体积，mL；

$m(Na_2C_2O_4)$——基准物 $Na_2C_2O_4$ 的质量，g；

$M(\frac{1}{2}Na_2C_2O_4)$——以 $\frac{1}{2}Na_2C_2O_4$ 为基本单元的 $Na_2C_2O_4$ 的摩尔质量，g/mol。

将实验数据及处理结果填入表 6-7 中。

表 6-7　KMnO₄ 溶液的标定

项目	1#	2#	3#
倾样前称量瓶＋Na₂C₂O₄ 质量/g			
倾样后称量瓶＋Na₂C₂O₄ 质量/g			
$m(Na_2C_2O_4)$/g			
$V(KMnO_4)$/mL			
KMnO₄ 溶液的浓度 $c(KMnO_4)$/(mol/L)			
$\overline{c}(KMnO_4)$/(mol/L)			

（3）草酸根质量分数的计算

$$w(C_2O_4^{2-}) = \frac{c(\frac{1}{5}KMnO_4)V(KMnO_4)\ M(\frac{1}{2}C_2O_4^{2-})\times10^{-3}}{m(产品)}$$

式中　$c(\frac{1}{5}KMnO_4)$——KMnO₄ 标准滴定溶液的浓度，mol/L；

$V(KMnO_4)$——滴定时消耗 KMnO₄ 标准滴定溶液的体积，mL；

$m(产品)$——制备产品的质量，g；

$M(\frac{1}{2}C_2O_4^{2-})$——以 $\frac{1}{2}C_2O_4^{2-}$ 为基本单元的摩尔质量，44.00g/mol。

（4）铁的质量分数的计算

$$w(Fe^{2+}) = \frac{c(\frac{1}{5}KMnO_4)V(KMnO_4)M(Fe^{2+})\times10^{-3}}{m(产品)}$$

式中　$c(\frac{1}{5}KMnO_4)$——KMnO₄ 标准滴定溶液的浓度，mol/L；

$V(KMnO_4)$——滴定时消耗 KMnO₄ 标准滴定溶液的体积，mL；

$m(产品)$——制备产品的质量，g；

$M(Fe^{2+})$——Fe²⁺ 为基本单元的摩尔质量，55.80g/mol。

（5）水的质量分数

$$w(H_2O) = \frac{产品失水前质量-产品失水后质量}{产品失水前质量}$$

将实验数据及处理结果填入表 6-8 中。

表 6-8　定量分析结果的计算

项目	1#	2#	3#
$m(产品)$/g			
滴定草酸根消耗高锰酸钾的体积 $V(KMnO_4)$/mL			
$w(C_2O_4^{2-})$			
滴定亚铁离子消耗高锰酸钾的体积 $V(KMnO_4)$/mL			

项目	1#	2#	3#
$w(Fe^{2+})$			
产品失水前质量/g			
产品失水后质量/g			
$w(H_2O)$			
配合物的化学式			

（6）结果计算　产品产率计算公式：产率＝$m_{实际}/m_{理论} \times 100\%$。

注释

[1] 氢氧化铁的沉淀要完全，加热煮沸的目的在于使胶体状沉淀转化为易于过滤、洗涤的沉淀。

[2] 严格控制制备反应的温度。

[3] 水浴 40℃ 下加热，慢慢滴加 H_2O_2，以防止 H_2O_2 分解。

[4] 趁热减压过滤要规范。尤其注意在抽滤过程中，勿用水冲洗黏附在烧杯和布氏漏斗上的少量绿色产品，否则将大大影响产量

实验指南

（1）铁屑不必溶解完，溶解大部分即可。防止 Fe(Ⅱ) 被氧化成 Fe(Ⅲ)。
（2）需用热水洗涤 $Fe(OH)_3$ 沉淀。
（3）需用 95% 乙醇洗涤三草酸合铁（Ⅲ）酸钾。
（4）产品在制备和干燥时须避光，且保存在暗处。
（5）若浓缩的绿色溶液带褐色，应趁热过滤。

思考题

（1）写出各步实验现象及反应的化学方程式。根据莫尔盐的量计算理论产量和产率。

（2）现有硫酸铁、氯化钡、草酸钠、草酸钾四种物质为原料，如何制备三草酸合铁（Ⅲ）酸钾，试设计方案并写出各步反应的化学方程式。

（3）如何提高产率？能否用蒸干溶液的办法来提高产率？

（4）用乙醇洗涤的作用是什么？

（5）如果制得的三草酸合铁（Ⅲ）酸钾中含有较多的杂质离子，对三草酸合铁（Ⅲ）酸钾离子类型的测定将有何影响？

（6）氧化 $FeC_2O_4 \cdot 2H_2O$ 时，氧化温度控制在 40℃，不能太高。为什么？

实验 6-6　乙酸乙酯的制备及其微量水的测定

【目的要求】

（1）熟悉酯化反应原理，掌握乙酸乙酯的制备方法；

（2）掌握气相色谱仪的组成结构及其操作方法；

（3）掌握内标法定量分析的原理和计算方法。

【实验原理】

乙酸乙酯为无色透明液体，有水果香。易挥发，能与氯仿、乙醇、丙酮和乙醚混溶，溶于水（10mL/100mL 水）。能溶解某些金属盐类（如氯化锂、氯化钴、氯化锌、氯化铁等）。乙酸乙酯常可作为萃取剂，从水溶液中提取许多化合物（磷、钨、砷、钴等）。它也可作为有机溶剂。它可以作人造香精、乙基纤维素、硝酸纤维素涂料、人造革、人造纤维、印刷油墨等的合成材料，也可作人造珍珠的黏结剂和水果味香料的原料。

主反应

$$CH_3COOH + HOC_2H_5 \underset{H_2SO_4}{\overset{115\sim120℃}{\rightleftharpoons}} CH_3COOC_2H_5 + H_2O$$

副反应

$$2C_2H_5OH \xrightarrow{H_2SO_4\ 140℃} C_2H_5OC_2H_5 + H_2O$$

$$C_2H_5OH + H_2SO_4 \longrightarrow CH_3COOH + SO_2\uparrow + H_2O$$

乙酸和乙醇在浓硫酸催化作用下，进行催化反应，生成乙酸乙酯和水。酯化反应为一可逆反应，本实验采用加入过量的乙醇并将生成的酯和水不断蒸出，从而使反应向右方进行，提高酯的产率。

本实验以 GDX-104 为固定相，以无水甲醇作内标物，使用热导检测器，按内标法定量分析乙酸乙酯中微量水。

【实验用品】

（1）仪器　三口烧瓶（100mL）、滴液漏斗（50mL）、分液漏斗（250mL）、锥形瓶（100mL，50mL）、蒸馏瓶（50mL）、直形冷凝管（200mm）、接液管、细口瓶（30mL）、温度计（250℃）、电热套和调压器、气相色谱仪（热导检测器）、色谱柱（不锈钢或玻璃，3mm×2m；GDX-104，60～80 目）、微量注射器（1μL）、带胶盖的小药瓶、秒表、玻璃棒。

（2）试剂　冰醋酸、乙醇（95%）、无水 $MgSO_4$、浓 H_2SO_4、Na_2CO_3（饱和）、NaCl（饱和）、$CaCl_2$（饱和）、乙酸乙酯试样、无水乙醇（在分析纯试剂无水乙醇中，加入于 500℃加热处理过的 5A 分子筛，密封放置一日，以除去试剂中的微量水分）、无水甲醇（按照无水乙醇同样方法做脱水处理）。

（3）其他　滤纸、沸石，pH 试纸。

【实验步骤】

（1）乙酸乙酯的制备和蒸馏　在三口烧瓶（或蒸馏瓶）中，加入 12mL 乙醇（95%），在振摇与冷却下分批加入 12mL 浓 H_2SO_4，混匀后加入几粒沸石。按图 6-1 安装反应装置。滴液漏斗颈末端接一段弯曲拉尖的玻璃管，其末端及温度计的水银球都需浸入液面下，距瓶底 0.5～1cm。

在滴液漏斗中，放入 12mL 乙醇（95%）和 12mL 冰醋酸并混匀。用电热套加热，电压由 80V 逐渐增至 110V，当温度升至约 120℃时，开始滴加乙醇和冰醋酸的混合液，并调节好滴加速度[1]，使滴入与馏出乙酸乙酯的速度大致相等，同时维持反应温度在 115～120℃[2]。滴加约需 1h。滴加完毕，在 115～120℃继续加热 15min。最后可将温度升至 130℃，若不再有液体馏出，即可停止加热。

（2）乙酸乙酯的精制

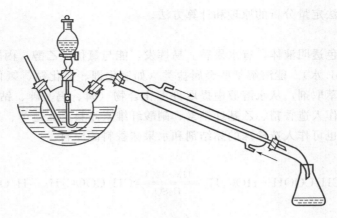

图 6-1　制备乙酸乙酯的装置

① 中和　在粗乙酸乙酯[3]中慢慢加入约 10mL 饱和 Na_2CO_3 溶液，边搅拌边冷却，直至无二氧化碳逸出，并用 pH 试纸检验酯层呈中性。然后将此混合液移入分液漏斗中，充分振摇（注意放气），静置分层后，分出水层。

② 水洗　用 10mL 饱和食盐水洗涤酯层[4]，充分振摇，静置分层后，分出水层（注意将水分净）[5]。

③ 洗去乙醇　再用 20mL 饱和 $CaCl_2$ 溶液分两次洗涤酯层，分出水层。

④ 干燥　酯层由漏斗上口倒入干燥的 50mL 锥形瓶中，并放入 2g 无水硫酸镁干燥，配上塞子，然后充分振摇至液体澄清透明，再放置约半小时。

⑤ 蒸馏　安装一套蒸馏装置（仪器必须干燥）。将干燥后的粗酯通过漏斗（口上铺一薄层棉花）滤入蒸馏瓶中，加入几粒沸石，加热进行蒸馏。收集 73～78℃ 馏分[6]。产量约 12g。

乙酸乙酯为无色透明有香味的液体，沸点为 77.06℃，密度为 0.9008g/mL，折射率为 1.3723（20℃）。

（3）乙酸乙酯中微量水的测定　参照技能训练 5-14 测定乙酸乙酯中的微量水。

注释

[1] 控制好混合液的滴加速度，是做好本实验的关键。若滴加速度太快，反应温度会迅速下降，同时会使乙醇和乙酸来不及反应就被蒸出，降低酯的产量。

[2] 温度太高，副产物乙醚的量会增加。

[3] 粗乙酸乙酯中，含有乙醇、乙醚、乙酸、亚硫酸等杂质。

[4] 用饱和食盐水洗涤酯，可降低酯在水溶液中的溶解度，减少酯的损失。

[5] 用饱和食盐水洗涤酯，可洗去夹杂在酯中的少量碳酸钠，故必须将此种含碳酸钠的水层分净，否则下面再用饱和氯化钙洗涤酯时，会产生絮状的碳酸钙沉淀，给分离造成困难。

[6] 乙酸乙酯在水中溶解度较大（8g/100g 水，20℃），同时水在乙酸乙酯中也有一定溶解度（3.1g/100g 乙酸乙酯，20℃）。最后蒸出的乙酸乙酯中，仍含有一定量的乙醇和水，故收集温度偏低，沸程较大。

实验指南 🅰

（1）硫酸的用量为醇用量的 3% 时即能起催化作用。 当用量较多时， 它又能起脱水作用而增加酯的产率。但用量过多时，高温时的氧化作用对反应不利。

(2) 当采用油浴加热时，油浴的温度在135℃左右。也可改为小火直接加热法。但反应液的温度必须控制在120℃以下。否则副产物乙醚会最多。

(3) 在馏出液中除了乙酸乙酯和水外，还含有未反应的少量的乙醇和乙酸，也可能还有副产物乙醚。故必须用碱来除去其中的酸，并用饱和氯化钙溶液来除去未反应的醇，否则将会影响到酯的产率。

(4) 当酯层用碳酸钠洗过后，若紧接着就用氯化钙溶液洗涤，有可能产生絮状的碳酸钙沉淀，使进一步分离变得困难，故在这两步操作之间必须水洗一下。由于乙酸乙酯在水中有一定的溶解度，为了尽可能减少由此而造成的损失，所以实际上用饱和食盐水来进行水洗。

(5) 乙酸乙酯与水或乙醇可分别生成共沸混合物，若三者共存则生成三元共沸混合物。因此，酯层中的乙醇不除净或干燥不够时，由于形成低沸点的共沸混合物，从而影响到酯的产率。

(6) 用微量注射器吸液时，要防止气泡吸入。首先将擦洗干净并用样品吸洗过的注射器插入样品液面下后，反复提拉数次，驱除气泡，然后缓慢提升针芯到刻度。

(7) 进样与按下计时键要同步，否则影响保留值的准确性。

思 考 题

(1) 制备的原理如何？

(2) 为什么控制温度在115~120℃？温度过高会产生什么后果？

(3) 乙醇与冰醋酸混合液的滴加速度控制在什么程度？为什么要控制？

(4) 蒸馏速度过快会造成什么后果？

(5) 本实验中若采用乙酸过量的做法是否合适？为什么？

(6) 本实验接收的馏出液是什么状态？为什么不是澄清透明的？

(7) 精制步骤中：中和、水洗、干燥、蒸馏的目的分别是什么？

(8) 酯化反应有什么特点？在实验中采取何种措施能使反应向正向进行？

(9) 为什么不用水代替饱和氯化钠溶液和饱和氯化钙溶液来洗涤？

(10) 蒸馏出来的粗产品如何提纯？

实验 6-7 植物生长调节剂 2，4-二氯苯氧乙酸的制备

【目的要求】

(1) 了解威廉姆森合成法合成混醚的原理，熟悉苯氧乙酸的实验室制法；

(2) 了解芳环卤代反应原理，熟悉卤代芳烃的实验室制法；

(3) 熟练掌握加热、回流、搅拌、萃取及重结晶操作技术。

【实验原理】

植物生长调节剂是植物体内产生的天然有机化合物。是在任何浓度下都可不同程度地影响植物生长发育的一类物质。植物生长调节剂有很多用途，因品种和目标植物而不同。例

如，控制萌芽和休眠；促进生根；促进细胞伸长及分裂；增强吸收肥料能力；保鲜等。

本实验中，以苯酚和氯乙酸为原料，通过威廉姆森合成法制备苯氧乙酸，苯氧乙酸是一种有效的防霉剂。苯氧乙酸发生环上氯化反应，可得对氯苯氧乙酸和2,4-二氯苯氧乙酸（简称2,4-D）。对氯苯氧乙酸又称防落素，具有防止或减少农作物落花落果的作用。2,4-二氯苯氧乙酸也叫防莠剂，可选择性地除掉杂草，有效地促进植物生长。二者都是重要的植物生长调节剂，在农业生产中被广泛应用。

（1）苯氧乙酸的制备反应

$$2ClCH_2COOH + Na_2CO_3 \longrightarrow 2ClCH_2COONa + CO_2\uparrow + H_2O$$
氯乙酸   氯乙酸钠

$$ClCH_2COONa + C_6H_5OH \longrightarrow C_6H_5OCH_2COONa + NaCl + H_2O$$
苯酚   苯氧乙酸钠

$$C_6H_5OCH_2COONa + HCl \longrightarrow C_6H_5OCH_2COOH + NaCl$$
苯氧乙酸

（2）对氯苯氧乙酸的制备反应

$$C_6H_5OCH_2COOH + HCl + H_2O_2 \xrightarrow{FeCl_3} ClC_6H_4OCH_2COOH + 2H_2O$$
对氯苯氧乙酸

（3）2,4-二氯苯氧乙酸的制备反应

$$ClC_6H_4OCH_2COOH + HCl + NaOCl \longrightarrow Cl_2C_6H_3OCH_2COOH + NaCl + H_2O$$
2,4-二氯苯氧乙酸（2,4-D）

【实验用品】

（1）仪器 三口烧瓶（150mL）、球形冷凝管、滴液漏斗、分液漏斗、烧杯、量筒、锥形瓶、电动搅拌器、减压过滤装置、水浴锅、电炉和调压器、蒸发皿、石棉网、玻璃棒、提勒管、酒精灯。

（2）试剂 氯乙酸、苯酚、Na_2CO_3（饱和）、NaOH（35%）、冰醋酸、$FeCl_3$（固）、H_2O_2（33%）、NaClO（0.5%）、HCl（浓、6mol/L）、乙醚、乙醇溶液（1:3）、四氯化碳。

（3）其他 滤纸、pH试纸、刚果红试纸。

【实验步骤】

（1）苯氧乙酸的制备

① 威廉姆森合成 在三口烧瓶中加入7.6g氯乙酸和10mL水，三口烧瓶的中口安装电动搅拌器，一侧口安装球形冷凝管。调节装置后，开动搅拌器。用滴管从另一侧口向三口烧瓶中滴加饱和Na_2CO_3溶液，至pH为7~8（用pH试纸检验），然后加入5g苯酚，再慢慢滴加35%NaOH溶液至pH为12。用沸水浴加热回流45min。此间应经常检测反应液的pH，使之保持在12左右，如有降低，应补加NaOH溶液。

② 酸化、分离 移去水浴，趁热向三口烧瓶中滴加浓HCl，并振摇烧瓶，测试pH为3~4为止。充分冷却溶液，待苯氧乙酸析出完全后，减压过滤（保留滤液），滤饼用冷水洗涤两次，压紧抽干，称量质量。纯苯氧乙酸为无色针状晶体，熔点为99℃。

③ 回收副产品 将滤液倒入蒸发皿中，在石棉网上加热蒸发浓缩。冷却后抽滤，得氯化钠晶体。

（2）对氯苯氧乙酸的制备

① 氯代 在150mL的三口烧瓶中加入3g（0.02mol）苯氧乙酸、10mL冰醋酸。三口烧瓶的中口安装电动搅拌器，一侧口上安装球形冷凝管，另一侧口暂时用塞子塞上。

开动搅拌器，水浴加热。当温度升高到 55℃ 时，取下塞子，向三口烧瓶中加入 20mg FeCl₃ 固体和 10mL 浓盐酸。在此侧口安装滴液漏斗，滴液漏斗内盛放 3mL 33％过氧化氢溶液。当水浴温度升高到 60℃ 以上时，开始滴加过氧化氢溶液（在 10min 内滴完），并保持水浴温度在 60～70℃ 之间，继续反应 20min。升高温度使反应器内固体全部溶解，停止加热，拆除装置。

② 分离　将三口烧瓶中的反应混合液趁热倒入烧杯中，充分冷却，待结晶析出完全后，抽滤，用水洗涤滤饼两次，压紧抽干。

③ 重结晶　粗产品用 1∶3 的乙醇水溶液重结晶后得纯品。纯的对氯苯氧乙酸为白色晶体，熔点为 158～159℃[1]。

④ 测熔点　用提勒管法测定自制苯氧乙酸熔点，并检验纯度。

（3）2,4-二氯苯氧乙酸的制备

① 氯代　在 250mL 的锥形瓶中加入 1g（0.0066mol）对氯苯氧乙酸和 12mL 冰醋酸，搅拌使其溶解。将锥形瓶置于冰-水浴中冷却，在不断振摇下分批缓慢加入 38mL 次氯酸钠溶液。然后将锥形瓶自冰-水浴中取出，待反应混合液温度升到室温后再保持 5min。

② 酸化[2]　向锥形瓶中加入 50mL 水，并用 6mol/L 的盐酸溶液酸化至刚果红试纸变蓝。将此溶液倒入分液漏斗中，用 50mL 乙醚分两次萃取，合并萃取液，用 15mL 水洗第一次，分去水层。再用 15mL 饱和碳酸钠溶液萃取（注意排放产生的二氧化碳气体）。将碱萃取液放入烧杯中（醚层保留！）加入 25mL 水，用浓盐酸酸化至刚果红试纸变蓝。

③ 抽滤　充分冷却，待结晶析出完全后，抽滤，用冷水洗涤滤饼两次，压紧抽干。

④ 重结晶　粗产品用 15mL 四氯化碳重结晶，可得纯品 2,4-二氯苯氧乙酸。

⑤ 测熔点　用提勒管法测定自制 2,4-二氯苯氧乙酸的熔点，并检验其纯度。纯 2,4-二氯苯氧乙酸为白色晶体，熔点为 138℃。

⑥ 回收溶剂　醚层用热水浴加热蒸馏，回收乙醚。

【数据记录与处理】

（1）数据记录　将实验数据填入表 6-9 中。

表 6-9　植物生长调节剂 2,4-二氯苯氧乙酸的制备

产品外观	实际产量	理论产量	产率

（2）结果计算　产品产率计算公式：产率＝$m_{实际}/m_{理论}×100\%$。

注释

[1] 产品略带黄色是由于催化剂 FeCl₃ 中的 Fe^{3+} 的原因。

[2] 在实验中加酸时要注意，一般盐酸要过量滴加直至有晶体析出。

实验指南

（1）冰醋酸具有强烈的刺激性并能灼伤皮肤，使用时应注意安全，避免与皮肤直接接触或吸入其大量蒸气。

（2）次氯酸钠溶液不能过量，否则会使产量降低。

（3）用碳酸钠溶液萃取 2，4-二氯苯氧乙酸时，应分批缓慢加入，以防产生大量气泡，使物料冲出，造成损失。

（4）先用饱和碳酸钠溶液将氯乙酸转变为氯乙酸钠，以防氯乙酸水解。因此，滴加碱液的速度宜慢。

（5）HCl 勿过量，滴加 H_2O_2 宜慢，严格控温，让生成的 Cl_2 充分参与亲核取代反应。Cl_2 有刺激性，特别是对眼睛、呼吸道和肺部器官。应注意操作勿使逸出，并注意开窗通风。开始加浓 HCl 时，$FeCl_3$ 水解会有 $Fe(OH)_3$ 沉淀生成。继续加 HCl 又会溶解。

（6）严格控制温度、pH 和试剂用量是 2,4-D 制备实验的关键。NaOCl 用量勿多，反应保持在室温以下。

思 考 题

（1）苯氧乙酸是依据什么原理制备的？

（2）制备苯氧乙酸为什么要在碱性介质中进行？

（3）制备对氯苯氧乙酸时，为什么要加入过氧化氢？加入的三氯化铁起什么作用？

（4）制备 2,4二氯苯氧乙酸时，粗产物中的水溶性杂质是如何除去的？

（5）制备对氯苯氧乙酸和 2,4二氯苯氧乙酸时，加入的冰醋酸起什么作用？

（6）对氯苯氧乙酸和 2,4二氯苯氧乙酸在实际中有哪些应用？

实验 6-8　无水乙醇的制备及其微量水的检验

【目的要求】

（1）通过氧化钙法制无水乙醇，熟练掌握蒸馏与回流操作技术；

（2）掌握检测液态有机物纯度的沸点测定方法；

（3）掌握实验室中易燃有机物的一般防火知识。

【实验原理】

乙醇能与水以任意比互溶，是无色透明、具有特殊香味的液体，易挥发。沸点（101.3kPa）：78.32℃。乙醇是重要的化工原料，可做燃料，是很好的有机溶剂，70%～75%的乙醇溶液可作消毒剂。

实验室制备无水乙醇时，在 95%乙醇中加入生石灰（CaO）加热回流，使乙醇中的水跟氧化钙反应，生成不挥发的氢氧化钙来除去水分，然后再蒸馏，这样可得 99.5%的乙醇。

反应方程式为：

$$CaO + H_2O =\!=\!= Ca(OH)_2$$

本实验以 GDX-104 为固定相，以无水甲醇作内标物，使用热导检测器，按内标法定量分析乙醇中微量水。

【实验用品】

（1）仪器　圆底烧瓶、球形冷凝管、直形冷凝管、蒸馏头、单尾接液管气相色谱仪（热导检测器）、色谱柱（不锈钢或玻璃，3 mm×2m；GDX-104，60～80 目）、微量注射器

（10μL）、带胶盖的小药瓶。

（2）试剂　乙醇（体积分数为95％）、生石灰、氯化钙、乙醇试样、无水乙醇（在分析纯试剂无水乙醇中，加入500℃加热处理过的5A分子筛，密封放置一日，以除去试剂中的微量水分）、无水甲醇（按照无水乙醇同样方法做脱水处理）。

【实验步骤】

（1）加热回流　在250mL圆底烧瓶中，放置100mL φ（乙醇）＝95％的乙醇和25g生石灰，装上球形冷凝管，其上端接一氯化钙干燥管[1]，在水浴上回流加热1.5h。

（2）蒸馏　稍冷后取下球形冷凝管，改成蒸馏装置，在尾接液管支管处装一氯化钙干燥管，使与大气相通。用水浴加热，蒸去前馏分，换上一干燥烧瓶，继续蒸馏至几乎无液滴流出为止[2]。

称量无水乙醇的质量或体积，计算回收率。

（3）无水乙醇中微量水的检验

① 开机设定操作条件　启动仪器，设定仪器操作条件为：柱温90℃；汽化温度120℃；检测器温度120℃；载气（H_2）流速30mL/min；桥电流150mA。

② 峰高相对校正因子的测定

a. 配制标准溶液　将带胶盖的小药瓶洗净、烘干。加入约3mL无水乙醇，称量（称准至0.0001g，下同）；再加入蒸馏水和无水甲醇各约0.1mL，分别称量。混匀。

b. 进样测量　吸取5.0μL上述配制的标准溶液，进样，记录色谱图，测量水和甲醇的峰高。

平行进样两次。

③ 乙醇试样的测定

a. 配制试样溶液　将带胶盖的小药瓶洗净、烘干、称量。加入3mL试样乙醇，称量；再加入适量体积的无水甲醇（视试样中水含量而定，应使甲醇峰高接近试样中水的峰高），称量。混匀。

b. 进样测量　吸取5.0μL试样溶液进样，记录色谱图，测量水和甲醇的峰高。

【数据记录与处理】

（1）记录数据　将实验中测得的有关数据填入事先列好的表格中（参考实验6-6定量分析的相关数据记录表格）（水、甲醇的质量与峰高，试样乙醇的质量）。

（2）计算峰高相对校正因子　按下式计算峰高相对校正因子，并将计算结果填入表中。

$$f'_{水/甲醇}=\frac{m（水）h（甲醇）}{m（甲醇）h（水）}$$

式中　m（水），m（甲醇）——水和甲醇的质量，g；

$\quad\quad$ h（水），h（甲醇）——水和甲醇的峰高，mm。

（3）计算试样中水的质量分数　按下式计算乙醇试样中水的质量分数，并将计算结果填入表中。

$$w（水）=f'_{水/甲醇}\times\frac{h（水）}{h（甲醇）}\times\frac{m（甲醇）}{m}$$

式中　$f'_{水/甲醇}$——水对甲醇的峰高相对校正因子；

$\quad\quad$ m——乙醇试样的质量，g；

m（甲醇）——加入甲醇的质量，g；

h（水），h（甲醇）——水和甲醇的峰高，mm。

注释

[1] 干燥管中的氯化钙不可装得过实，以免造成密闭体系，受热导致意外事故。

[2] 蒸馏忌蒸干，以免烧瓶炸裂。

实验指南

(1) 本实验适用于 95% 试剂乙醇或不含甲醇的工业乙醇中少量水分的测定。若测定无水乙醇中的微量水分，则需适当改变操作条件进行精密测定。

(2) 色谱柱的制备：将 60～80 目的聚合物固定相 GDX-104 装入长 2m 的不锈钢柱或玻璃柱，于 150℃ 老化处理数小时。

思 考 题

(1) 在进行蒸馏操作与回流操作时应注意哪些问题？

(2) 蒸馏与回流时都要加沸石的目的是什么？如果加热后发现未加沸石怎么办？

实验 6-9　β-萘乙醚的制备与检验

【实验目的】

(1) 了解威廉姆逊法制备混醚的原理和方法；

(2) 熟练掌握普通回流装置的安装与操作；

(3) 熟练掌握利用重结晶精制固体粗产物的操作技术；

(4) 熟练掌握通过测定固体熔点鉴定物质纯度的原理和方法。

【实验原理】

β-萘乙醚是白色片状晶体，熔点为 37.5℃，不溶于水，可溶于醇、醚等有机溶剂。常用作玫瑰香、薰衣草香和柠檬香等香精的定香剂，也广泛用于肥皂中作香料。

本实验中采用威廉姆逊合成法，用 β-萘酚钠和溴乙烷在乙醇中反应制取 β-萘乙醚。反应式如下：

β-萘酚　　　　　　　　　　　　　　　β-萘酚钠

溴乙烷　　　　　　　　　　　β-萘乙醚

本实验以甘油为浴液，采用提勒管式测定装置，测定提纯后 β-萘乙醚的熔点并与文献值对照，检验产品的纯度。

【实验用品】

(1) 仪器　普通回流装置、减压过滤装置、电炉与调压器、表面皿、水浴锅、提勒管、熔点管、酒精灯、温度计（250 ℃）、玻璃管（40cm）、玻璃钉。

（2）试剂　β-萘酚（C.P.）、无水乙醇（C.P.）、溴乙烷（C.P.）、氢氧化钠（C.P.）、乙醇（95％）、试样 β-萘乙醚、甘油。

【实验步骤】

（1）加热回流　在干燥的 100mL 圆底烧瓶中，加入 5g β-萘酚、30mL 无水乙醇、1.6g 研碎的固体氢氧化钠和 3.2mL 溴乙烷，安装普通回流装置，于水浴上加热回流 1.5h。

（2）蒸馏　将回流装置改为蒸馏装置，回收大部分乙醇。

（3）抽滤分离　稍冷后，拆除装置。在搅拌下将反应混合物倒入盛有 200mL 冷水的烧杯中，冰-水浴中冷却后减压过滤，用 20mL 冷水分两次洗涤沉淀。

（4）重结晶　将沉淀移入 100mL 锥形瓶中，加入 20mL 95％乙醇溶液，装上球形冷凝管，在水浴中加热，保持微沸 5min。撤去水浴，待冷却后，拆除装置。将锥形瓶置于冰-水浴中充分冷却后，抽滤。滤饼移至表面皿上，自然晾干后，称量质量并计算产率。

（5）β-萘乙醚熔点的测定　测定步骤参考技能训练 4-1 苯甲酸熔点的测定。

实验指南

（1）改装蒸馏装置时要在圆底烧瓶中补加沸石。

（2）冷却至溶液澄清透明，大约 20min 方可过滤。

（3）称量记录质量后，按小组将产品保管好，以备测定熔点。

（4）若熔点管不洁净或样品不干燥，或含有杂质，会使熔点偏低，熔程变大。

（5）样品一定要研得很细，且装样要实。否则空隙会影响测定结果的准确性。样品量要适当，太少不便观察，太多可能造成熔程增大。

（6）固定熔点管的橡胶圈不可浸没在浴液中，以免被浴液溶胀而使熔点管脱落。

（7）测试结束后，温度计不宜马上用冷水冲洗；浴液应冷却至室温后方可倒回试剂瓶中，否则将造成温度计或试剂瓶炸裂。

？ 思 考 题

（1）制备 β-萘乙醚时加入无水乙醇的作用是什么？

（2）威廉姆逊合成反应为什么要使用干燥的玻璃仪器？

（3）如何根据测定的熔点检验 β-萘乙醚的纯度？

（4）测定熔点时，需要注意哪些问题？

附录

附录 1　弱酸和弱碱的解离常数（25℃）

名称	化学式	$K_{a(b)}$	$pK_{a(b)}$
硼酸	H_3BO_3	$5.8 \times 10^{-10}(K_{a1})$	9.24
碳酸	H_2CO_3	$4.5 \times 10^{-7}(K_{a1})$	6.35
		$4.7 \times 10^{-11}(K_{a2})$	10.33
砷酸	H_3AsO_3	$6.3 \times 10^{-3}(K_{a1})$	2.20
		$1.0 \times 10^{-7}(K_{a2})$	7.00
		$3.2 \times 10^{-12}(K_{a3})$	11.50
亚砷酸	$HAsO_2$	6.0×10^{-10}	9.22
氢氰酸	HCN	6.2×10^{-10}	9.21
铬酸	$HCrO_4^-$	$3.2 \times 10^{-7}(K_{a2})$	6.50
氢氟酸	HF	7.2×10^{-4}	3.14
亚硝酸	HNO_2	5.1×10^{-4}	3.29
磷酸	H_3PO_4	$7.6 \times 10^{-3}(K_{a1})$	2.12
		$6.3 \times 10^{-8}(K_{a2})$	7.20
		$4.4 \times 10^{-13}(K_{a3})$	12.36
亚磷酸	H_3PO_3	$5.0 \times 10^{-2}(K_{a1})$	1.30
		$2.5 \times 10^{-7}(K_{a2})$	6.60
氢硫酸	H_2S	$5.7 \times 10^{-8}(K_{a1})$	7.24
		$1.2 \times 10^{-15}(K_{a2})$	14.92
硫酸	HSO_4^-	$1.2 \times 10^{-2}(K_{a2})$	1.99
亚硫酸	H_2SO_3	$1.3 \times 10^{-2}(K_{a1})$	1.90
		$6.3 \times 10^{-8}(K_{a2})$	7.20
硫氰酸	$HSCN$	1.4×10^{-1}	0.85
偏硅酸	H_2SiO_3	$1.7 \times 10^{-10}(K_{a1})$	9.77
		$1.6 \times 10^{-12}(K_{a2})$	11.80
甲酸(蚁酸)	$HCOOH$	1.77×10^{-4}	3.75
乙酸(醋酸)	CH_3COOH	1.75×10^{-5}	4.76
丙酸	C_2H_5COOH	1.3×10^{-5}	4.89
一氯乙酸	$CH_2ClCOOH$	1.4×10^{-3}	2.86
二氯乙酸	$CHCl_2COOH$	5.0×10^{-2}	1.30
三氯乙酸	CCl_3COOH	0.23	0.64
乳酸	$CH_3CHOHCOOH$	1.4×10^{-4}	3.86
苯甲酸	C_6H_5COOH	6.2×10^{-5}	4.21
邻苯二甲酸	$C_6H_4(COOH)_2$	$1.1 \times 10^{-3}(K_{a1})$	2.96
		$3.9 \times 10^{-6}(K_{a2})$	5.41
草酸	$H_2C_2O_4$	$5.9 \times 10^{-2}(K_{a1})$	1.22

名称	化学式	$K_{a(b)}$	$pK_{a(b)}$
		6.4×10^{-5} (K_{a2})	4.19
苯酚	C_6H_5OH	1.1×10^{-10}	9.95
水杨酸	$C_6H_4OHCOOH$	1.0×10^{-3} (K_{a1})	3.00
		4.2×10^{-13} (K_{a2})	12.38
磺基水杨酸	$C_6H_3SO_3HOHCOOH$	4.7×10^{-3} (K_{a1})	2.33
		4.8×10^{-12} (K_{a2})	11.32
乙二胺四乙酸（EDTA）	H_6Y^{2+}	0.1 (K_{a1})	0.90
	H_5Y^+	3.0×10^{-2} (K_{a2})	1.60
	H_4Y	1.0×10^{-2} (K_{a3})	2.00
	H_3Y^-	2.1×10^{-3} (K_{a4})	2.67
	H_2Y^{2-}	6.9×10^{-7} (K_{a5})	6.16
	HY^{3-}	5.5×10^{-11} (K_{a6})	10.26
硫代硫酸	$H_2S_2O_3$	5.0×10^{-1} (K_{a1})	0.30
		1.0×10^{-2} (K_{a2})	2.00
苦味酸	$HOC_6H_2(NO_2)_3$	4.2×10^{-1}	0.38
乙酰丙酮	$CH_3COCH_2COCH_3$	1.0×10^{-9}	9.00
邻二氮菲	$C_{12}H_8N_2$	1.1×10^{-5}	4.96
8-羟基喹啉	C_9H_6NOH	9.6×10^{-6} (K_{a1})	5.02
		1.55×10^{-10} (K_{a2})	9.81
邻硝基苯甲酸	$C_6H_4NO_2COOH$	6.71×10^{-3}	2.17
氨水	$NH_3 \cdot H_2O$	1.8×10^{-5}	4.74
联氨	H_2NNH_2	3.0×10^{-6} (K_{b1})	5.52
		7.6×10^{-15} (K_{b2})	14.12
苯胺	$C_6H_5NH_2$	4.2×10^{-10}	9.38
羟胺	NH_2OH	9.1×10^{-9}	8.04
甲胺	CH_3NH_2	4.2×10^{-4}	3.38
乙胺	$C_2H_5NH_2$	5.6×10^{-4}	3.25
二甲胺	$(CH_3)_2NH$	1.2×10^{-4}	3.93
二乙胺	$(C_2H_5)_2NH$	1.3×10^{-3}	2.89
乙醇胺	$HOCH_2CH_2NH_2$	3.2×10^{-5}	4.50
三乙醇胺	$(HOCH_2CH_2)_3N$	5.8×10^{-7}	6.24
六亚甲基四胺	$(CH_2)_6N_4$	1.4×10^{-9}	8.85
乙二胺	$H_2NCH_2CH_2NH_2$	8.5×10^{-5} (K_{b1})	4.07
		7.1×10^{-8} (K_{b2})	7.15
吡啶	C_6H_5N	1.7×10^{-9}	8.77
喹啉	C_9H_7N	6.3×10^{-10}	9.20
尿素	$CO(NH_2)_2$	1.5×10^{-14}	13.82

附录 2　氧化还原半反应的标准电位

半　反　应	$\varphi^{\ominus}/V$
$Li^+ + e^- \rightleftharpoons Li$	-3.0401
$K^+ + e^- \rightleftharpoons K$	-2.931
$Cs^+ + e^- \rightleftharpoons Cs$	-3.026
$Ba^{2+} + 2e^- \rightleftharpoons Ba$	-2.912
$Sr^{2+} + 2e^- \rightleftharpoons Sr$	-2.899
$Ca^{2+} + 2e^- \rightleftharpoons Ca$	-2.868
$Na^+ + e^- \rightleftharpoons Na$	-2.71
$Mg^{2+} + 2e^- \rightleftharpoons Mg$	-2.372

半　反　应	$\varphi^{\ominus}/V$
$\frac{1}{2}H_2+e^-\rightleftharpoons H^-$	-2.230
$Be^{2+}+2e^-\rightleftharpoons Be$	-1.847
$Al^{3+}+3e^-\rightleftharpoons Al(0.1mol/L\ NaOH)$	-1.706
$Mn(OH)_2+2e^-\rightleftharpoons Mn+2OH^-$	-1.56
$ZnO_2^-+2H_2O+2e^-\rightleftharpoons Zn+4OH^-$	-1.215
$Mn^{2+}+2e^-\rightleftharpoons Mn$	1.185
$Sn(OH)_6^{2-}+2e^-\rightleftharpoons HSnO_2^-+3OH^-+H_2O$	-0.93
$2H_2O+2e^-\rightleftharpoons H_2+2OH^-$	-0.8277
$Zn^{2+}+2e^-\rightleftharpoons Zn$	-0.7618
$Cr^{3+}+3e^-\rightleftharpoons Cr$	-0.744
$Ni(OH)_2+2e^-\rightleftharpoons Ni+2OH^-$	-0.720
$Fe(OH)_3+e^-\rightleftharpoons Fe(OH)_2+OH^-$	-0.560
$2CO_2+2H^++2e^-\rightleftharpoons H_2C_2O_4$	-0.490
$NO_2^-+H_2O+e^-\rightleftharpoons NO+2OH^-$	-0.460
$Cr^{3+}+e^-\rightleftharpoons Cr^{2+}$	-0.407
$Fe^{2+}+2e^-\rightleftharpoons Fe$	-0.447
$Cd(OH)_2+2e^-\rightleftharpoons Cd+2OH^-$	-0.40
$Ni^{2+}+2e^-\rightleftharpoons Ni$	-0.257
$2SO_4^{2-}+4H^++2e^-\rightleftharpoons S_2O_6^{2-}+2H_2O$	-0.22
$Sn^{2+}+2e^-\rightleftharpoons Sn$	-0.1375
$Pb^{2+}+2e^-\rightleftharpoons Pb$	-0.1262
$MnO_2+2H_2O+2e^-\rightleftharpoons Mn(OH)_2+2OH^-$	-0.05
$Fe^{3+}+3e^-\rightleftharpoons Fe$	-0.037
$AgCN+e^-\rightleftharpoons Ag+CN^-$	-0.017
$2H^++2e^-\rightleftharpoons H_2$	0.0000
$AgBr+e^-\rightleftharpoons Ag+Br^-$	0.07133
$S_4O_6^{2-}+2e^-\rightleftharpoons 2S_2O_3^{2-}$	0.08
$S+2H^++2e^-\rightleftharpoons H_2S$	0.14
$Sn^{4+}+2e^-\rightleftharpoons Sn^{2+}$	0.151
$Cu^{2+}+e^-\rightleftharpoons Cu^+$	0.153
$ClO_4^-+H_2O+2e^-\rightleftharpoons ClO_3^-+2OH^-$	0.36
$SO_4^{2-}+4H^++2e^-\rightleftharpoons H_2SO_3+H_2O$	0.172
$AgCl+e^-\rightleftharpoons Ag+Cl^-$	0.22233
$Cu^{2+}+2e^-\rightleftharpoons Cu$	0.3419
$Ag_2O+H_2O+2e^-\rightleftharpoons 2Ag+2OH^-$	0.342
$ClO_3^-+H_2O+2e^-\rightleftharpoons ClO_2^-+2OH^-$	0.33
$O_2+2H_2O+4e^-\rightleftharpoons 4OH^-$	0.401
$[Fe(CN)_6]^{3-}+e^-\rightleftharpoons [Fe(CN)_6]^{4-}$	0.358
$Cd^{2+}+2e^-\rightleftharpoons Cd$	0.44
$NiO_2+2H_2O+2e^-\rightleftharpoons Ni(OH)_2+2OH^-$	0.49
$Cu^++e^-\rightleftharpoons Cu$	0.521
$I_2+2e^-\rightleftharpoons 2I^-$	0.5355
$AsO_4^{3-}+2H^++2e^-\rightleftharpoons AsO_3^{3-}+H_2O$	0.557
$IO_3^-+2H_2O+4e^-\rightleftharpoons IO^-+4OH^-$	0.56
$MnO_4^-+e^-\rightleftharpoons MnO_4^{2-}$	0.564
$MnO_4^-+2H_2O+3e^-\rightleftharpoons MnO_2+4OH^-$	0.595
$O_2+2H^++2e^-\rightleftharpoons H_2O_2$	0.695
$[Fe(CN)_6]^{3-}+e^-\rightleftharpoons [Fe(CN)_6]^{4-}(1mol/L\ H_2SO_4)$	0.690
$FeO_4^{2-}+2H_2O+3e^-\rightleftharpoons FeO_2^-+4OH^-$	0.72
$Fe^{3+}+e^-\rightleftharpoons Fe^{2+}$	0.771

半　反　应	$\varphi^{\ominus}/V$
$Hg_2^{2+}+2e^-\Longrightarrow 2Hg$	0.7973
$Ag^++e^-\Longrightarrow Ag$	0.7996
$2NO_3^-+4H^++2e^-\Longrightarrow N_2O_4+2HO$	0.803
$\dfrac{1}{2}O_2+2H^+(10^{-7}mol/L)+2e^-\Longrightarrow H_2O$	0.815
$Hg^{2+}+2e^-\Longrightarrow Hg$	0.851
$ClO^-+H_2O+2e^-\Longrightarrow Cl^-+2OH^-$	0.81
$2Hg^{2+}+2e^-\Longrightarrow Hg_2^{2+}$	0.920
$NO_3^-+3H^++2e^-\Longrightarrow HNO_2+H_2O$	0.934
$NO_3^-+4H^++3e^-\Longrightarrow NO+2H_2O$	0.957
$Br_2(l)+2e^-\Longrightarrow 2Br^-$	1.066
$Br_2(aq)+2e^-\Longrightarrow 2Br^-$	1.0873
$2IO_3^-+12H^++10e^-\Longrightarrow I_2+6H_2O$	1.19
$O_2+4H^++4e^-\Longrightarrow 2H_2O$	1.229
$MnO_2+4H^++2e^-\Longrightarrow Mn^{2+}+2H_2O$	1.224
$Cr_2O_7^{2-}+14H^++6e^-\Longrightarrow 2Cr^{3+}+7H_2O$	1.33
$Cl_2(g)+2e^-\Longrightarrow Cl^-$	1.35827
$ClO_4^-+8H^++8e^-\Longrightarrow Cl^-+4H_2O$	1.389
$BrO_3^-+6H^++6e^-\Longrightarrow Br^-+3H_2O$	1.44
$ClO_3^-+6H^++6e^-\Longrightarrow Cl^-+3H_2O$	1.451
$ClO_3^-+6H^++5e^-\Longrightarrow \dfrac{1}{2}Cl_2+3H_2O$	1.47
$MnO_4^-+8H^++5e^-\Longrightarrow Mn^{2+}+4H_2O$	1.507
$Mn^{3+}+e^-\Longrightarrow Mn^{2+}$	1.5415
$Ce^{4+}+e^-\Longrightarrow Ce^{3+}$	1.61
$MnO_4^-+4H^++3e^-\Longrightarrow MnO_2+2H_2O$	1.679
$Au^++e^-\Longrightarrow Au$	1.692
$H_2O_2+2H^++2e^-\Longrightarrow 2H_2O$	1.776
$S_2O_8^{2-}+2e^-\Longrightarrow 2SO_4^{2-}$	2.010
$O_3+2H^++2e^-\Longrightarrow O_2+H_2O$	2.076
$F_2+2e^-\Longrightarrow 2F^-$	2.866

附录 3　国际相对原子质量（2005 年）

原子序数	元素名称	符号	相对原子质量	原子序数	元素名称	符号	相对原子质量
1	氢	H	1.00794	23	钒	V	50.9415
2	氦	He	4.002602	24	铬	Cr	51.9961
3	锂	Li	6.941	25	锰	Mn	54.938045
4	铍	Be	9.012182	26	铁	Fe	55.847
5	硼	B	10.811	27	钴	Co	58.933199
6	碳	C	12.0107	28	镍	Ni	58.6934
7	氮	N	14.0067	29	铜	Cu	63.546
8	氧	O	15.9994	30	锌	Zn	65.409
9	氟	F	18.9984032	31	镓	Ga	69.723
10	氖	Ne	20.1797	32	锗	Ge	72.61
11	钠	Na	22.98976928	33	砷	As	74.92160
12	镁	Mg	24.3050	34	硒	Se	78.96
13	铝	Al	26.9815386	35	溴	Br	79.904
14	硅	Si	28.0855	36	氪	Kr	83.798
15	磷	P	30.973762	37	铷	Rb	85.4678
16	硫	S	32.065	38	锶	Sr	87.62
17	氯	Cl	35.453	39	钇	Y	88.90585
18	氩	Ar	39.948	40	锆	Zr	91.224
19	钾	K	39.0983	41	铌	Nb	92.90638
20	钙	Ca	40.078	42	钼	Mo	95.94
21	钪	Sc	44.955912	43	锝	Tc	98.9062
22	钛	Ti	47.867	44	钌	Ru	101.07

原子序数	元素名称	符号	相对原子质量	原子序数	元素名称	符号	相对原子质量
45	铑	Rh	102.90550	69	铥	Tm	168.9342
46	钯	Pd	106.42	70	镱	Yb	173.04
47	银	Ag	107.8682	71	镥	Lu	174.967
48	镉	Cd	112.411	72	铪	Hf	178.49
49	铟	In	114.818	73	钽	Ta	180.94788
50	锡	Sn	118.710	74	钨	W	183.84
51	锑	Sb	121.760	75	铼	Re	186.207
52	碲	Te	127.60	76	锇	Os	190.23
53	碘	I	126.90447	77	铱	Ir	192.217
54	氙	Xe	131.29	78	铂	Pt	195.084
55	铯	Cs	132.9054519	79	金	Au	196.966569
56	钡	Ba	137.327	80	汞	Hg	200.59
57	镧	La	138.90547	81	铊	Tl	204.3833
58	铈	Ce	140.116	82	铅	Pb	207.2
59	镨	Pr	140.90765	83	铋	Bi	208.98040
60	钕	Nd	144.242	84	钋	Po	[209]
61	钷	Pm	[145]	85	砹	At	[210]
62	钐	Sm	150.36	86	氡	Rn	[222]
63	铕	Eu	151.964	87	钫	Fr	[223]
64	钆	Gd	157.25	88	镭	Ra	226.03
65	铽	Tb	158.92535	89	锕	Ac	227.0278
66	镝	Dy	162.500	90	钍	Th	232.03806
67	钬	Ho	164.93032	91	镤	Pa	231.03588
68	铒	Er	167.259	92	铀	U	238.028913

附录4 我国选定的非国际单位制单位

量的名称	单位名称	单位符号	换算关系和说明
时间	分	min	1min＝60s
	[小]时	h	1h＝60min＝3600s
	天(日)	d	1d＝24h＝86400s
平面角	[角]秒	(″)	1″(π/648000)rad(π 为圆周率)
	[角]分	(′)	1′＝60″＝(π/10800)rad
	度	(°)	1°＝60′＝(π/180)rad
旋转速度	转每分	r/min	1r/min＝(1/60)s^{-1}
长度	海里	n mile	1n mile＝1852m(只用于航程)
速度	节	kn	1kn ＝1n mile/h ＝(1852/3600)m/s(只用于航行)
质量	吨	t	1t＝10^{3}kg
	原子质量单位	u	1u≈1.6605655×10^{-27}kg
体积	升	L,(l)	1L＝1dm^3＝10^{-3}m^3
能	电子伏	eV	1eV≈1.6021982×10^{-19}J
级差	分贝	dB	
线密度	特[克斯]	tex	1tex＝1g/km

附录 5　水在不同温度下的饱和蒸气压

$t/℃$	p/mmHg	p/Pa	$t/℃$	p/mmHg	p/Pa
0	4.597	610.5	21	18.650	2466.5
1	4.926	656.7	22	19.827	2643.4
2	5.294	705.8	23	21.068	2808.8
3	5.685	757.9	24	22.377	2983.3
4	6.101	813.4	25	23.756	3167.2
5	6.543	872.3	26	25.209	3360.9
6	7.013	935.0	27	26.738	3564.9
7	7.513	1001.6	28	28.349	3779.5
8	8.045	1072.6	29	30.043	4005.2
9	8.609	1147.8	30	31.824	4242.8
10	9.209	1227.8	31	33.695	4492.3
11	9.844	1312.4	32	35.663	4754.7
12	10.518	1402.3	33	37.729	5030.1
13	11.231	1497.3	34	39.898	5319.3
14	11.987	1598.1	35	42.175	5622.9
15	12.788	1704.9	40	55.324	7375.9
16	13.634	1817.7	45	71.88	9583.2
17	14.630	1937.2	50	92.51	12334
18	15.477	2063.4	60	149.38	19916
19	16.477	2196.7	80	355.1	47343
20	17.535	2337.8	100	760	101325

附录 6　水在不同温度下的黏度

$\eta/\text{mPa}\cdot\text{s}$

$t/℃$	0	1	2	3	4	5	6	7	8	9
0	1.787	1.728	1.671	1.618	1.567	1.519	1.472	1.428	1.386	1.346
10	1.307	1.271	1.235	1.202	1.169	1.130	1.109	1.081	1.053	1.027
20	1.002	0.9779	0.9548	0.9325	0.9111	0.8904	0.8705	0.8513	0.8327	0.8148
30	0.7975	0.7808	0.7647	0.7491	0.7340	0.7194	0.7052	0.6915	0.6783	0.6654
40	0.6529	0.6408	0.6291	0.6178	0.6067	0.5960	0.5856	0.5755	0.5656	0.5561

附录 7　水在不同温度下的折射率

$\lambda=589.3\text{nm}$

$t/℃$	n_D	$t/℃$	n_D	$t/℃$	n_D	$t/℃$	n_D
14	1.33348	22	1.33281	32	1.33164	42	1.33023
15	1.33341	24	1.33262	34	1.33136	44	1.32992
16	1.33333	26	1.33241	36	1.33107	46	1.32959
18	1.33317	28	1.33219	38	1.33079	48	1.32927
20	1.33299	30	1.33192	40	1.33051	50	1.32894

附录8　不同温度下水、乙醇、汞的密度

$\rho/(10^3\,\text{kg/m}^3)$

$t/℃$	水	乙醇	汞	$t/℃$	水	乙醇	汞
5	0.9999	0.8020	13.583	18	0.9986	0.7911	13.551
6	0.9999	0.8012	13.581	19	0.9984	0.7902	13.549
7	0.9999	0.8003	13.578	20	0.9982	0.7894	13.546
8	0.9998	0.7995	13.576	21	0.9980	0.7886	13.544
9	0.9998	0.7987	13.573	22	0.9978	0.7877	13.541
10	0.9997	0.7978	13.571	23	0.9975	0.7869	13.539
11	0.9996	0.7970	13.568	24	0.9973	0.7860	13.536
12	0.9995	0.7962	12.566	25	0.9970	0.7852	13.534
13	0.9994	0.7953	13.563	26	0.9968	0.7843	13.532
14	0.9992	0.7945	13.561	27	0.9965	0.7835	13.529
15	0.9991	0.7936	13.559	28	0.9962	0.7826	13.527
16	0.9989	0.7828	12.556	29	0.9959	0.7818	13.524
17	0.9988	0.7919	13.554	30	0.9956	0.7809	13.522

附录9　分析化学中常用的量及其单位

量的名称	量的符号	法定单位及符号	
		单位名称	单位符号
长度	L	米	m
		厘米	cm
		毫米	mm
		纳米	nm
面积	$A,(S)$	平方米	m^2
		平方厘米	cm^2
		平方毫米	mm^2
体积、容积	V	立方米	m^3
		立方分米,升	dm^3,L
		立方厘米,毫升	cm^3,mL
		立方毫米,微升	mm^3,μL
时间	t	秒	s
		分	min
		小时	h
		天(日)	d
物质的量	n	摩尔	mol
		毫摩尔	mmol
		微摩尔	μmol
摩尔质量	M	千克每摩(尔)	kg/mol
		克每摩(尔)	g/mol
相对原子质量	A_r	无量纲	
相对分子质量	M_r	无量纲	
摩尔体积	V_m	立方米每摩(尔)	m^3/mol
		升每摩(尔)	L/mol
密度	ρ	千克每立方米	kg/m^3
		克每立方厘米	g/cm^3
		(克每毫升)	(g/mL)

量的名称	量的符号	法定单位及符号	
		单位名称	单位符号
物质的质量	m	千克	kg
		克	g
		毫克	mg
		微克	μg
物质 B 的质量分数	w_B	无量纲	
物质 B 的质量浓度	ρ_B	克每升	g/L
		克每毫升	g/mL
		毫克每毫升	mg/mL
		微克每毫升	μg/mL
物质 B 的体积分数	φ_B	无量纲	
物质 B 的物质的量浓度	c_B	摩(尔)每立方米	mol/m^3
		摩(尔)每升	mol/L
热力学温度	T	开(尔文)	K
摄氏温度	t	摄氏度	℃
摩尔吸光系数	ε	升每摩尔厘米	L/(mol·cm)
压力、压强	p	帕(斯卡)	Pa
		千帕	kPa

附录 10   常用化学试剂的配制方法

附录 10-1   常用酸溶液

名称	化学式	浓度	配制方法
盐酸	HCl	12mol/L	相对密度为 1.19 的浓 HCl
		8mol/L	666.7mL 12mol/L 的浓 HCl,加水稀释至 1 L
		6mol/L	12 mol/L 的浓 HCl,加等体积水稀释
		2mol/L	167mL 12mol/L 的浓 HCl,加水稀释至 1 L
		1mol/L	84mL 12mol/L 的浓 HCl,加水稀释至 1 L
硝酸	HNO$_3$	16mol/L	相对密度为 1.42 的浓 HNO$_3$
		6mol/L	380mL 16mol/L 的浓 HNO$_3$,加水稀释至 1 L
		3mol/L	190mL 16mol/L 的浓 HNO$_3$,加水稀释至 1 L
		2mol/L	127mL 16mol/L 的浓 HNO$_3$,加水稀释至 1 L
硫酸	H$_2$SO$_4$	18mol/L	相对密度为 1.84 的浓 H$_2$SO$_4$
		6mol/L	332mL 18mol/L 的浓 H$_2$SO$_4$,加水稀释至 1 L
		3mol/L	166mL 18mol/L 的浓 H$_2$SO$_4$,加水稀释至 1 L
		1mol/L	56mL 18mol/L 的浓 H$_2$SO$_4$,加水稀释至 1 L
醋酸	HAc	17mol/L	相对密度为 1.05 的 HAc
		6mol/L	353mL 17mol/L 的 HAc,加水稀释至 1 L
		2mol/L	118mL 17mol/L 的 HAc,加水稀释至 1 L
		1mol/L	57mL 17mol/L 的 HAc,加水稀释至 1 L
酒石酸	H$_6$C$_4$O$_6$	饱和	将酒石酸溶于水中,使其饱和

附录 10-2　常用碱溶液

名称	化学式	浓度	配制方法
氢氧化钠	NaOH	6mol/L	240g NaOH 溶于水中,冷却后稀释至 1 L
		2mol/L	80g NaOH 溶于水中,冷却后稀释至 1 L
氢氧化钾	KOH	1mol/L	56g KOH 溶于水中,冷却后稀释至 1 L
氨水	$NH_3 \cdot H_2O$	15mol/L	相对密度为 0.9 的 $NH_3 \cdot H_2O$
		6mol/L	400mL 15mol/L 的 $NH_3 \cdot H_2O$,加水稀释至 1 L
		3mol/L	200mL 15mol/L 的 $NH_3 \cdot H_2O$,加水稀释至 1 L
		1mol/L	67mL 15mol/L 的 $NH_3 \cdot H_2O$,加水稀释至 1 L

附录 10-3　常用铵盐溶液

名称	化学式	浓度	配制方法
氯化铵	NH_4Cl	3mol/L	160g NH_4Cl 溶于适量水中,加水稀释至 1 L
硫化铵	$(NH_4)_2S$	3mol/L	通 H_2S 于 200mL 15mol/L 的 $NH_3 \cdot H_2O$ 中达到饱和,再加 200mL 15mol/L 的 $NH_3 \cdot H_2O$,以水稀释至 1 L
碳酸铵	$(NH_4)_2CO_3$	2mol/L	192g $(NH_4)_2CO_3$ 溶于 500mL 3mol/L 的 $NH_3 \cdot H_2O$ 中,加水稀释至 1 L
		120g/L	120g $(NH_4)_2CO_3$ 溶于适量水中,加水稀释至 1 L
乙酸铵	NH_4Ac	3mol/L	231g NH_4Ac 溶于适量水中,加水稀释至 1 L
硫氰酸铵	NH_4SCN	饱和	将 NH_4SCN 溶于水中,使其饱和
		0.5mol/L	38g NH_4SCN 溶于适量水中,加水稀释至 1 L
磷酸氢二铵	$(NH_4)_2HPO_4$	4mol/L	528g $(NH_4)_2HPO_4$ 溶于 1L 水中
硫酸铵	$(NH_4)_2SO_4$	饱和	将 $(NH_4)_2SO_4$ 溶于水中,使其饱和
碘化铵	NH_4I	0.5mol/L	73g NH_4I 溶于适量水中,加水稀释至 1 L
钼酸铵	$(NH_4)_2MoO_4$		100g $(NH_4)_2MoO_4$ 溶于 1L 水,将所得溶液倒入 1L 6mol/L HNO_3 中(切不可将硝酸倒入溶液中)。溶液放置 48h,倾出清液使用

附录 10-4　常用盐溶液及一些特殊试剂

名称	化学式	浓度	配制方法
硝酸银	$AgNO_3$	0.5mol/L	85g $AgNO_3$ 溶于 1 L 水中
氯化钡	$BaCl_2$	0.25mol/L	61g $BaCl_2 \cdot 2H_2O$ 溶于 1 L 水中
氯化钙	$CaCl_2$	0.5mol/L	109.5g $CaCl_2 \cdot 6H_2O$ 溶于 1 L 水中
硫酸钙	$CaSO_4$	饱和	约 2.2g $CaSO_4 \cdot 2H_2O$ 置于 1 L 水中,搅拌至饱和
氯化钴	$CoCl_2$	0.2g/L	0.2g $CoCl_2$ 溶于 1 L 0.5mol/L HCl 中
硫酸铜	$CuSO_4$	20g/L	31g $CuSO_4 \cdot 5H_2O$ 溶于 1 L 水中
氯化铁	$FeCl_3$	0.5mol/L	135g $FeCl_3 \cdot 6H_2O$ 溶于 1 L 水中
		0.1mol/L	27 g$FeCl_3 \cdot 6H_2O$ 溶于 1 L 水中
硫酸亚铁	$FeSO_4$	0.1mol/L	27.8g$FeSO_4 \cdot 7H_2O$ 溶于适量水中,加 5mL 18mol/L H_2SO_4,再加水稀释至 1L,并放入小铁钉数枚
氯化汞	$HgCl_2$	0.2mol/L	54g $HgCl_2$ 溶于 1 L 水中
铬酸钾	$K_2Cr_2O_4$	0.25mol/L	48.5g $K_2Cr_2O_4$ 溶于适量水中,加水稀释至 1 L
亚铁氰化钾	$K_4[Fe(CN)_6]$	0.25mol/L	106g $K_4[Fe(CN)_6] \cdot 3H_2O$ 溶于 1 L 水中
铁氰化钾	$K_3[Fe(CN)_6]$	0.25mol/L	82.3g $K_3[Fe(CN)_6]$ 溶于 1 L 水中
		2g/L	2g $K_3[Fe(CN)_6]$ 溶于 1 L 水中

名称	化学式	浓度	配制方法
碘化钾	KI	1mol/L	166g KI 溶于 1 L 水中
		40g/L	40g KI 溶于 1 L 水中
高锰酸钾	KMnO₄	0.01mol/L	1.6g KMnO₄ 溶于 1L 水中
乙酸钠	NaAc	3mol/L	408g NaAc·3H₂O 溶于 1 L 水中
		0.5mol/L	68g NaAc·3H₂O 溶于 1 L 水中
碳酸钠	Na₂CO₃	2mol/L	212g Na₂CO₃ 溶于 1 L 水中
硫化钠	Na₂S	2mol/L	480g Na₂S·9H₂O 及 40g NaOH 溶于适量水中,稀释至 1 L(临用前配制)
亚硫酸钠	Na₂SO₃	饱和	将 Na₂SO₃ 溶于水,使其饱和
氯化亚锡	SnCl₂	0.25mol/L	56.5g SnCl₂·2H₂O 溶于 230mL 12mol/L HCl 中,用水稀释至1L 并加入几粒锡粒
乙酸铅	Pb(Ac)₂	0.25mol/L	95g Pb(Ac)₂·2H₂O 溶于 500mL 水中及 10mL 17mol/L HAc 中,加水稀释至1L
过氧化氢	H₂O₂	3%	100mL 30% H₂O₂ 加水稀释至 1 L
		6%	200mL 30% H₂O₂ 加水稀释至 1 L
溴水		饱和	3.2mL 溴注入有 1 L 水的具塞磨口瓶中,振荡至饱和(临用前配制)
碘水		0.5mol/L	127g I₂ 及 200g KI 溶于尽可能少的水中,稀释至 1 L
硫代乙酰胺	TAA	5g/L	50g TAA 溶于 1 L 水中
甲基紫		1g/L	1g 甲基紫溶于 1 L 水中,临用前配制
硫脲		25g/L	25g 硫脲溶于 1 L 水中
邻二氮菲		5g/L	5g 邻二氮菲溶于少量乙醇中,加水稀释至1L
铝试剂		1g/L	1g 铝试剂溶于 1 L 水中
镁试剂Ⅰ		0.1g/L	0.1g 镁试剂Ⅰ溶于 1 L 2mol/L NaOH 溶液中
EDTA		0.1mol/L	37.2g EDTA 溶于水,稀释至 1 L
丁二酮肟		10g/L	10g 丁二酮肟溶于 1 L 乙醇中
奈式试剂			115g HgI₂ 及 80g KI 溶于适量水中,稀释至 500mL,再加入 500mL 6mol/L NaOH 溶液,搅拌后静止,取其清液使用
品红		1g/L	1g 品红溶于 1 L 水中
无色品红			1g/L 品红溶液中,滴加 NaHSO₃ 溶液至红色褪去
淀粉		10g/L	10g 淀粉用水调成糊状,倾入 1 L 沸水中,再煮沸几分钟,冷却后使用(临用时配制)
对氨基苯磺酸		4g/L	4g 对氨基苯磺酸溶于 100mL 17mol/L HAc 及 900mL 水中

附录 10-5　常用缓冲溶液

pH 值	配制方法
0	1mol/L HCl 溶液(当不允许有 Cl⁻ 时,用硝酸)
1	0.1mol/L HCl 溶液(当不允许有 Cl⁻ 时,用硝酸)
2	0.01mol/L HCl 溶液(当不允许有 Cl⁻ 时,用硝酸)
3.6	8gNaAc·3H₂O 溶于适量水中,加 6mol/L HAc 溶液 134mL,用水稀释至 500mL
4.0	将 60mL 冰醋酸和 16g 无水醋酸钠溶于 100mL 水中,用水稀释至 500mL
4.5	将 30mL 冰醋酸和 30g 无水醋酸钠溶于 100mL 水中,用水稀释至 500mL
5.0	将 30mL 冰醋酸和 60g 无水醋酸钠溶于 100mL 水中,用水稀释至 500mL
5.4	将 40g 六亚甲基四胺溶于 90mL 水中,加入 20mL 6mol/L HCl 溶液
5.7	100g NaAc·3H₂O 溶于适量水中,加 6mol/L HAc 溶液 13mL,用水稀释至 500mL
7	77g NH₄Ac 溶于适量水中,用水稀释至 500mL

pH 值	配制方法
7.5	66g NH$_4$Cl 溶于适量水中,加浓氨水 1.4mL,用水稀释至 500mL
8.0	50g NH$_4$Cl 溶于适量水中,加浓氨水 3.5mL,用水稀释至 500mL
8.5	40g NH$_4$Cl 溶于适量水中,加浓氨水 8.8mL,用水稀释至 500mL
9.0	35g NH$_4$Cl 溶于适量水中,加浓氨水 24mL,用水稀释至 500mL
9.5	30g NH$_4$Cl 溶于适量水中,加浓氨水 65mL,用水稀释至 500mL
10	27g NH$_4$Cl 溶于适量水中,加浓氨水 175mL,用水稀释至 500mL
11	3g NH$_4$Cl 溶于适量水中,加浓氨水 207mL,用水稀释至 500mL
12	0.01mol/L NaOH 溶液(当不允许有 Na$^+$ 时,用 KOH)
13	0.1mol/L NaOH 溶液(当不允许有 Na$^+$ 时,用 KOH)

附录 11　常用酸碱的相对密度和浓度

试剂名称	相对密度	含量/%	浓度/(mol/L)
盐酸	1.18~1.19	36~38	11.6~12.4
硝酸	1.39~1.40	65.4~68.0	14.4~15.2
硫酸	1.83~1.84	95~98	17.8~18.4
磷酸	1.69	85	14.6
高氯酸	1.68	70.0~72.0	11.7~12.0
冰醋酸	1.05	99.8(优级纯);99.0(分析纯、化学纯)	17.4
氢氟酸	1.13	40	22.5
氢溴酸	1.49	47.0	8.6
氨水	0.88~0.90	25.0~28.0	13.3~14.8

附表 12　气压计读数的温度校正值

室温/℃	气压计读数/hPa							
	925	950	975	1000	1025	1050	1075	1100
10	1.51	1.55	1.59	1.63	1.67	1.71	1.75	1.79
11	1.66	1.70	1.75	1.79	1.84	1.88	1.93	1.97
12	1.81	1.86	1.90	1.95	2.00	2.05	2.10	2.15
13	1.96	2.01	2.06	2.12	2.17	2.22	2.28	2.33
14	2.11	2.16	2.22	2.28	2.34	2.39	2.45	2.51
15	2.26	2.32	2.38	2.44	2.50	2.56	2.63	2.69
16	2.41	2.47	2.54	2.60	2.67	2.73	2.80	2.87
17	2.56	2.63	2.70	2.77	2.83	2.90	2.97	3.04
18	2.71	2.78	2.85	2.93	3.00	3.07	3.15	3.22
19	2.86	2.93	3.01	3.09	3.17	3.25	3.32	3.40
20	3.01	3.09	3.17	3.25	3.33	3.42	3.50	3.58
21	3.16	3.24	3.33	3.41	3.50	3.59	3.67	3.76
22	3.31	3.40	3.49	3.58	3.67	3.76	3.85	3.94
23	3.46	3.55	3.65	3.74	3.83	3.93	4.02	4.12
24	3.61	3.71	3.81	3.90	4.00	4.10	4.20	4.29
25	3.76	3.86	3.96	4.06	4.17	4.27	4.37	4.47
26	3.91	4.01	4.12	4.23	4.33	4.44	4.55	4.66
27	4.06	4.17	4.28	4.39	4.50	4.61	4.72	4.83

室温/℃	气压计读数/hPa							
	925	950	975	1000	1025	1050	1075	1100
28	4.21	4.32	4.44	4.55	4.66	4.78	4.89	5.01
29	4.36	4.47	4.59	4.71	4.83	4.95	5.07	5.19
30	4.51	4.63	4.75	4.87	5.00	5.12	5.24	5.37
31	4.66	4.79	4.91	5.04	5.16	5.29	5.41	5.54
32	4.81	4.94	5.07	5.20	5.33	5.46	5.59	5.72
33	4.96	5.09	5.23	5.36	5.49	5.63	5.76	5.90
34	5.11	5.25	5.38	5.52	5.66	5.80	5.94	6.07
35	5.26	5.40	5.54	5.68	5.82	5.97	6.11	6.25

附录 13　气压计读数纬度重力校正值

纬度/(°)	气压计读数/hPa							
	925	950	975	1000	1025	1050	1075	1100
0	−2.48	−2.55	−2.62	−2.69	−2.76	−2.83	−2.90	−2.97
5	−2.44	−2.51	−2.57	−2.64	−2.71	−2.77	−2.84	−2.91
10	−2.35	−2.41	−2.47	−2.53	−2.59	−2.65	−2.71	−2.77
15	−2.16	−2.22	−2.28	−2.34	−2.39	−2.45	−2.51	−2.57
20	−1.92	−1.79	−2.02	−2.07	−2.12	−2.17	−2.23	−2.28
25	−1.61	−1.66	−1.70	−1.75	−1.79	−1.84	−1.89	−1.94
30	−1.27	−1.30	−1.33	−1.37	−1.40	−1.44	−1.48	−1.52
35	−0.89	−0.91	−0.93	−0.95	−0.97	−0.99	−1.02	−1.05
40	−0.48	−0.49	−0.50	−0.51	−0.52	−0.53	−0.54	−0.55
45	−0.05	−0.05	−0.05	−0.05	−0.05	−0.05	−0.05	−0.05
50	+0.37	+0.39	+0.40	+0.41	+0.43	+0.44	+0.45	+0.46
55	+0.79	+0.81	+0.83	+0.86	+0.88	+0.91	+0.93	+0.95
60	+1.17	+1.20	+1.24	+1.27	+1.30	+1.33	+1.36	+1.39
65	+1.52	+1.56	+1.60	+1.65	+1.69	+1.73	+1.77	+1.81
70	+1.83	+1.87	+1.92	+1.97	+2.02	+2.07	+2.12	+2.17

附录 14　沸程温度随气压变化的校正值（CV）

标准中规定的沸程温度/℃	CV/(℃/hPa)	标准中规定的沸程温度/℃	CV/(℃/hPa)
10~30	0.026	210~230	0.044
30~50	0.029	230~250	0.047
50~70	0.030	250~270	0.048
70~90	0.032	270~290	0.050
90~110	0.034	290~310	0.052
110~130	0.035	310~330	0.053
130~150	0.038	330~350	0.056
150~170	0.039	350~370	0.057
170~190	0.041	370~390	0.059
190~210	0.043	390~410	0.061

附录 15　一些物质在热导池上的相对响应值和相对校正因子

组分名称	s'_M	s'_m	f'_M	f'_m	组分名称	s'_M	s'_m	f'_M	f'_m
直链烷烃					丙烷	0.645	1.16	1.55	0.86
甲烷	0.357	1.73	2.80	0.58	丁烷	0.851	1.15	1.18	0.87
乙烷	0.512	1.33	1.96	0.75	戊烷	1.05	1.14	0.95	0.88
己烷	1.23	1.12	0.81	0.89	戊烯	0.99	1.10	1.01	0.91
庚烷	1.43	1.12	0.70	0.89	反-2-戊烯	1.04	1.16	0.96	0.86
辛烷	1.60	1.09	0.63	0.92	顺-2-戊烯	0.98	1.10	1.02	0.91
壬烷	1.77	1.08	0.57	0.93	2-甲基-2-戊烯	0.96	1.04	1.04	0.96
癸烷	1.99	1.09	0.50	0.92	2,4,4-三甲基-1-戊烯	1.58	1.10	0.63	0.91
十一烷	1.98	0.99	0.51	1.01	丙二烯	0.53	1.03	1.89	0.97
十四烷	2.34	0.92	0.42	1.09	1,3-丁二烯	0.80	1.16	1.25	0.86
$C_{20}\sim C_{36}$		1.09		0.92	环戊二烯	0.68	0.81	1.47	1.23
支链烷烃					异戊二烯	0.92	1.06	1.09	0.94
异丁烷	0.82	1.10	1.22	0.91	1-甲基环己烯	1.15	0.93	0.87	1.07
异戊烷	1.02	1.10	0.98	0.91	甲基乙炔	0.58	1.13	1.72	0.88
新戊烷	0.99	1.08	1.01	0.93	双环戊二烯	0.76	0.78	1.32	1.28
2,2-二甲基丁烷	1.16	1.05	0.86	0.95	4-乙烯基环己烯	1.30	0.94	0.77	1.07
2,3-二甲基丁烷	1.16	1.05	0.86	0.95	环戊烯	0.80	0.92	1.25	1.09
2-甲基戊烷	1.20	1.09	0.83	0.92	降冰片烯	1.13	0.94	0.89	1.06
3-甲基戊烷	1.19	1.08	0.84	0.93	降冰片二烯	1.11	0.95	0.90	1.05
2,2-二甲基戊烷	1.33	1.04	0.75	0.96	环庚三烯	1.04	0.88	0.96	1.14
2,4-二甲基戊烷	1.29	1.01	0.78	0.99	1,3-环辛二烯	1.27	0.91	0.79	1.10
2,3-二甲基戊烷	1.35	1.05	0.74	0.95	1,5-环辛二烯	1.31	0.95	0.76	1.05
3,5-二甲基戊烷	1.33	1.04	0.75	0.96	1,3,5,7-环辛四烯	1.14	0.86	0.88	1.16
2,2,3-三甲基丁烷	1.29	1.01	0.78	0.99	环十二碳三烯(反)	1.68	0.81	0.60	1.23
2-甲基己烷	1.36	1.06	0.74	0.94	环十二碳三烯	1.53	0.73	0.65	1.37
3-甲基己烷	1.33	1.04	0.75	0.96	芳烃				
3-乙基戊烷	1.31	1.02	0.76	0.98	苯	1.00	1.00	1.00	1.00
2,2,4-三甲基戊烷	1.47	1.01	0.68	0.99	甲苯	1.16	0.98	0.86	1.02
不饱和烃					乙基苯	1.29	0.95	0.78	1.05
乙烯	0.48	1.34	2.08	0.75	间二甲苯	1.31	0.96	0.76	1.04
丙烯	0.65	1.20	1.54	0.83	对二甲苯	1.31	0.96	0.76	1.04
异丁烯	0.82	1.14	1.22	0.88	邻二甲苯	1.27	0.93	0.79	1.08
丁烯	0.81	1.13	1.23	0.88	异丙苯	1.42	0.92	0.70	1.09
反-2-丁烯	0.85	1.19	1.18	0.84	正丙苯	1.45	0.95	0.69	1.05
顺-2-丁烯	0.87	1.22	1.15	0.82	1,2,4-三甲苯	1.50	0.98	0.67	1.02
3-甲基-1-丁烯	0.99	1.10	1.01	0.91	1,2,3-三甲苯	1.49	0.97	0.67	1.03
2-甲基-1-丁烯	0.99	1.10	1.01	0.91	对乙基甲苯	1.50	0.98	0.67	1.02

组分名称	s'_M	s'_m	f'_M	f'_m	组分名称	s'_M	s'_m	f'_M	f'_m
1,3,5-三甲苯	1.49	0.97	0.67	1.03	四氯化碳	1.08	0.55	0.93	1.82
仲丁苯	1.58	0.92	0.63	1.09	羰基铁[Fe(CO)₅]	1.50	0.60	0.67	1.67
联二苯	1.69	0.86	0.59	1.16	硫化氢	0.38	0.88	2.63	1.14
邻三联苯	2.17	0.74	0.46	1.35	水	0.33	1.42	3.03	0.70
间三联苯	2.30	0.78	0.43	1.28	含氧化合物				
对三联苯	2.24	0.76	0.45	1.32	酮类				
三苯甲烷	2.32	0.74	0.43	1.35	丙酮	0.86	1.15	1.16	0.87
萘	1.39	0.84	0.63	1.19	甲乙酮	0.98	1.05	1.02	0.95
四氢萘	1.45	0.86	0.69	1.16	二乙酮	1.10	1.00	0.91	1.00
甲基四氢萘	1.58	0.84	0.63	1.19	3-己酮	1.23	0.96	0.81	1.04
乙基四氢萘	1.70	0.83	0.59	1.20	2-己酮	1.30	1.02	0.77	0.98
反十氢萘	1.50	0.85	0.67	1.18	3,3-二甲基-2-丁酮	1.18	0.81	0.85	1.23
顺十氢萘	1.51	0.86	0.66	1.16	甲基正戊基酮	1.33	0.91	0.75	1.10
环烷烃					甲基正己基酮	1.47	0.90	0.68	1.11
环戊烷	0.97	1.09	1.03	0.92	环戊酮	1.06	0.99	0.94	1.01
甲基环戊烷	1.15	1.07	0.87	0.93	环己酮	1.25	0.99	0.80	1.01
1,1-二甲基环戊烷	1.24	0.99	0.81	1.01	2-壬酮	1.61	0.93	0.62	1.07
乙基环戊烷	1.26	1.01	0.79	0.99	甲基异丁基酮	1.18	0.91	0.85	1.10
顺-1,2-二甲基环戊烷	1.25	1.00	0.80	1.00	甲基异戊基酮	1.38	0.94	0.72	1.06
顺＋反-1,3-二甲基环戊烷	1.25	1.00	0.80	1.00	醇类				
1,2,4-三甲基环戊烷(顺,反,顺)	1.36	0.95	0.74	1.05	甲醇	0.55	1.34	1.82	0.75
1,2,4-三甲基环戊烷(顺,顺,反)	1.43	1.00	0.70	1.00	乙醇	0.72	1.22	1.39	0.82
环己烷	1.14	1.06	0.88	0.94	丙醇	0.83	1.09	1.20	0.92
甲基环己烷	1.20	0.95	0.83	1.05	异丙醇	0.85	1.10	1.18	0.91
1,1-二甲基环己烷	1.41	0.98	0.71	1.02	正丁醇	0.95	1.00	1.05	1.00
1,4-二甲基环己烷	1.46	1.02	0.68	0.98	异丁醇	0.96	1.02	1.04	0.98
乙基环己烷	1.45	1.01	0.69	0.99	仲丁醇	0.97	1.03	1.03	0.97
正丙基环己烷	1.58	0.98	0.63	1.02	叔丁醇	0.96	1.02	1.04	0.98
1,1,3-三甲基环己烷	1.39	0.86	0.72	1.16	3-甲基-1-戊醇	1.07	0.98	0.93	1.02
无机物					2-戊醇	1.10	0.98	0.91	1.02
氩	0.42	0.82	2.38	1.22	3-戊醇	1.09	0.96	0.92	1.04
氮	0.42	1.16	2.38	0.86	2-甲基-2-丁醇	1.06	0.94	0.94	1.06
氧	0.40	0.98	2.50	1.02	正己醇	1.18	0.90	0.85	1.11
二氧化碳	0.48	0.85	2.08	1.18	3-己醇	1.25	0.98	0.80	1.02
一氧化碳	0.42	1.16	2.38	0.86	2-己醇	1.30	1.02	0.77	0.98
					正庚醇	1.28	0.86	0.78	1.16

组分名称	s'_M	s'_m	f'_M	f'_m	组分名称	s'_M	s'_m	f'_M	f'_m
5-癸醇	1.84	0.91	0.54	1.10	反十氢喹啉	1.17	0.66	0.85	1.51
2-十二烷醇	1.98	0.84	0.51	1.19	顺十氢喹啉	1.17	0.66	0.85	1.51
环戊醇	1.09	0.99	0.92	1.01	氨	0.40	1.86	2.50	0.54
环己醇	1.12	0.88	0.89	1.14	杂环化合物				
酯类					环氧乙烷	0.58	1.03	1.72	0.97
乙酸乙酯	1.11	0.99	0.90	1.01	环氧丙烷	0.80	1.07	1.25	0.93
乙酸异丙酯	1.21	0.93	0.83	1.08	硫化氢	0.38	0.88	2.63	1.14
乙酸正丁酯	1.35	0.91	0.74	1.10	甲硫醇	0.59	0.96	1.69	1.04
乙酸正戊酯	1.46	0.88	0.68	1.14	乙硫醇	0.87	1.09	1.15	0.92
乙酸异戊酯	1.45	0.87	0.69	1.10	1-丙硫醇	1.01	1.04	0.99	0.96
乙酸正庚酯	1.70	0.84	0.59	1.19	四氢呋喃	0.83	0.90	1.20	1.11
醚类					噻吩烷	1.03	0.91	0.97	1.09
乙醚	1.10	1.16	0.91	0.86	硅酸乙酯	2.08	0.79	0.48	1.27
异丙醚	1.30	0.99	0.77	1.01	乙醛	0.65	1.15	1.54	0.87
正丙醚	1.31	1.00	0.76	1.00	2-乙氧基乙醇（溶纤剂）	1.07	0.93	0.93	1.08
正丁醚	1.60	0.96	0.63	1.04	卤化物				
正戊醚	1.83	0.91	0.55	1.10	氟己烷	1.24	0.93	0.81	1.08
乙基正丁基醚	1.30	0.99	0.77	1.01	氯丁烷	1.11	0.94	0.90	1.06
二醇类					2-氯乙烷	1.09	0.91	0.92	1.10
2,5-癸二醇	1.27	0.84	0.79	1.19	1-氯-2-甲基丙烷	1.08	0.91	0.93	1.10
1,6-癸二醇	1.21	0.80	0.83	1.25	2-氯-2-甲基丙烷	1.04	0.88	0.96	1.14
1,10-癸二醇	1.08	0.48	0.93	2.08	1-氯戊烷	1.23	0.91	0.81	1.10
含氮化合物					1-氯己烷	1.34	0.87	0.75	1.14
正丁胺	1.14	1.22	0.88	0.82	1-氯庚烷	1.47	0.86	0.68	1.16
正戊胺	1.52	1.37	0.66	0.73	溴代乙烷	0.98	0.70	1.02	1.43
正己胺	1.04	0.80	0.96	1.25	溴丙烷	1.08	0.68	0.93	1.47
吡咯	0.86	1.00	1.16	1.00	2-溴丙烷	1.07	0.68	0.93	1.47
二氢吡咯	0.83	0.94	1.20	1.06	溴乙烷	1.19	0.68	0.84	1.47
四氢吡咯	0.91	1.00	1.09	1.00	2-溴丁烷	1.16	0.66	0.86	1.52
吡啶	1.00	0.99	1.00	1.01	1-溴-2-甲基丙烷	1.15	0.66	0.87	1.52
1,2,5,6-四氢吡啶	1.03	0.96	0.97	1.04	溴戊烷	1.28	0.66	0.78	1.52
哌啶	1.02	0.94	0.98	1.06	碘代甲烷	0.96	0.53	1.04	1.89
丙烯腈	0.78	1.15	1.28	0.87	碘代乙烷	1.06	0.53	0.94	1.89
丙腈	0.84	1.20	1.19	0.83	碘丙烷	1.17	0.54	0.85	1.85
正丁腈	1.05	1.19	0.95	0.84	碘丁烷	1.29	0.55	0.78	1.82
苯胺	1.14	0.95	0.88	1.05	2-碘丁烷	1.23	0.52	0.81	1.92
喹啉	1.94	1.16	0.52	0.86	1-碘-2-甲基丙烷	1.22	0.52	0.82	1.92

组分名称	s'_M	s'_m	f'_M	f'_m	组分名称	s'_M	s'_m	f'_M	f'_m
碘戊烷	1.38	0.55	0.73	1.82	三氯乙烯	1.15	0.69	0.87	1.45
二氯甲烷	0.94	0.87	1.06	1.14	氟代苯	1.05	0.85	0.95	1.18
氯仿	1.08	0.71	0.93	1.41	间二氟代苯	1.07	0.73	0.93	1.37
四氯化碳	1.20	0.61	0.83	1.64	邻氟代甲苯	1.16	0.83	0.86	1.20
二溴甲烷	1.07	0.48	0.93	2.08	对氟代甲苯	1.17	0.83	0.85	1.20
溴氯甲烷	1.00	0.61	1.00	1.64	间氯代甲苯	1.18	0.84	0.85	1.19
1,2-二溴乙烷	1.17	0.48	0.85	2.08	1-氯-3-氟代苯	1.19	0.72	0.84	1.38
1-溴-2-氯乙烷	1.10	0.59	0.91	1.69	间-溴-α,α,α-三氟代甲苯	1.45	0.52	0.68	1.92
1,1-二氯乙烷	1.03	0.81	0.97	1.23	氯代苯	1.16	0.80	0.86	1.25
1,2-二氯丙烷	1.12	0.77	0.89	1.30	邻氯代甲苯	1.28	0.79	0.78	1.27
顺-1,2-二氯乙烯	1.00	0.81	1.00	1.23	氯代环己烷	1.20	0.79	0.83	1.27
2,3-二氯丙烯	1.10	0.77	0.91	1.30	溴代苯	1.24	0.62	0.81	1.61

附录 16　一些物质在氢火焰检测器上的相对响应值和相对校正因子

组分名称	s'_m	f'_m	组分名称	s'_m	f'_m
直链烷烃			2,3-二甲基戊烷	0.88	1.14
甲烷	0.87	1.15	2,4-二甲基戊烷	0.91	1.10
乙烷	0.87	1.15	3,3-二甲基戊烷	0.92	1.09
丙烷	0.87	1.15	3-乙基戊烷	0.91	1.10
丁烷	0.92	1.09	2,2,3,-三甲基丁烷	0.91	1.10
戊烷	0.93	1.08	2-甲基庚烷	0.87	1.15
己烷	0.92	1.09	3-甲基庚烷	0.90	1.11
庚烷	0.89	1.12	4-甲基庚烷	0.91	1.10
辛烷	0.87	1.15	2,2-二甲基己烷	0.90	1.11
壬烷	0.88	1.14	2,3-二甲基己烷	0.88	1.14
支链烷烃			2,4-二甲基己烷	0.88	1.14
异戊烷	0.94	1.06	2,5-二甲基己烷	0.90	1.11
2,2-二甲基丁烷	0.93	1.08	3,4-二甲基己烷	0.88	1.14
2,3-二甲基丁烷	0.92	1.09	3-乙基己烷	0.89	1.12
2-甲基戊烷	0.94	1.06	2-甲基-3-乙基戊烷	0.88	1.14
3-甲基戊烷	0.93	1.08	2,2,3-三甲基戊烷	0.91	1.10
2-甲基己烷	0.91	1.10	2,2,4-三甲基戊烷	0.89	1.12
3-甲基己烷	0.91	1.10	2,3,3-三甲基戊烷	0.90	1.11
2,2-二甲基戊烷	0.91	1.10	2,3,4-三甲基戊烷	0.88	1.14

组分名称	s'_m	f'_m	组分名称	s'_m	f'_m
2,2-二甲基庚烷	0.87	1.15	环己烷	0.90	1.11
3,3-二甲基庚烷	0.89	1.12	甲基环己烷	0.90	1.11
2,4-二甲基-3-乙基戊烷	0.88	1.14	乙基环己烷	0.90	1.11
2,2,3-三甲基己烷	0.90	1.11	1-甲基-反-4-甲基环己烷	0.88	1.14
2,2,4-三甲基己烷	0.88	1.14	1-甲基-顺-4-乙基环己烷	0.86	1.16
2,2,5-三甲基己烷	0.88	1.14	1,1,2-三甲基环己烷	0.90	1.11
2,3,3-三甲基己烷	0.89	1.12	异丙基环己烷	0.88	1.14
2,3,5-三甲基己烷	0.86	1.16	环庚烷	0.90	1.11
2,4,4-三甲基己烷	0.90	1.11	芳烃		
2,2,3,3-四甲基戊烷	0.89	1.12	苯	1.00	1.00
2,2,3,4-四甲基戊烷	0.88	1.14	甲苯	0.96	1.04
2,3,3,4-四甲基戊烷	0.88	1.14	乙基苯	0.92	1.09
3,3,5-三甲基庚烷	0.88	1.14	对二甲苯	0.89	1.12
2,3,3,4-四甲基己烷	0.90	1.11	间二甲苯	0.93	1.08
2,2,4,5-四甲基戊烷	0.89	1.12	邻二甲苯	0.91	1.10
五元环烷烃			1-甲基-2-乙基苯	0.91	1.10
环戊烷	0.93	1.08	1-甲基-3-乙基苯	0.90	1.11
甲基环戊烷	0.90	1.11	1-甲基-4-乙基苯	0.89	1.12
乙基环戊烷	0.89	1.12	1,2,3-三甲苯	0.88	1.14
1,1-二甲基环戊烷	0.92	1.09	1,2,4-三甲苯	0.87	1.15
反-1,2-二甲基环戊烷	0.90	1.11	1,3,5-三甲苯	0.88	1.14
顺-1,2-二甲基环戊烷	0.89	1.12	异丙苯	0.87	1.15
反-1,3-二甲基环戊烷	0.89	1.12	正丙苯	0.90	1.11
顺-1,3-二甲基环戊烷	0.89	1.12	1-甲基-2-异丙苯	0.88	1.14
1-甲基-反-2-乙基环戊烷	0.90	1.11	1-甲基-3-异丙苯	0.90	1.11
1-甲基-顺-2-乙基环戊烷	0.89	1.12	1-甲基-4-异丙苯	0.88	1.14
1-甲基-反-3-乙基环戊烷	0.87	1.15	仲丁苯	0.89	1.12
1-甲基-顺-3-乙基环戊烷	0.89	1.12	叔丁苯	0.91	1.10
1,1,2-三甲基环戊烷	0.92	1.09	正丁苯	0.88	1.14
1,1,3-三甲基环戊烷	0.93	1.08	不饱和烃		
反-1,2-顺-3-三甲基环戊烷	0.90	1.11	乙炔	0.96	1.04
反-1,2-顺-4-三甲基环戊烷	0.88	1.12	乙烯	0.91	1.10
顺-1,2-反-3-三甲基环戊烷	0.88	1.12	己烯	0.88	1.14
顺-1,2-反-4-三甲基环戊烷	0.88	1.12	辛烯	1.03	0.97
异丙基环戊烷	0.88	1.12	癸烯	1.01	0.99
正丙基环戊烷	0.87	1.15	醇类		
六元环烷烃			甲醇	0.21	4.76

组分名称	s'_m	f'_m	组分名称	s'_m	f'_m
乙醇	0.41	2.43	甲酸	0.009	1.11
正丙醇	0.54	1.85	乙酸	0.21	4.76
异丙醇	0.47	2.13	丙酸	0.36	2.78
正丁醇	0.59	1.69	丁酸	0.43	2.33
异丁醇	0.61	1.64	己酸	0.56	1.79
仲丁醇	0.56	1.79	庚酸	0.54	1.85
叔丁醇	0.66	1.52	辛酸	0.58	1.72
戊醇	0.63	1.59	酯类		
1,3-二甲基丁醇	0.66	1.52	乙酸甲酯	0.18	5.56
甲基戊醇	0.58	1.72	乙酸乙酯	0.34	2.94
己醇	0.66	1.52	乙酸异丙酯	0.44	2.27
辛醇	0.76	1.32	乙酸仲丁酯	0.46	2.17
癸醇	0.75	1.33	乙酸异丁酯	0.48	2.08
醛类			乙酸丁酯	0.49	2.04
丁醛	0.55	1.82	乙酸异戊酯	0.55	1.82
庚醛	0.69	1.45	乙酸甲基异戊酯	0.56	1.79
辛醛	0.70	1.43	己酸-2-乙基乙酯	0.64	1.56
癸醛	0.72	1.40	己酸-2-乙氧基乙醇酯	0.45	2.22
酮类			己酸己酯	0.70	1.42
丙酮	0.44	2.27	氮化物		
甲乙酮	0.54	1.85	乙腈	0.35	2.86
甲基异丁基酮	0.63	1.59	三甲基胺	0.41	2.44
乙基丁基酮	0.63	1.59	叔丁基胺	0.48	2.08
二异丁基酮	0.64	1.56	二乙基胺	0.54	1.85
乙基戊基酮	0.72	1.39	苯胺	0.67	1.49
环己酮	0.64	1.56	二正丁基胺	0.67	1.49
酸类			噻吩烷	0.51	1.96

参 考 文 献

[1] 初玉霞 . 化学实验技术 . 北京：高等教育出版社，2006.
[2] 姜洪文 . 化工分析 . 北京：化学工业出版社，2007.
[3] 王桂芝 . 定量化学分析实验 . 北京：化学工业出版社，2009.
[4] 姚金柱 . 化工分析例题与习题 . 北京：化学工业出版社，2009.

元素周期表

IUPAC 2013

氧化态为单质的氧化态为0，未列入；常见的为红色
氧化态单质的氧化态为0.（红色的为放射性元素）
（红色的为放射性元素）

以 ^{12}C=12 为基准的原子量
（注+的是半衰期最长同位素的原子量）

元素符号红色的为放射性元素
元素名称(注+的为人造元素)
价层电子构型

	95	原子序数
+2 +3 +4	Am 镅	元素符号红色的为放射性元素
	$5f^77s^2$	价层电子构型
	243.06182(2)+	

s区元素 　 p区元素
d区元素 　 ds区元素
f区元素 　 稀有气体

电子层		
K		
L K		
M L K		
N M L K		
O N M L K		
P O N M L K		
Q P O N M L K		

族 / 周期

1 / IA

周期	1 IA
1	1 H 氢 $1s^1$ 1.008 （-1,+1）
2	3 Li 锂 $2s^1$ 6.94 （+1）
3	11 Na 钠 $3s^1$ 22.98976928(2) （+1）
4	19 K 钾 $4s^1$ 39.0983(1) （+1）
5	37 Rb 铷 $5s^1$ 85.4678(3) （+1）
6	55 Cs 铯 $6s^1$ 132.90545196(6) （+1）
7	87 Fr 钫 $7s^1$ 223.01974(2)+ （+1）

2 / IIA

| 4 Be 铍 $2s^2$ 9.0121831(5) +2 |
| 12 Mg 镁 $3s^2$ 24.305 +2 |
| 20 Ca 钙 $4s^2$ 40.078(4) +2 |
| 38 Sr 锶 $5s^2$ 87.62(1) +2 |
| 56 Ba 钡 $6s^2$ 137.327(7) +2 |
| 88 Ra 镭 $7s^2$ 226.02541(2)+ +2 |

3 IIIB: 21 Sc 钪 $3d^14s^2$ 44.955908(5) +3; 39 Y 钇 $4d^15s^2$ 88.90584(2) +3; 57~71 La~Lu 镧系; 89~103 Ac~Lr 锕系

4 IVB: 22 Ti 钛 $3d^24s^2$ 47.867(1); 40 Zr 锆 $4d^25s^2$ 91.224(2); 72 Hf 铪 $5d^26s^2$ 178.49(2); 104 Rf 轳 $6d^27s^2$ 267.122(4)+

5 VB: 23 V 钒 $3d^34s^2$ 50.9415(1); 41 Nb 铌 $4d^45s^1$ 92.90637(2); 73 Ta 钽 $5d^36s^2$ 180.94788(2); 105 Db 𬭊 $6d^37s^2$ 270.131(4)+

6 VIB: 24 Cr 铬 $3d^54s^1$ 51.9961(6); 42 Mo 钼 $4d^55s^1$ 95.95(1); 74 W 钨 $5d^46s^2$ 183.84(1); 106 Sg 𬭳 $6d^47s^2$ 269.129(3)+

7 VIIB: 25 Mn 锰 $3d^54s^2$ 54.938044(3); 43 Tc 锝 $4d^55s^2$ 97.90721(3)+; 75 Re 铼 $5d^56s^2$ 186.207(1); 107 Bh 𬭛 $6d^57s^2$ 270.133(2)+

8 VIII(Ⅷ): 26 Fe 铁 $3d^64s^2$ 55.845(2); 44 Ru 钌 $4d^75s^1$ 101.07(2); 76 Os 锇 $5d^66s^2$ 190.23(3); 108 Hs 𬭶 $6d^67s^2$ 270.134(2)+

9 VIII(Ⅷ): 27 Co 钴 $3d^74s^2$ 58.933194(4); 45 Rh 铑 $4d^85s^1$ 102.90550(2); 77 Ir 铱 $5d^76s^2$ 192.217(3); 109 Mt 鿏 $6d^77s^2$ 278.156(5)+

10 VIII(Ⅷ): 28 Ni 镍 $3d^84s^2$ 58.6934(4); 46 Pd 钯 $4d^{10}$ 106.42(1); 78 Pt 铂 $5d^96s^1$ 195.084(9); 110 Ds 𫟼 $6d^87s^2$ 281.165(4)+

11 IB: 29 Cu 铜 $3d^{10}4s^1$ 63.546(3); 47 Ag 银 $4d^{10}5s^1$ 107.8682(2); 79 Au 金 $5d^{10}6s^1$ 196.966569(5); 111 Rg 𬬭 281.166(6)+

12 IIB: 30 Zn 锌 $3d^{10}4s^2$ 65.38(2); 48 Cd 镉 $4d^{10}5s^2$ 112.414(4); 80 Hg 汞 $5d^{10}6s^2$ 200.592(3); 112 Cn 鿔 285.177(4)+

13 IIIA: 5 B 硼 $2s^22p^1$ 10.81; 13 Al 铝 $3s^23p^1$ 26.9815385(7); 31 Ga 镓 $4s^24p^1$ 69.723(1); 49 In 铟 $5s^25p^1$ 114.818(1); 81 Tl 铊 $6s^26p^1$ 204.38; 113 Nh 鿭 286.182(5)+

14 IVA: 6 C 碳 $2s^22p^2$ 12.011; 14 Si 硅 $3s^23p^2$ 28.085; 32 Ge 锗 $4s^24p^2$ 72.630(8); 50 Sn 锡 $5s^25p^2$ 118.710(7); 82 Pb 铅 $6s^26p^2$ 207.2(1); 114 Fl 𫓧 289.190(4)+

15 VA: 7 N 氮 $2s^22p^3$ 14.007; 15 P 磷 $3s^23p^3$ 30.973761998(5); 33 As 砷 $4s^24p^3$ 74.921595(6); 51 Sb 锑 $5s^25p^3$ 121.760(1); 83 Bi 铋 $6s^26p^3$ 208.98040(1); 115 Mc 镆 289.194(6)+

16 VIA: 8 O 氧 $2s^22p^4$ 15.999; 16 S 硫 $3s^23p^4$ 32.06; 34 Se 硒 $4s^24p^4$ 78.971(8); 52 Te 碲 $5s^25p^4$ 127.60(3); 84 Po 钋 $6s^26p^4$ 208.98243(2)+; 116 Lv 𫟷 293.204(4)+

17 VIIA: 9 F 氟 $2s^22p^5$ 18.998403163(6); 17 Cl 氯 $3s^23p^5$ 35.45; 35 Br 溴 $4s^24p^5$ 79.904; 53 I 碘 $5s^25p^5$ 126.90447(3); 85 At 砹 $6s^26p^5$ 209.98715(5)+; 117 Ts 鿬 293.208(6)+

18 VIIIA(0): 2 He 氦 $1s^2$ 4.002602(2); 10 Ne 氖 $2s^22p^6$ 20.1797(6); 18 Ar 氩 $3s^23p^6$ 39.948(1); 36 Kr 氪 $4s^24p^6$ 83.798(2); 54 Xe 氙 $5s^25p^6$ 131.293(6); 86 Rn 氡 $6s^26p^6$ 222.01758(2)+; 118 Og 𬭶 294.214(5)+

★ 镧系

| 57 La 镧 $5d^16s^2$ 138.90547(7) +3 |
| 58 Ce 铈 $4f^15d^16s^2$ 140.116(1) +2,+3,+4 |
| 59 Pr 镨 $4f^36s^2$ 140.90766(2) +2,+3,+4 |
| 60 Nd 钕 $4f^46s^2$ 144.242(3) +2,+3 |
| 61 Pm 钷 $4f^56s^2$ 144.91276(2)+ +3 |
| 62 Sm 钐 $4f^66s^2$ 150.36(2) +2,+3 |
| 63 Eu 铕 $4f^76s^2$ 151.964(1) +2,+3 |
| 64 Gd 钆 $4f^75d^16s^2$ 157.25(3) +3 |
| 65 Tb 铽 $4f^96s^2$ 158.92535(2) +3,+4 |
| 66 Dy 镝 $4f^{10}6s^2$ 162.500(1) +3 |
| 67 Ho 钬 $4f^{11}6s^2$ 164.93033(2) +3 |
| 68 Er 铒 $4f^{12}6s^2$ 167.259(3) +3 |
| 69 Tm 铥 $4f^{13}6s^2$ 168.93422(2) +2,+3 |
| 70 Yb 镱 $4f^{14}6s^2$ 173.045(10) +2,+3 |
| 71 Lu 镥 $4f^{14}5d^16s^2$ 174.9668(1) +3 |

★ 锕系

| 89 Ac 锕 $6d^17s^2$ 227.02775(2)+ +3 |
| 90 Th 钍 $6d^27s^2$ 232.0377(4) +3,+4 |
| 91 Pa 镤 $5f^26d^17s^2$ 231.03588(2) +3,+4,+5 |
| 92 U 铀 $5f^36d^17s^2$ 238.02891(3) +3,+4,+5,+6 |
| 93 Np 镎 $5f^46d^17s^2$ 237.04817(2)+ +3,+4,+5,+6,+7 |
| 94 Pu 钚 $5f^67s^2$ 244.06421(4)+ +3,+4,+5,+6,+7 |
| 95 Am 镅 $5f^77s^2$ 243.06138(2)+ +2,+3,+4,+5,+6 |
| 96 Cm 锔 $5f^76d^17s^2$ 247.07035(3)+ +3 |
| 97 Bk 锫 $5f^97s^2$ 247.07031(4)+ +3,+4 |
| 98 Cf 锎 $5f^{10}7s^2$ 251.07959(3)+ +2,+3,+4 |
| 99 Es 锿 $5f^{11}7s^2$ 252.0830(3)+ +2,+3 |
| 100 Fm 镄 $5f^{12}7s^2$ 257.09511(5)+ +2,+3 |
| 101 Md 钔 $5f^{13}7s^2$ 258.09843(3)+ +2,+3 |
| 102 No 锘 $5f^{14}7s^2$ 259.1010(7)+ +2,+3 |
| 103 Lr 铹 $5f^{14}6d^17s^2$ 262.110(2)+ +3 |